U0134093

新闻与传播学译丛·学术前沿系列

THE IRONIC SPECTATOR

Solidarity in the Age of Post - Humanitarianism

旁观者

观看他者之痛
如何转化为社会团结

〔波兰〕莉莉·蔻利拉奇（Lilie Chouliaraki）◎ 著

叶晓君 ◎ 译

中国人民大学出版社
·北京·

新闻与传播学译丛·学术前沿系列

丛书主编　刘海龙　胡翼青

总　序

在论证"新闻与传播学译丛·学术前沿系列"可行性的过程中，我们经常自问：在这样一个海量的论文数据库唾手可得的今天，从事这样的中文学术翻译工程价值何在？

国内 20 世纪 80 年代传播研究的引进，就是从施拉姆的《传播学概论》、赛佛林和坦卡德的《传播理论：起源、方法与应用》、德弗勒的《大众传播通论》、温德尔和麦奎尔的《大众传播模式论》等教材的翻译开始的。当年外文资料匮乏，对外交流机会有限，学界外语水平普遍不高，这些教材是中国传播学者想象西方传播学地图的主要素材，其作用不可取代。然而今天的研究环境已经发生翻天覆地的变化。图书馆的外文数据库、网络上的英文电子书汗牛充栋，课堂上的英文阅读材料已成为家常便饭，来中国访问和参会的学者水准越来越高，出国访学已经不再是少数学术精英的专利或福利。一句话，学术界依赖翻译了解学术动态的时代已经逐渐远去。

在这种现实面前，我们的坚持基于以下两个理由。

一是强调学术专著的不可替代性。

目前以国际期刊发表为主的学术评价体制导致专著的重

要性降低。一位台湾资深传播学者曾惊呼：在现有的评鉴体制之下，几乎没有人愿意从事专著的写作！台湾引入国际论文发表作为学术考核的主要标准，专著既劳神又不计入学术成果，学者纷纷转向符合学术期刊要求的小题目。如此一来，不仅学术视野越来越狭隘，学术共同体内的交流也受到影响。

国内的国家课题体制还催生了另一种怪现象：有些地方，给钱便可出书。学术专著数量激增，质量却江河日下，造成另一种形式的学术专著贬值。与此同时，以国际期刊发表为标准的学术评估体制亦悄然从理工科渗透进人文社会学科，未来中国的学术专著出版有可能会面临双重窘境。

我们依然认为，学术专著自有其不可替代的价值。其一，它鼓励研究者以更广阔的视野和更深邃的目光审视问题。它能全面系统地提供一个问题的历史语境和来自不同角度的声音，鼓励整体的、联系的宏观思维。其二，和局限于特定学术小圈子的期刊论文不同，专著更像是在学术广场上的开放讨论，有助于不同领域的"外行"一窥门径，促进跨学科、跨领域的横向交流。其三，书籍是最重要的知识保存形式，目前还未有其他真正的替代物能动摇其地位。即使是电子化的书籍，其知识存在形态和组织结构依然保持了章节的传统样式。也许像谷歌这样的搜索引擎或维基百科这样的超链接知识形态在未来发挥的作用会越来越大，但至少到现在为止，书籍仍是最便捷和权威的知识获取方式。如果一位初学者想对某个题目有深入了解，最佳选择仍是入门级的专著而不是论文。专著对于知识和研究范式的传播仍具有不可替代的作用。

二是在大量研究者甚至学习者都可以直接阅读英文原文的前提下，学术专著翻译选择与强调的价值便体现出来。

在文献数量激增的今天，更需要建立一种评价体系加以筛选，使学者在有限的时间里迅速掌握知识的脉络。同时，在大量文献众声喧哗的状态下，对话愈显珍贵。没有交集的自说自话缺乏激励提高的空间。这些翻译过来的文本就像是一个火堆，把取暖的人聚集到一起。我们希冀这些精选出来的文本能引来同好的关注，刺激讨论与批评，形成共同的话语空间。

既然是有所选择，就意味着我们要寻求当下研究中国问题所需要关注的研究对象、范式、理论、方法。传播学著作的翻译可以分成三个阶段。第一个阶段旨在营造风气，故而注重教材的翻译。第二个阶段目标在于深入理解，故而注重移译经典理论著作。第三个阶段目标在于寻找能激发创新的灵感，故而我们的主要工作是有的放矢地寻找对中国的研究具有启发的典范。

既曰"前沿"，就须不作空言，甚至追求片面的深刻，以求激荡学界的思想。除此以外，本译丛还希望填补国内新闻传播学界现有知识结构上的盲点。比如，过去译介传播学的著作比较多，但新闻学的则相对薄弱；大众传播的多，其他传播形态的比较少；宏大理论多，中层研究和个案研究少；美国的多，欧洲的少；经验性的研究多，其他范式的研究少。总之，我们希望本译丛能起到承前启后的作用。承前，就是在前辈新闻传播译介的基础上，拓宽加深。启后，是希望这些成果能够为中国的新闻传播研究提供新的思路与方法，促进中国的本土新闻传播研究。

正如胡适所说："译事正未易言。倘不经意为之，将令奇文瑰宝化为粪壤，岂徒唐突西施而已乎？与其译而失真，不如不译。"学术翻译虽然在目前的学术评价体制中算不上研究成果，但稍有疏忽，却可能贻害无穷。中国人民大学出版社独具慧眼，选择更具有学术热情的中青年学者担任本译丛主力，必将给新闻传播学界带来清新气息。这是一个共同的事业，我们召唤更多的新闻传播学界的青年才俊与中坚力量加入荐书、译书的队伍中，让有价值的思想由最理想的信差转述。看到自己心仪的作者和理论被更多人了解和讨论，难道不是一件很有成就感的事吗？

译者导读

黎巴嫩在哪里？

1958 年 7 月 17 日，北京天安门广场聚集了多达 50 万的人民群众，支持黎巴嫩人民民族独立运动，反对美国对阿拉伯国家的军事干涉，声势浩大地声援"我们的阿拉伯兄弟"①。2020 年 8 月 4 日，黎巴嫩首都贝鲁特发生大爆炸之后，坐在我课堂里的北京高校学子对此一脸茫然：黎巴嫩在哪里？除了几个能够勉强挤出答案——"一个亚洲国家"，剩下的同学几乎都是满脸问号，迅速低头拿起手机搜索。百度也许会告诉我们，中国与黎巴嫩之间的物理距离依然是 6 106 公里，并未发生变化，可为何在一个甲子的时间里，黎巴嫩会从"我们的阿拉伯兄弟"变成一个面目模糊的国度？在一个甲子的时间里，有难同当的"兄弟"为何会变成"遥远"的他们？

很显然，这不是一个能够清晰、简单地回答的问题。但

---

① 殷之光．"我们的阿拉伯兄弟"：作为政治主体的人民与中国第三世界国际主义视野的形成// 汪晖，王中忱．区域（第 7 辑）．北京：社会科学文献出版社，2019：175 - 252.

是这个落差却清晰无比地指向一个残酷的现实：同情是有边界的，而这个边界是可以改变的。作为管理同情边界的国际人道主义事业将这个现实转译为"同情疲劳"。他们提供的诊断是，因为这个世界的灾难太多了，多到超出了我们同情的额度。相应地，他们提供的药方是依赖市场营销和媒介技术来增加苦难的可见性，拓宽同情的边界，让更多的观看者转化为行动者。

然而，莉莉·蔻利拉奇教授并不买账。这位多年致力于研究苦难和媒介的教授在这本书中犀利地撕开了同情疲劳的假象，并拒绝在理论僵局中无所作为，而是勇敢地为西方人道主义开出自己的药方。

同情如何可能？——想象性地遭遇苦难

对同情疲劳的诊断首先要回答同情是如何产生的。关于人性本善还是本恶、人本自私还是利他的争论从来都没有停止过，但它们都是一些静态的本质主义论断，它们无法解释现实中的选择性同情——为何我们时而能够深度共情，时而会无动于衷？博尔坦斯基认为"同情"的产生需要两个相互关联的条件：第一个是距离。有了"不幸"与"幸运"的距离，才有正在受苦受难的"他们"，以及相对安全的"我们"。只有处在相对安全的环境中的人才会对遇到不幸的人产生同情。距离太近，我们会为此感到害怕和恐慌；距离太远，我们则会无动于衷。

"西方"与"全球南方"的距离是西方人道主义得以发展的一个基本前提。虽然西方和全球南方并不是一个同质的整体，但是这样的区分强调了曾经的殖民历史，以及当前全球权力谱系的结构性不平等，这是这本书进行理论探险的起点。

距离的存在衍生了同情产生的第二个条件——观看。正因为观看者没有直接处于苦难之中，无法切身体会他人的不幸，所以观看者的同情心是由对他者之痛的观看而引起的。

蔻利拉奇延续了亚当·斯密对戏剧的观点，认为戏剧是道德教育的重要机制，承认了观看在同情产生中的位置：通过观看，观众把自己投射为戏台上的表演者，换位思考、设身处地地感受他人的不幸，从而产生减轻或消除这些不幸的行动意愿。当下，戏剧显然不再是唯一可以展示他人不幸的媒介，文学、摄影、电影、电视、手机都可以把远方他者的不幸带到西方人面前。但是无论媒介技术如何进化，同情都需要古老的戏剧结构——想象性地遭遇不幸的他人——才能发生。国际人道主义正是依赖各种传播交流实践来创建想象性的相遇，从而引发西方对弱势他者的同情和行动，以此培养世界主义公民，形成社会团结的。

如果说，博尔坦斯基认为同情的前提是距离，那么蔻利拉奇则明确地告诉我们距离是一种想象的产物，是一种述行（performative）。同情的产生与实际的物理距离并没有绝对的因果关系。早在 2006 年出版的名为《观看他者之痛》（*The Spectatorship of Suffering*）的书中，蔻利拉奇就通过细致的文本和话语分析展示了同情的边界是如何在不同的新闻话语中被形塑出来的。人们的同情心并不完全取决于苦难本身，还取决于人们如何"观看"苦难本身，取决于观看者与受难者的"距离"，而这些距离的远近与灾难新闻报道息息相关。而在本书中，蔻利拉奇继续深化这一路径，探索更为广谱的媒介化实践。她将我们带入历史，徐徐展开人道主义传播的不同阶段及其困境。

同情的危机——人道主义传播的悖论与困境

依赖戏剧结构的人道主义传播是需要通过各种媒介化实践把观看转化为行动的。这些媒介化实践被定义为"人道主义的想象"。它一直要处理两个层面的问题：第一，真实性。既然无法直接遭遇苦难，那么观看者如何相信媒介呈现中的苦难是真实的？第二，行动。因为无法直接行动，所以自然无法得知行动的必要性和效果，那观看者为何要行动以及应该如何行动？戏剧式想象创建了距离并产生了同情，但同时孕育了悖论。这个所谓的戏剧悖论贯穿整个人道主义传播的历史，催生了各种批评的声音。本书为读者展开了一个广阔的反戏剧学术脉络，延续了从柏拉图、卢梭、尼采到法兰克福学派、居伊·德波和鲍德里亚对观看的批判，本质上都在质疑苦难呈现的真实性：各种媒介将真实的苦难转移到虚构领域里，让它变成了脱离历史语境的商品或图像。苦难的呈现成为具有腐蚀性的奇观，或者诱发观看者消费灾难，沉浸在各种感官刺激中，或者仅仅操练了个人情感，无法引发真正的行动。

为了应对戏剧悖论及其批评，人道主义传播催生了各式各样的本真性策略和道德化策略。二者内在于所有人道主义想象的实践中，前者是为了保证苦难呈现的真实性，从而让观看者和受难者形成共情；而后者则是让观看者变成一个道德主体，形成评判力和行动力，合法化团结方案。"好撒玛利亚人"和"手挽手的革命同志"代表着历史上的两种团结方案。前一种是一种"拯救式团结"，来源于宗教，以普遍的人性来构建观看者与他者之间的纽带，呼唤观看者成为仁慈的捐助者。后一种则是一种"革命式团结"，来自马克思主义，通过揭露和批判造成不幸的社会制度或结构，强调观看者对不幸他者的责任，以公平正义的主张召唤观看者成为同志，联合起来共同行动。

二者最大的不同在于处理西方与全球南方的距离/不平等的关系的方法，但它们同样饱受批评。拯救式团结被认为去政治化，把西方观看者塑造为仁慈的捐助者，遮蔽了导致全球南方国家苦难的历史与结构性原因，让观众误认为通过人道主义救助就可以一劳永逸地解决发展中国家的问题，（除了捐款）不需要再做什么。而革命式团结则把西方观看者塑造为共谋者，过于强调观看者对不幸的社会责任，让愧疚感等负面情绪占上风，最终让人们觉得什么都做不了。

所以，在蔻利拉奇看来，西方世界的同情疲劳并不是因为当前的不幸已超出人们的情感承受力，而是缘于人们对苦难景观的怀疑，缘于宏大的话语无法再提供道德动力来把西方人召集起来并安排他们对苦难的感受和行动。

从同情到反讽——自恋的后人道主义公众

于是在应对同情危机上，西方人道主义出现了从同情到反讽的范式转变。借用罗蒂的哲学批判，蔻利拉奇将后人道主义定义为反讽式人道主义。这个拗口的概念并不是一个学者的文字游戏，而是在充分的经验式研究基础上的高度提炼。蔻利拉奇用了四章，分别梳理了募捐倡议、名人公益、慈善音乐会和灾难新闻报道这四种最常见的人道主义想象类型的历史演变。每一章都可以被当成一个独立的故事，梳理了在不同的历史阶段，每个类型是如何在面临批评和争议的时候发展出不同的应对策略的，而这些看似独立的演变在美学和道德话语维度上拥有共性，共同汇成向反讽式后人道主义范式演变的趋势。

虽然每种类型各有自己的美学传统和资源，但在面对普世话语带来的同情疲劳时，它们不约而同地在本真性策略和道德化策略上做出了类似的选择。它们都不再调用宏大的话语或情感合法化团结行动，而是转而依赖技术化、消费主义式的粉丝追星或个人行动主义。

具体而言，面对无法全面展示全球南方苦难的批评，募捐倡议不再依赖纪实美学来呈现全球南方的苦难。远方的受难者既不再是被剥夺了人性的被动客体，也不再是被赋予了人性的积极乐观的主体。他们或者成为像我们一样的普通人，或者成为背景里的一个抽象模糊的存在。造成苦难的原因或者缺席，或者变成卡通动画里的怪物，可以被轻而易举地消灭。

为了应对将苦难去政治化的批评，名人公益不再依赖克制的明星作为真实苦难的见证人，不再让他们用冷静的语言来传递苦难的声音，转而依赖明星的"真情实感"来保证苦难的本真性。不可见的、遥远的、匿名的受难者声音与可见的、亲切的、著名的明星自白重叠在一起，以此召唤粉丝们的爱心和行动。

慈善音乐会延续了名人公益的本真性策略，并撤掉了让人窒息、恐惧的悲惨画面，转而让远方的受难者成为被援助成功的案例出现在观众的视野中。而造成全球贫困、不公正的政治集团摇身一变，从敌人变成了可以争取的朋友。

面临对把关人制造苦难等级的质疑，灾难新闻报道不再依靠新闻专业主义或职业新闻人来保证灾难报道的真实性，转而依靠普通人（西方人）的声音来完成对苦难的表演。苦难的真相坍塌为自恋、片段式、疗伤式的信息数据库。

与这些本真性策略相呼应的是道德化策略的转向。我们为何要行动的问题已经被悬置了，变成了我们如何行动的问题。在这里，工具理性成为主导的行为准则，并且进一步深化了人道主义事业的市场化程度。具体而言，衡量人道主义事业的标准不再是如何为全球南方提供救助并保证其可持续发展，而变成了机构/名人如何实现品牌化、筹款的数目如何完成、媒体如何获得流量等可量化的标准。这些目标的达成离不开技术和消费主义的推动。

首先，这四种类型都依赖于技术化的行动方案。无论是请愿，还是点击捐款链接，抑或是购买腕带，又或是点赞发推文，都是以自我赋权的名义，用技术逻辑搭建而成的，用即时便捷的行动主义取代了更为长期和复杂的集体行动。

其次，消费主义和个人主义成为这些行动的驱动力。募捐倡议让国际人道主义机构品牌本身成为行动的缘由，召唤的是熟知品牌的"消费者"们。名人公益和慈善音乐会召唤的是明星的粉丝们。灾难新闻报道则让用户成为个人创伤的表演者，让西方用户形成了联合。

虽然这些章节在一些内容上略显重复，但它们从不同侧面描绘了观看者、受难者、行动者之间的多重关系。受难者的"他者性"被阉割，成为和西方观看者一样的"我们"。观看者不再是因为苦难联合起来的世界主义公民，而变成了人道主义机构的消费者、明星的粉丝以及自恋的疗伤者。而个体的行动者自己也树立了自己的品牌，变成了功利主义至上的企业家，赢得了通往权力走廊的门票。

这就是后人道主义用技术化的行动主义解决同情疲劳后面临的问题：不再把"不幸的他者"作为行动的对象，而是把自我的感觉和表达当成了为善的动力，不再讨论产生不幸的社会原因以及行动的效果。简而言之，以他人为导向的道德观转向了以自我为中心的个人主义——以自我需求作为驱动力，以自我的满足作为回报，因为为善能让我们"感觉良好"。因此，后人道主义取消了戏剧结构，掉入了自恋的镜像陷阱里。

同情的本义是为不幸的他者行动且不求回报，但是如今这个道德要求变成了对回报的期待：自我感动和自我赋权。社会团结如今已经被呈现为西方人的一种生活方式、一种选择，这里不再需要"他者"的位置，因此人道主义传播也不再是让公众习惯用各种方式去介入、参与他者的世界，而是变成一种联结西方自己的世界的努力。西方再也看不到他者，而只能看到自己。这样一种自恋的镜像结构会限制观看者的反思和想象能力，使他们无法将人类的苦难作为不公平的政治问题来思考，并且把公众看成实现目的的手段，而不是当成目的本身。在蔻利拉奇的眼里，后人道主义忘记了自己的道德使命，即培养世界主义公民，为了更美好的世界介入对远方苦难的行动。在她眼里，这一切都是新自由主义的表达——用消费来取代信仰，用市场逻辑来主导非商业交易领域，用工具主义来合法化行动。

竞胜式团结——一份来自西方的药方

不过，蔻利拉奇并没有因此止步，而是勇敢地提供了一个药方——竞胜式团结。"竞胜"一词来自阿伦特，指的是将多元的行动者和团结方案并置在显现的空间中进行对话和竞争。这个方案要重新拥抱戏剧的客观性，而不是再揪着本真自我不放，只有这样，人道主义事业才能以公平正义的名义重新出发。这里的客观性不是指取消立场，而是指让多元的立场可见，让西方观看者和受难者保持一个道德的距离。这个距离既非远到让受难者成为剥离人性的、绝对的他者，即消极被动、永远等待救援的赤裸生命，同时也非近到成为像我们（西方人）一样的人。它要不远又不近——不远可以看到受难者同为人类的共性，不近则可以呈现受难者身上不可简化的他者性，即他们无法拥有和西方人同等的生存资源。

这里需要陌生化策略来实现"想象的流动性"，让"看"与"被看"的位置不再稳定。这不仅可以让弱势他者作为独立的行动者参与到苦难的表演中，还可以以一种不舒服的方式邀请观看者进行移情和评判。陌生化策略可以与流行的反讽文化相容，但是并不是用来让观看者"自我感觉良好"，而是将观看者拉出舒适区，在面对他人的人性的同时面对自我的他者性，即西方公众的非人性部分（与不公正社会的联系）。位置的可变性还指观看者与行动者位置的互换。观看者要不停地在移情与评判的位置间切换，既要与远方的不幸形成情感联结，同时又要对为何行动、如何行动进行理性评判，认识其有限性和困境，并讨论其他可能性。想象力不仅是一个如何与远方他者进行交流的问题，还是一个如何与我们的同伴一起交流的问题。在这个意义上，竞胜式表演不仅要进行移情式的评判，还要在此基础上针对行动方案进行公共辩论。这样一种团结方案并不把公众当成既定的存在，或者是达成目的的手段，而是将之当成持续培养的目标。

当然，这样一种方案也不是脱离地表的泛泛而谈。本书还提供了几个不完美的案例，说明如何用竞胜式团结的方案来改造当前的四大类型的实践。而这些不完美并不是用来否认竞胜式团结的可能，而是用来说明竞胜式团结的本质，通过积极地拥抱不确定性和不稳定性，来不断地启发社会团结的新可能。

这种方案既建立在蔻利拉奇对新自由主义批判的基础之上，也让她与西方"文化左派"拉开了距离。蔻利拉奇并不否认人道主义的"原罪"，在本书开头她就承认了人道主义与资本主义、市场的共生关系。从理论上讲，人道主义被认为是应对非人性化资本主义的一种人性化主张，而在历史上，它也是伴随着殖民历史的展开而发展起来的，是柔性帝国主义的一部分。在当前的实践中，人道主义的市场化和技术化合力将苦难商品化，更是吸引了批判学派的大量火力。对媒介和市场的否定虽很方便但却一刀切。它让悲观主义情绪蔓延，让许多建设性的讨论陷入理论僵局。这种悲观主义选择性地忽略了众多苦难团结的历史和时刻：哪怕在新冠感染疫情最严重的时候，困在各个国家的"键盘侠"依然可以联合起来为各种不幸的人付出爱心和行动。

而蔻莉拉奇力图克服批判学派的悲观主义，立足于现实，把全球资本主义视为思考和想象社会团结的起点，视之为"一个必要但脆弱的可能性条件"。当前的视觉媒介技术的激增和市场化可能会放大"旁观者效应"，但同时，媒介技术的发展也会带来行动的可能性。这样一种位置开辟了一条新的分析路径，拒绝简化和绝望情绪。而简化和绝望情绪一直被认为是美国"文化左派"的通病：批判学派容易重对资本主义制度的总体批判而轻对社会改良的具体探讨①。而在"后革命"时代，整体性的解决方案可以说是一个完全正确但"乌托邦"的设想，除一次又一次把我们拖入理论僵局毫无作

---

① 张旭东．知识分子与民族理想//罗蒂．筑就我们的国家：20世纪美国左派思想．黄宗英，译．北京：生活·读书·新知三联书店，2014：106.

为之外，并不能帮我们真正打开激发想象力的空间，让多元的可能性落地生根。

当然，这种"在中间"的政治光谱很容易遭到批评，但它可以为日益撕裂的学界带来一股清流。张旭东对中国知识界的期望非常适合用来评价蔻利拉奇的学术贡献："不安身于某一种话语规范来获得某种学术政治上的确定性或文化市场里的品牌效应。"蔻利拉奇的研究可以说为我们示范了"在中间"的学术可能性，以及新的批判高度。

当然，聪明的中国读者也从本书的诊断和方案中读出了某些"西方中心主义"的味道。本书所有的讨论都立足于西方的人道主义实践之上，对革命式团结的描述十分片面，并没有将第三世界国家（包括中国）曾经以及正在进行的人道主义实践纳入视野。所以，这一份为西方人道主义做的诊断、开的药方对于中国有什么样的价值？

首先，这是一个富有诚意的学术邀请。它可以让我们回顾中国在西方的人道主义想象中的演变和缺失。在西方的想象中，中国是一个被救助的发展中国家。但是这种想象是残缺的。无论是依然在运行的中非坦赞铁路还是当下中国正在运往非洲的防疫物资，都在清晰而确定地告诉世人：中国在国际人道主义救援中从未缺席过，中国一直在积极实践"人类命运共同体"的理念和精神。但是，曾经的历史和正在践行的实践都急需我们去梳理与提炼，从而寻求社会团结的新路径。

其次，这也是一份极具挑战的行动召唤。全球疫情困局进一步深化了当前人道主义的危机。由于新冠感染疫情的大流行，联合国人道主义项目正面临创纪录的资金缺口，有限的同情与无穷的苦难之间的矛盾进一步深化。中国曾经和正在进行的人道主义实践是如何提供一种另类的世界想象的？我们是如何观看"远方的"苦难的？这些想象又是如何与西方主导的世界主义话语进行对话的？我觉得这本书可以作为一个开始，让事关同情和公正、观看和行动的学术辩论在今天的中国释放出真正的影响力，让中国在关于同情的讨论以及国际人道主义事业中做出更多的贡献。

致　谢

　　我很荣幸在写这本书的时候能拥有许多优秀的同事，他们的学术热情一直是我灵感的源泉。我还有幸担任了系博士项目的主任，感谢这里才华横溢、专注学术的学生们，他们的挑战总是将我推到学识舒适区之外。此外，我还要感谢在伦敦政治经济学院内外举办的各种研讨会、专题讨论和学术会议：由伦敦政治经济学院的"暴行、苦难和人权"组织、性别研究所的阅读小组和全球治理研究中心主办的会议，以及在兰开斯特、拉夫伯勒、莱斯特、剑桥、布鲁内尔、萨塞克斯、伦敦大学教育学院、巴黎索邦大学信息与传播科学高等研究院、乌得勒支、斯德哥尔摩、哥本哈根、赫尔辛基、芝加哥和波士顿等地的学术交流。这些会议和交流的参与者在我完善本书论点的过程中提供了宝贵的反馈意见。

　　我还要感谢那些允许本书的经验性章节引用各种视觉和语言文本的人：奥黛丽·赫本的遗产管理委员会（the Estate of Audrey Hepburn）以及摄影师约翰·伊萨克（John Isaac）准许我使用奥黛丽·赫本为联合国儿童基金会拍摄的照片，国际计划组织、乐施会和联合国世界粮食计划署的各种活动的视觉材料，以及英国广播公司关于地震的文字新闻报道。

　　最后，我感谢达夫妮（Daphne）和埃利亚斯（Elias）一直在我身边。没有他们的爱和支持，这本书是无法完成的。

目　录

第一章　社会团结与灾难景观①

导论：发现你的感觉

请参与进来吧，你将会深受启发。支持"行动援助"②项目的人将会收获难以置信的幸福、温暖和骄傲。只要你参与进来，你就将不受限地拥有各种神奇体验。想知道你可能会获得什么样的感觉吗？请今天就参加"行动援助"的小测试吧。[1]

这是一个测试，名字叫"发现你的感觉：感受'行动援助'项目"，仅花30秒就能完成。我们只要通过点击鼠标回答一系列问题，就可以获知我们对这个人道主义品牌的"真正感受"，比如：下面哪一张照片最能打动我们？是"隔壁"小孩在快乐地荡秋千，是拉美的某一群抗议者，还是几个妇女对着镜

---

① "spectacle"在英文里表示引人注目的表演或展示，或者强调视觉冲击强烈的事件或场景。但无论哪种意思都蕴含着"观看"这一层意思，并和spectator（旁观者，观看者）有着相同的词根。在中文学界里，跟这个概念相关的两本学术著作应当是居伊·德波（Guy Debord）的《景观社会》（张新木翻译）和道格拉斯·凯尔纳（Douglas Kellner）的《媒体奇观》（史安斌翻译）。这两本书在学术上有继承关系，对以煽动性/商业化的视觉文化作为中介组织起来的社会关系保持着批判的立场。但是在本书中，作者并不完全认可这种消极的批判立场。虽然关于苦难的媒介化表征会成为奇观，但是她依然认为景观/观看是建立社会想象力的不可或缺的一部分。因此，我根据语境，将spectacle一词在中性的语境里翻译成"景观"或者"观看"，在批判的语境里则翻译成具有贬义色彩的"奇观"。——译者注

本书脚注均为译者注，以下不再一一标注。

② "行动援助"是一个国际非政府组织，其目标是在全世界消除贫困和不公正现象。它于1972年成立于英国，总部在南非的约翰内斯堡。详情参见其官方网页：https://actionaid.org/who-we-are（获取时间为2021年7月28日）。

头拥抱和微笑？根据我们对这些远方他者做出的情感反应，我们可以得到特定的自我描述：温暖柔软的，或是热情兴奋的。在获知我们的感受之后，我们会被邀请"点击这个链接"，然后可以"发现更多关于'行动援助'项目的介绍"。

而这就是我将在这本书中讨论的，即如何处理"我如何感受"与"我可以做什么"之间的关系——它在"行动援助"项目中显而易见。不可否认，情感在动员人们、言说①社会团结的过程中一直扮演着重要的角色，但是我认为在现代人道主义的不同阶段，自我所扮演的角色有所不同。比如，在早期国际红十字会的募捐倡议②中，面黄肌瘦的儿童照片很显然会让我们感到震惊并由此思考"我可以做什么？"，或比如一些国际组织会呼吁人们通过书写个人信件来请求释放有悔悟之心的囚犯。这两个例子并没有要求我们回归自我本身或者去联系自己的感觉，以此驱动我们去帮助不幸的陌生人，表达我们与他们的联合。

也就是说，如今行动是通过自我感觉来驱动的。这是一种新的情感倾向③，而这正是这本书的出发点。我在这本书里梳理了1970—2010年这40年来社会团结是如何被表达和传播的。这40年是人道主义理念发展的关键时期。在这个时段里，人道主义理念经历了三个主要转变：人道救援和发展领域的工具化，关于社会团结的宏大叙事的退场，以及传播交流的日益技术化。这三个转变看似毫不相干，但实际上相互交叉。尽管每个转变都已在学界被

---

① "communication"经常被翻译成"传播"，但在英文里，该词除了指传播，即有目的地传授或传递信息、新闻或思想，以及以非语言的方式传达或传递一种情感或感觉，还指分享或交换信息、消息或想法。这两层含义在本书中都有所体现。因此，这个词会在不同的语境中被翻译为"传播""宣传""传达""言说""表达"，以及"交流"等。而其形容词形式"communicative"，译者则参照学界惯例，在适当的语境下翻译为"传播的"或者"交际的"等。

② "募捐倡议"的英文原文为"appeals"，在人道主义实践中主要对应的是两种请求，一种是为支持慈善事业或其他事业而提出的捐款请求，另一种是呼吁人们进行请愿或者抗议等的倡议。所以在这里，译者把募捐和倡议合起来一起当作appeals的中文译词。

③ "情感倾向"的英文原文为"emotionality"。在本书中，相关的术语还包括"emotion""sensibility"。作者在邮件里解释说，"emotionality"和"sensibility"被当成同义词使用，都是指一种情感倾向或情绪取向（an orientation towards an emotion）；而情绪（emotion）则更为具体，指可能（或不能）促使一个人行动的心理状态，如高兴、悲伤、愤怒、共情等。

充分讨论，但相对来说，很少有人会去考察三者之间的勾连，以及更为重要的，这三者的结合如何影响社会团结的意义。

我试图让大家注意到，"发现你的感觉"中出现了新的情感倾向。我认为在当前，"行动援助"在推广自己的品牌，并代表了一种普遍的倾向，即拒绝把共同人性作为行动基础。它和网络媒体的交互性正在合力定义或者多重决定社会团结的意义。只有当把社会团结作为一个传播交流的问题，一个试图在道德层面上调停市场、政治和媒体三者之间的冲突的诉求时，我们才能够更好地理解当前对于他者之痛的观看如何微妙但确定无疑地把整个西方塑造成为一种特定的公众和行动者——面对弱势他者，西方成为反讽式观看者。

反讽在这里指的是一种超然的自以为是。这种秉性①对所有真理断言保持着怀疑的自觉，其源头是这样一种认知，即承认言辞与现实之间必然存在落差，因此不需要"宏大叙事"来试图弥合这二者之间的鸿沟（Rorty，1989）。虽然反讽经常被解释为冷漠、犬儒主义的"后现代"姿态，试图拒绝任何情感上的卷入，转而支持一种玩笑式的不可知论，但对弱势他者的观看却使这种姿态变得更为复杂：在我们直面"他们"的苦难和不幸的时候，反讽依然引导我们去思考"如何做"，依然召唤我们成为一个道德的行动者。在这个意义上，反讽式观看者实则是一种不单纯的矛盾形象：一方面对任何要求团结的道德诉求都保持怀疑的态度，另一方面却还是愿意去为那些正在受难的他人做些事情。那么，在不同的时间阶段中，这些反讽式观看者的形象是如何在社会团结的传播结构中产生的？这些新兴的形象在今天又如何协商和调停政治、经济和技术之间的紧张关系？

这本书就是关于西方世界在历史转折的节点上如何传播社会团结的故事。在这个时间点上，冷战已经走到尽头，人道主义救援机构和媒体数量激增。这些因素一起促成了一个范式上的变化，在新的范式里，西方视自己为道德

---

① "秉性"的英文原文是"disposition"，指的是一个人内在的思想和性格品质，也可以指特定的行为意图或倾向，同时还可以指以特定方式安排人或事的行动。因此在本书中，该词（及其形容词形式dispositional）会根据语境的不同，被翻译为"秉性""性情""品质""特质""素养"，以及"倾向"。

的行动者。当然，西方并不能被视为一个整体，一个同质、安全的领域，正如全球南方也不能被看作一个统一的、危险的领域一样。我使用这些术语是因为它们强调了历史和政治上的区隔，而这对我要讲述的故事来说很重要：全球权力的分割使得资源沿西方-南方轴线呈现着不平等的分布，而这种不平等又反过来再生产着前者的富足并延续着后者的贫穷。在这一分裂的基础上，如何言说和表达社会团结就变成了如何传播世界主义品质——这是一种关于公众应该如何对待弱势他者的道德要求。而这些需要我们付出行动的弱势他者不仅是我们身边的人，还包括那些远方的人，那些我们可能永远不会见面且无法指望其回报的陌生人（Calhoun，2002；Linklater，2007a，b）。

我认为人道主义传播是这个道德要求的主要载体，因为人道主义在对自我的描述中已经成功地将一系列独特的利他主义主张纳为自己的主张：从宗教传统里的兄弟姐妹之爱（*agape*）① 或帮助需要帮助的陌生人，到拯救他人生命或保护他人权利的世俗要求。这些主张尽管各有不同，却一起创造了一个相对连贯的道德秩序并将我们的时代定义为"同理心文明"时代（Rifkin，2009）②。人道主义传播经常被等同于国际机构发布的募捐倡议。与此狭义的理解不同，我将一系列流行的实践都纳入人道主义传播交流活动中：除了募捐倡议，还包括名人公益、慈善音乐会和灾难新闻报道等。我认为在某种意义上这些实践都是关乎人道主义的，因为每种实践都要运用到不同的美学逻辑，如名人的人格化力量、摇滚音乐会的魅力或是记者的专业见证，这些都能让我们这样的旁观者对远方的他者之痛进行回应。因此，这些实践构成世界主义伦理的传播结构。它们虽然在结构上松散，但却在西方公共生活中成为

---

① "兄弟姐妹之爱"的原文是希腊词语 agape（兄弟般的爱），指的是基督教中的爱。它既包括耶稣牺牲自己救赎众生的爱，也包括教徒相互之间的爱，有别于性爱或单纯的感情。详见 C. S. 路易斯（C. S. Lewis）在《四种爱》中的解释，也有人将之翻译为"大爱"。在后文，本书作者讨论到这种爱其实也是有边界的，只限于基督教徒之间，并且在历史上也曾和殖民话语合谋。译者在这里根据日常语境，将信徒之间相互称呼兄弟姐妹翻译为"兄弟姐妹之爱"。

② 原文为"empathic civilization"，中译本的书名为《同理心文明》。这里沿用这样的说法，以便中文读者更好地追溯本书的学术脉络。但为了与后文的 pity（同情）区分开来，译者将根据不同语境将 empathy 翻译成"共情"。

一股日常的道德力量。而这就是我在第二章中要介绍的"人道主义的想象"①。

　　本书梳理了这些随着时间推移而变化的人道主义的交际实践，发现传播美学发生变化的过程也是团结伦理的切换过程。之前我们试图客观地再现苦难，把它当作一种与我们有距离的事实，以此思考远方他者的境况；如今我们把苦难表征为一种主观的感受，把它视作与我们自己无法切割的一种存在，引起我们对自己境况的思考，从同情式伦理转向反讽式伦理。我认为，这同时也是社会团结在"认识论"上的一种转变[2]，这表明以他人为导向的道德观正在退场，取而代之的是以自我为导向的道德观：对前者而言，与人为善是因为我们拥有共同的人性，且不求回报；而后者则把自我感觉当作为善的驱动力，以自我的小满足为回报。那么，"发现你的感觉"测验里的新的情感倾向、最喜欢的明星的自白、摇滚音乐会的刺激兴奋，以及推特（Twitter）上发布的新闻，就是其中的一些表现。 4

　　虽然团结道德观都会涉及"自我中心的利他主义"这样一个元素，但是反讽式团结与其他形式不同，它明确地将自我的快乐放置在道德行为的核心位置，从而使社会团结成为一种具有偶然性的（contingent）伦理。这意味着它不再要求人们去反思人类苦难背后的政治条件。这种反讽式伦理的兴起毫无疑问源于宏大叙事的衰落，但正如我接下来要展示的，这种带有偶然性伦理的社会团结还有着更复杂的历史，需要我们重新审视其出现的三个维度：不仅有政治的因素，还有技术和专业主义的因素。因此，我选择人道主义实践的四大类型，即募捐倡议、名人公益、慈善音乐会和灾难新闻报道作为研究对象，关注它们是如何依靠企业的市场营销逻辑和媒体文化的数字技术来接纳这个新变化的，从而使一种新自由主义生活方式应运而生，以此来应对共同人性叙事在政治上失效的问题。

---

　　①　"想象"的英文原文是"imaginary"，人道主义的想象（实践）指的是建立在戏剧式交际结构上的传播交流实践。它利用戏剧的作用，将我们想象性地与其他人的位置关联起来，从而让想象力在戏剧体验中成为一种具有教化能力的催化剂，来激发观众的情感和评判能力，从而促成行动。详细分析见本书第二章。

我认为，这些美学和伦理转变的核心是人道主义在传播结构上发生了根本性突变，也就是戏剧结构的退场和镜像结构的登台。在戏剧结构中，西方旁观者和弱势他者的相遇被当成具有伦理和政治意义的事件；但是在镜像结构里，相遇常常被简化为一种自恋的自我镜像，在这里我们看不到他者，只能看到和"我们"一样的人。如果需要一个根本的替代方法来抗衡这种主导的镜像结构，那么我建议从找回公共领域的戏剧性开始，将西方之外的世界看作一个虽然有所不同但确实真正存在的世界，这个世界能让我们直面各种令人不舒服但却十分重要的问题，比如权力、他者性，以及正义。只有这样做，才有可能在我们当前全面分裂的世界中保存社会变迁的可能。

不过在这个介绍性章节的开头，我得先为如何讨论社会团结这个问题搭好台布好景，介绍一下与这个问题相关的三个关键维度，它们分别是：机构，即人道援助和发展领域的日益扩张和同时发生的工具化所带来的潜在影响；政治，即紧随宏大叙事的结束而来的个人主义道德观；技术，在新媒体技术的促进下，公众场合里的自我表达呈现出前所未有的爆炸式增长，从而改变了传播社会团结的前提。正如我所说，只有在对这三个维度进行考察的基础5 上，我们才能开始理解社会团结的意义是如何从戏剧范式的客观性转向镜像范式的新情感的。

人道主义的工具化

"发现你的感觉"这个活动强调的是一种被启发的"灵感"，正如"行动援助"筹款理事会的前部门经理理查德·特纳（Richard Turner）所说的那样，这个活动聚焦于让人们发现捐了钱能够感觉良好，但是（不捐的话）也不会感觉糟糕[3]。从前，关于贫穷的标志性画面都在强调需求，试图以此引起观看者的内疚感。现在这种新的策略则试图引发积极、温暖的感觉，希望通过这种途径来激励公众对人道主义组织的长期支持。正如特纳所补充的：

"我们觉得，比起通过更多强调需要的直白广告来增加响应，当前方式所吸引的支持者能够给予我们更长久、更多的捐赠。"[4]

特纳的这段话反映了人道援助与发展领域中的一种普遍的趋势：使用企业宣传的语言，而不是传统的传播策略。它优先考虑品牌的营销策略：通过培养客户对特定商品——非政府组织的品牌——深刻的情感依恋，保证客户对这个品牌的忠诚度。我在第三章会探讨到，对品牌的情感关注会使得人道主义传播交流不再需要系统性地论证社会为何要团结这个问题。而这里我关注的是在更宽泛的层面上，我们如何遭遇人类脆弱性这个道德问题已经被放置在市场逻辑下进行考量。

当然，人道主义从来没有与市场相对立。事实上，在理论上，人道主义被认为是一种从资本主义中生产出来的完美的自由主义思想。例如，它被认为是伴随劳动力市场在西方之外世界扩大而来的美好一面（Friedman，2003；Bajde，2009）。然而，如今人道主义与市场逻辑的勾连却是一种相当新兴的发展，反映了博尔坦斯基和希亚佩洛（Boltanski & Chiapello，2005）所说的，在资本主义内部从古典自由主义到新自由主义的公共道德观念的转变。原本，强调经济功利主义的公共逻辑与强调情感义务的私人逻辑之间有着重要的区分：前者适用于商品交换领域，后者则适用于个人利他主义领域和日益制度化的慈善事业。现代人道主义是建立在这样的区分之上的。然而，晚期的现代人道主义——我称之为后人道主义——逐渐模糊这两者之间的界限，并以此让不断扩张的经济交换逻辑以一种辩证的方式日益侵蚀私人情感和自我表达领域，同时把私人情感和慈善义务商品化。

这个转变开始于 20 世纪 80 年代，并在 90 年代早期得到充分的发展，姜（Cheah，2006）称之为人道主义援助和发展领域的工具化，即人道主义援助部门本身以他人为导向、意在拯救生命和改变社会的目标让位给自我驱动、有利可图的表现。而这个转变的出现主要源于该领域的两个发展：人道主义实践的市场化以及发展研究学科中行政管理知识的生产。

人道主义实践的市场化是国际组织和国际非政府组织在援助和发展领域

急剧扩张的结果。以援助机构为例，在 1985—1995 年间，援助机构的业务扩大了 150%。而在 1980—1990 年间，仅美国一个国家的援助机构就增加了 100 个（从 167 个增加到 267 个），在接下来的十年增加值则几乎翻番——1990—2000 年，美国的援助机构从 267 个增加到 436 个[5]。在这种形势下，市场化便成为这些组织在竞争激烈的环境中的生存策略，这不仅因为这个行业涉及的人口众多[6]，还因为如今的人道主义援助主要依赖从跨国中间人和国家那里获取项目经费。举个例子，在 1990—2000 年的 10 年间，筹款的资金水平从 210 万美元增加到了 590 万美元，增长了近 2 倍，到 2005—2006 年则达到了 1 000 多万美元。这些资金的分配越来越多地依赖于双边援助和国家专项预算，因此，符合国家利益成为国际非政府组织筹款的关键标准（Smillie & Minear，2004：8 - 10，195；Barnett，2005：723 - 740；Barnett & Weiss，2008：33 - 35）。

对此持欢迎态度的人们认为，这种扩张对提高全球社会的世界主义精神（cosmopolitan ethos）做出了贡献。正如马修斯（Mathews）所宣称的那样，国际非政府组织"孕育新想法、倡议、抗议并动员公众支持"，并在此过程中进一步"形成、实施、监督和执行对国家和国际社会的承诺"（Mathews，1997：52 - 53）。但是，我们可以清楚地看到这种扩张会引发重大风险。在供不应求的经济逻辑下，许多人道主义机构为了竞争有限的善款，被迫不再优先考虑全球南方的实际需求，转而屈从于西方捐助市场的游戏规则。事实上，正如巴涅特和维斯（Barnett & Weiss）所说，尽管该行业的蛋糕在变大，人道主义机构得到了比以往任何时候都更多的援助，但是"大部分资源仍然被控制在少数几个捐助国手中，这些捐助国更倾向于根据它们自己的优先需求来施加限制条件或安排直接援助"，所以通常"最不幸的（国家或地区）得到的关注反而最少"（Barnett & Weiss，2008：34）。

7　　人道主义活动原本的目的是为全球南方提供救济并确保其可持续发展，但这个目的是通过西方与全球南方之间体制化的经济关系来实现的，而这种经济关系优先为西方企业家服务，为西方企业本身提供着可持续的资金和源源不断的合约。这正是这个领域的核心悖论，即人道主义中"不人道的条件"最终强化而非改变了富裕西方与贫穷南方之间的经济从属关系。正如姜所认为的："西方国家出现了具有民众基础的国际主义精神和社会团结，但是这种社会团结是不太可能结束国与国之间的不平等关系的，因为西方国家的公民社会正是从这种不平等中获取了巨大的力量。"（Cheah，2006：494）

因此，尽管秉持实现效率最大化和对捐助者负责这样的良性目标，人道援助和发展领域的金融体制最终还是合法化了治理机制的新自由主义逻辑。它将人道主义的世界主义愿望转化成了西方企业的愿望。这样一来，不仅无法实现全球公民社会的理想，还会对那些弱势国家、地区和群体造成伤害。库利和罗恩（Cooley & Ron）研究了有关国际非政府组织的 3 个案例，有力地展示了代理人问题、竞争性合约和多重原则是如何产生以自我利益为中心的行为、激烈的竞争以及各种执行不力的项目的（Cooley & Ron，2002：18）。他们认为，这一金融体制带来的竞争力具有"强烈的腐蚀性"。

如果人道主义的工具化是通过机构在地的实践来实现的，那么它的合法化则主要借助发展研究领域所产生的科学知识来完成。发展研究于 20 世纪 60 年代诞生，旨在研究非殖民化进程和新兴国家的发展。它一直需要处理的一个问题是，如何处理规范性理论与最佳实践之间的张力。前者一直在试图讨论理想化的社会或国家应该是怎样的，后者则致力于制定适用于此时此地的具体政策和建议（Schuurman，2009）。尽管在历史上这个张力有力地推动了该领域的关键研究，但根据研究者的说法，最近的研究明显倾向于行动方针，而非规范性理论的产生（Biel，2000；Kothari，2005）。

这意味着今天的发展研究在很大程度上放弃了政治经济学的批判立场。政治经济学一向将不平等问题视为不发达状态的系统性原因，并将不平等与非经济问题相联系，从而进一步将发展研究与政治学、社会学、历史学和人类学联系起来。但是如今主宰这个领域的是法恩（Fine，2009）所说的新发展经济学，即基于（后）华盛顿共识的新自由主义经济学：在理论上，它支持微观经济学而不是宏观或结构经济学；在方法论上，它支持实证主义，而不是批判的反思性研究。

在理论方面，微观经济学视角则更倾向于关注资本在特定市场流动的物流学，而忽视"大局"——在特定发展语境中的不公正和再分配问题。新发展经济学将市场视为适用于所有国家的"普遍"规则，它不仅把影响发展的非经济因素放到一旁，还进一步把所有发展的问题都纳入特定的行政研究类别——把"个人激励"作为应对"市场失灵"的对策（Krueger，1986：62；Mansell，2001，2002）。

在方法论方面，实证主义研究设计则几乎完全依赖定量方法来衡量影响和评估结果，而牺牲了更多强调发展历史、背景和行动者的定性方法。不可否认，发展研究的学界是复杂多元的，有诸如阿马蒂亚·森（Amartya Sen）的经济学和道德哲学（Sen，1999，2009）、约瑟夫·斯蒂格利茨（Joseph Stiglitz）的批判经济学研究（Stiglitz，2002），它们都试图用更为全面的替代性方案来取代新自由主义路径下的经济简化主义。但是事实上，起主导作用的实证主义方法依然把纯技术性的议程强加在这个领域，同时边缘化关于发展的道德和政治问题。正如舒尔曼（Schuurman）所说："新自由主义思想在决定发展研究议程上有着越来越大的影响力，这使得保持批判性的研究传统变得越来越困难。"（Schuurman，2009：832）

追随着主流认识论，国际非政府组织的一贯做法是，将发展问题非政治化，转而侧重"影响"和"可衡量的指标"。正如巴涅特所认为的那样，"人道主义组织"在定义"影响"时，会把目标具体化并将其转化为可衡量的指标，在高度流动、突变的环境中收集数据，建立基准数据以生成"前后"快照[①]，控制替代性解释和变量，构建合理的反事实情景[②]（Barnett，2005：730）。国际货币基金组织、世界银行和联合国等主要知识产权部门在管理上拥有优先权，以这样的方式生产的知识正在规范着资金的流动和分配，并定

①　"'前后'快照"指通过项目执行前后的数据对比来评价项目是否成功。
②　"反事实情景"指对已有结果进行假设，再推理，估计其中一项影响因素的发生概率。

义着发展研究的对象和方法。正如法恩所说，"世界银行既增加了它对社会科 9
学的影响，也增加了社会科学（包含经济学）对发展理念的影响"（Fine，
2009：895）。

以上讨论虽然很简略，但是很清晰地说明了当代人道主义的制度化逻辑，
即微观经济学解释里的新自由主义逻辑忽视了全球贫困的系统性原因，将人
道主义变成了去政治化的管理问题。接下来的讨论会进一步表明，尽管已经
存在对人道主义实践和知识生产的工具化的讨论和研究，但是依然很少有人
讨论这种工具化的转向究竟是如何影响社会团结传播本身的。

正如"发现你的感觉"的募捐倡议所展示的那样，社会团结的传播交流
不能脱离人道主义工具化的背景。基于这个操作假设，我试图回答这种工具
化转向是如何通过一系列关键实践来完成的，以及它对公共文化中的社会团
结倾向造成了什么样的影响。我认为，一个矛盾、多样的世界主义观念内置
在当今人道主义的传播结构中（Yanacopulos & Smith，2007），它既暗示今
天存在实现社会团结的可能性，同时其自身又在腐蚀着这种可能性。接下来，
我将从人道主义的机构层面转向政治层面，讨论社会团结的意义是如何随着
冷战意识形态的崩溃而发生变化的。

抛掉"宏大叙事"的社会团结

"发现你的感觉"这个募捐倡议采用了品牌营销策略，意在"启发"社会
团结。但是它的工具性保证了它仍然致力于在公众中培养世界主义的精
神———一种对远方他者行善而不求回报的道德品质。"好撒玛利亚人"或"手
挽手的革命同志"这些英雄形象将社会团结建立在强烈的情感或自我牺牲的
态度上，与此不同，"发现你的感觉"测验表明了社会团结观念的灵活性，
它依赖细微的情感并让人"感觉良好"地实现美德。那么，这种灵活性能
够给出什么样的启示，让我们更好地理解在晚期现代性中世界主义式团结

的突变？换句话说，社会团结的意义究竟是什么？它又是如何随着时间变化的？

社会团结的思想有一个漫长而复杂的谱系学（Rorty，1989；Boltanski，1999；Eagleton，2009），然而当代对社会团结的世俗化理解可以追溯到 18 世纪的"同情文化"，当时随着现代资本主义的崛起产生了一种新的道德论述，它认为人性本善，倡导我们把远方他者当成"亲切的陌生人"而不是敌人（Hutchinson，1996；Hyde，1999）。现代经济自由主义的创始人亚当·斯密（Adam Smith）是支持这种论证的关键人物。他在《道德情操论》（1759）中强调，对弱势群体的善是人类精神中一个根本的道德品质，并且在《国富论》里主张通过经济活动中去道德化的"看不见的手"来规范社会（Smith，1776/1999；对西方现代性中的"斯密效应"的讨论参见 Shapiro，2002）。

这经常被称为"亚当·斯密问题"。普世道德观与非道德主义之间看似矛盾，但实际上这种矛盾可以被看作现代人道主义之所以可能实现的一个条件。正是由于市场流通、剥削和扩张带来的暴力，人性本善理论构成社会生活道德的基础，成为合法化殖民地现代性重要和必要的条件。事实上，斯密的经济理论远非纯粹的数学问题，正如菲利普森（Phillipson）所指出的那样，"它深深地嵌入道德哲学、法学和政治体系中"，总是试图将经济行为与"人类的自然需求和欲望"联系起来，还"把经济行为与其对文明进步和人类思想的影响结合起来"（Phillipson，2010：217）。因此，虽然在斯密的哲学作品中，他对道德的解释依然在以他人为导向的同情与自爱自利之间徘徊，但是，该解释体现了西方道德基础性话语的特点，即将社会团结的不稳定性放置在现代性本质的核心位置。

我认为，人性与非人性、善与恶之间的摇摆不定催生了在现代性进程中团结意义的不同历史形式。这些形式中的两种与我对于人道主义的讨论有关：一种是作为拯救的社会团结，又被称为杜南项目人道主义式团结；另一种是作为革命的社会团结，也就是激进马克思主义的政治团结①。前者与人道主义的"正统（proper）"有关，是对战争暴行的道德反应，期望拯救生命和安抚受苦的人类；与后者相结合的是对造成苦难的境况的社会批评，首要目标是改变造成经济剥削的社会关系，从而消除苦难。

虽然这两种形式都和"同情文化"的人文主义有所关联[7]，但它们还是极为不同的：拯救式团结坚持非政治化立场，把人道主义建立在中立、不偏不倚和独立的原则基础之上（Slim，1997，2003；Barnett，2005）。但是革命式团结则是强调人性本善的"同情文化"的激进化。它力图挑战资产阶级慈善的资本主义根源，想要用新的世界秩序来取代它，不再让利己主义的市场来管制，而是实现资源在社会群体中的分配正义（Sen，1989；Nussbaum，1997）。

拯救式团结体现在人道主义实践的悠久传统中，如今成为全球南方援助行动的运作基础。这种理念在国际红十字会（在索尔费里诺战役之后，成立于1863年）以及随后的国际联盟和联合国（分别成立于1920年和1945年）的成立过程中得到了充分表现。拯救式团结现在已经扩展到各种机构，并且不再只以单纯救灾为目的，而是将可持续发展纳入其优先考虑事项之中（Barnett，2005；Calhoun，2009）。

相反，革命式团结则在西方世界之内和之外经历了不同的政治斗争轨迹。在西方世界，社会团结的制度化主要是通过马克思主义政党的建立及这些政党之间的合作网络来实现的，特别是第三国际（又称共产国际，1919—1943年）和第二国际（1889—1914年）；在西方世界之外，则体现在第二次世界大战后到20世纪60年代中期全球南方的反殖民运动中（Moyn，2010：84 - 119）。革命式团结清晰地阐明了一个从西方压迫中解放出来的政治前景，揭示了西方世界财富的积累依赖于贫困殖民地的事实，为正统的人道主义提供

---

①　这两种团结的英文原文为"solidarity as salvation"和"solidarity as revolution"，指的是两种目标不同的社会团结方案。下文我将这两种社会团结方案简化为拯救式团结与革命式团结。

了一个强大的替代性方案。它主张正义，把消灭苦难作为发展愿景，并将此视为援助弱势群体的道德义务的基础。

尽管有着深刻的差异，但"拯救"和"革命"这两种团结方案仍然具有相似的道德规范特征。拯救式团结以利他主义的道德观为特征，既有基督教也有世俗的根基（Boltanski，1999），而革命式团结以社会正义的道德观为特征，以马克思主义和反殖民理论为基础（Calhoun，2009；Moyn，2010）。然而，这两种话语都没能避免这样一种指责：它的道德确定性对社会所造成的伤害要多于对社会的帮助。用吉尔罗伊（Gilroy）的话说就是，"社会团结"变得十分"可疑"（Gilroy，2006：70）。

首先，一直以来都有人在指责拯救式团结实则延续了其一直试图消除的
12 不幸。正如古瑞维奇（Gourevich）所说的那样："'杜南的遗产'几乎没有减少战争的残忍度，虽然人道主义活动在杜南死后的几个世纪中激增，但是它们所号称要消灭的不幸和灾难也一样在激增。"（Gourevich，2010：109）通过反思，可以发现导致失败的两个核心原因。第一个原因与政治利益相关，援助机构虽然秉持中立原则，但却不得不经常与腐败的政权达成不恰当的妥协，以维持这些援助机构在世界特定区域里的运转（Ignatieff，2001；Terry，2002）。南斯拉夫、阿富汗和伊拉克爆发的"新人道主义战争"①就借助了各种"道德理由（moral argument）"来合法化对军事暴力的使用，这进一步挑战了人道主义伦理学的正当性（de Waal，1997；Duffield，2001；Wheeler，2003；Douzinas，2007）。

第二个原因与制度惰性有关。这些机构都依靠自我监督来运行，缺乏来自外部的评估。因此，在例如刚果大屠杀（1993—2003年）或卢旺达种族大

---

① "新人道主义战争"指的是在国际政治语境下，以人权的名义而进行的战争，如 2001 年以美国为首发动的阿富汗战争，2003 年以英美军队为主对伊拉克发动的军事行动，等等。虽然根据任何国际法例，这些军事行动都是不合法的，但是它们却在各种道德话语包装下成了"合乎道德的"。在这些案例里，人权主义成为帝国的通用语，让强国（如英美）决定弱国命运的行为变得"合理"。相关讨论可参见：杜兹纳．人权与帝国：世界主义的政治哲学．辛亨复，译．南京：江苏人民出版社，2010.

屠杀（1994 年）这些失败的案例中，即使有证据证明人道主义组织要为这些
人道主义灾难负责，它们也依然享有豁免权，不必担心会因此受到指控。只
要所有的评估都以援助机构自己的记录为参考，就无法对它们进行正式的责
任追究。波尔曼（Polman）指出，"据我所知，从来没有援助工作人员或援
助组织会因为行动失败或失误被拽去接受审判，他们也不会因为与叛乱分子
或政权同谋而被判刑"（Polman，2010：106）。正如肯尼迪（Kennedy）所认
为的那样，尽管有些行动和实践经常具有破坏性，但"人道主义极度自负，
对意图和程序盲目崇拜，坚信知道什么是正义比做正义的事情更重要"
（Kennedy，2004：xviii）。

革命式团结也以不同的方式延续了它所要消除的不公正，并且再生产了
它承诺要改变的社会结构。一方面，对革命式团结的批判集中在其对社会变
迁的整体叙述上，即把非西方世界理解成了野蛮的"他者"，再生产了全球南
方作为被拯救者等待西方"救星"的这样一种象征秩序（Said，1993，
2002）。这是对其东方社会理论的批判。它是持怀疑立场的一种表达，并借用
后现代主义对差异和地区性的关注来批判革命式团结，认为它脱离了非西方
语境的特殊性，倾向于强加而非共同构建全球南方变革。正如科布里奇
（Corbridge）提出，"大部分革命式团结的支持者都响应了这种可疑的观点，
用纸上谈兵来换取对当地发展项目的关注，没有在一个参与式研究框架中寻
求地方发展的可能"（Corbridge，1993：454）。另一方面，对新殖民主义的
批判同样强调革命式团结的政治暴力，但是较少关注马克思主义理论本身， *13*
而是把更多注意力放在解放项目本身的失败以及全球南方对西方世界的持续
性依赖上。它们重点关注去殖民化的全球南方的新政权的社会结构是如何既
延续西方统治，同时又维护这些新兴国家地方主权中"怪诞"的权力的
（Mbembe，1992，2001；Abrahamsen，2003）。

可见，对这两种形式的社会团结（拯救式和革命式）的最终批判都在把
政治与社会团结之间的传统关系问题化。对拯救式团结的批判在于，不可能
有纯粹的人道主义，因为所有挽救生命的选择最终都会成为政治选择——或

选择哪些不幸值得被消除，或选择谁应该被问责。欧宾斯基（Orbinksi）因无国界医生的经历而获得诺贝尔奖。他说过："人道主义行为是所有行为中最不具政治色彩的，但是如果我们严肃对待其行动和道德含义，就会发现它们具有最深刻的政治含义。对赦免权的抗议就是其中的一个例子。"[8] 而拯救式团结的政治色彩不仅体现在无国界医生的"无为伦理"（即对不公正的现象保持沉默）上，还反映在后冷战时期人道主义救援活动对武装冲突的默许中。而这在今天则意味着破坏了人道主义的道德确定性——它本应是拯救式团结的一种纯粹道德准则。正如巴涅特和维斯所说："当前人道主义的政治意味更为明显，它与权力的关系也比以前更为复杂。"（Barnett & Weiss，2008：38）

如此看来，拯救式道德观最后会被重新界定为一种政治化的道德观。虽然这种倾向不是最主要的刺激，但是为了避免出现这样的倾向，当前该领域还是力图通过科学的方法来促进机构实践的工具化，希望以此维持其中立、超越政治利益的立场。但是，这样的努力并未取得成功，相反，人道主义如今被指责为双重妥协：不仅"在道德立场不明确的情况下行动"，而且正如卡尔霍恩（Calhoun）所观察到的那样，"在以工具理性为导向的复杂组织下行动"（Calhoun，2008：96）。

当拯救式团结努力捍卫去政治化时，与此相对应的是，有关正义的政治话语正在革命式团结中日益边缘化。后冷战时期关于社会变革的话语日益衰落，而其根源来自新左派对正义的放弃。早在 20 世纪 60 年代后期，新左派就开始挑战他们的马克思主义前辈，认定前辈们许诺的美好社会只是人们永远无法企及的未来（Rifkin，2009：416）。在后冷战时期，对革命式团结的批判立场被激进化了。其意义不仅仅是历史性的，因为它严厉地批判了苏联社会模式的弊端；更为重要的是这个立场还具有学术意义，因为它用对人类状况的新关注代替了马克思对阶级不公的批判，用博尔坦斯基和希亚佩洛的话来说，这是一种"对本真性的批判"（Boltanski & Chiapello，2005）。

这个立场和后现代主义不谋而合——共同庆祝元叙事的死亡，虽然它不仅仅局限于此。但不管怎么样，从社会正义到本真性的转向都进一步标示了一个新政治焦点的产生，即不再把社会里的苦难和不幸当作资本主义体制的病理，而是把"不幸的自我"当作一种在所有权力制度中都普遍存在的病态。"孤独、疏远、隔离等一系列心理状态描绘了当今人与人之间巨大的距离……我们反对那种非人化处理方式，它把人类简化为一种物质存在。如果说残暴的 20 世纪教会了我们什么事情，那么一定是手段和目的是紧密相关的。那些对于'美好未来'的模糊诉求不能合法化当下的残忍。"（Roszak，1995：58，引自 Rifkin，2009：416）

这个从社会正义向本真性的转向说明，我们不再把消灭苦难的愿景当作社会团结的目标，取而代之的是一个谦卑的愿望——只希望能够在追求自我快乐的同时简单地应付当前，而不再有之前那种改造社会的英雄主义。我们或许可以这样说，如今我们对弱势群体的情感倾向也随之改变：我们不再为了在世界范围内赢得意识形态战争而唤起人们的关爱、勇气、想象力和理想主义。正如福山所说的，"如今我们更倾向于经济计算，无止境地解决技术问题……以及满足复杂的消费者需求"（Fukuyama，1989：2）。换句话说，这两种形式的社会团结都面临着被强大的工具理性改造的现实，二者甚至可能相互结合起来，最后使得个人利益和个人快感获得优先级，被放置在正义诉求之前。

虽然当代的社会团结可能不再追求拯救生命或者改变社会这些目标的道德确定性，但是它依然对远方陌生人的苦难保持着坚定的承诺。让我们回到本书的开头，虽然以"发现你的感觉"为主题的倡议关注我们的情感，但是这样做是为了使我们能够参与并团结到"援助行动"的公益活动中。因此本书的问题就是，在新自由主义的语境中，一个不具备道德确定性但又对弱势群体保持承诺的社会团结形式如何可能。

借用莫恩（Moyn）的历史论断，我试图假设普世伦理的缺失产生了一种新的、坚决"反政治"的团结道德观：它崇尚"感觉良好"的行动主义，用个人主义的道德观取代了过去那些以他人为导向的社会团结形式。莫恩从人

15 权的角度考察了后冷战时期的道德问题，并论证强调人权的中立性特点如今已经有效地破解了拯救式和革命式两种范式的僵局，以一种新的话语重新把人道主义合法化为一系列的"个人权利"，但是其代价就是忽略了实现这些权利背后的经济和社会结构关系（Moyn，2010：225）。

因此，莫恩认为个人权利的拥有者成了社会团结的主体，并以此剥离了不公平的结构性因素。与他相似，我也认为当前的团结政治把社会团结当作个人价值观的偶然表达，并且把行动简化为个体的消费行为。这种所谓"反讽式团结"恰恰就是认识到了它自己的合法性和有效性的边界，试图避免牵扯政治，并且奖赏自我。如今这种以反讽为社会团结的基础的实践正在出现，但是正如我最后一章所讨论的那样，早在1989年罗蒂（Rorty）就已对此有十分精妙的论述，他将反讽当成社会团结的一个条件，并创造性地对其哲学轮廓进行概念化。然而直到现在，我们还是未能对这种实践进行精确考察，也没有批判性地探究它与市场、技术之间的勾连以及它对公共道德的影响。

为了探索这种新的实践，我将从社会团结传播历史的两个关键时期出发：一个是冷战时期，我将它灵活地定义为20世纪70年代后期至80年代末；另一个是当前，我将它定位为2005年至今。我将对比这两个时期的人道主义活动是如何提出社会团结的方案的——既审视它们之间的不同之处，也考察它们之间的相似之处。这也是我将在第二章讨论的，要把社会团结当成我们反思和批判的对象，就需要寻求人道主义活动，即募捐倡议、名人公益、慈善音乐会和灾难新闻报道在传播逻辑上的断裂性和连续性。

传播交流的技术化

讨论关于社会团结及其历史流变的问题不能脱离传播结构，因为这个道德话语最先是依托于传播结构的。让我们回到最开始的那个"发现你的感觉"的活动上来，这个例子之所以有趣，是因为它倡议动员的方式和早先的方式至少在两个方面不一样：首先，虽然它利用互联网的互动性来讨论远方的他人，但是它最终试图表达的其实是与"我们"相关的事情；其次，它是以"做什么"而不是"我们为什么要做"这样的问题把我们领到了"行动援助"的主页上。我把这两个特征——自我表达的邀请和规范性道德要求的缺失——定义为人道主义技术化。在我开始重新组织研究的主题之前，让我先来逐一阐释一下它们。

首先，新媒体的一个重要特征是鼓励自我表达，因为数字技术已经提供了必要的基础措施，使媒体用户成为生产者，而不再只是公共传播的消费者。"行动援助"活动利用线上网站的互动潜力让用户生成个性化的配置，其他人道主义的宣传实践则利用手机、博客和融合的新闻媒体平台让越来越多的人参与到信息生产中。因此在这个意义上，社会团结的技术化指的是数字媒体整合（incorporate）了我们对弱势他者承担道德责任的能力，使社会团结变成一系列具体的行为：发推特表达自我情绪、下载偶像的信息、在线收听喜欢的"八方支援"（Live 8①）音乐会、点击"行动援助"捐赠链接，或者在脸谱网（Facebook）页面上点赞等诸如此类事情（Fenton，2007，2008，新媒体式团结的暧昧性）。

也就是说，新媒体能够让人们通过前所未有的方式进行公开的自我展示。因此里夫金（Rifkin）认为，我们当前的"同理心文明"时代同时也能被定义为"新戏剧意识（new dramaturgical consciousness）"时代。这种意识是指我们意识到了自己是在不认识的他人面前行动的（Rifkin，2009：555 - 560；也可以参见 Thumim，2009）。在这里，戏剧意识对世界主义精神的形构至关重要，正因为有了新媒体，整个世界已经变成了一个新的世界舞台（theatrum mundi），而这个舞台的教化力在于，我们不仅在被动地观看远方他者，还可以作为行动者介入远方他者的现实。里夫金借用莎士比亚的名句说道，"世界是一个舞台。在 20 世纪，大部分人只能做观众，但是到了 21 世

---

① 关于 Live 8 的翻译的解释参见第五章的译者注。

纪，因为有了油管（YouTube）、聚友（MySpace）、脸谱网和博客圈（blogsphere）等，现在每个人都能站在舞台上，身处聚光灯之下"（Rifkin，2009：555）。

关于这种由数字媒体动员起来的世界主义式气质到底质量如何，人们还在激烈地争论不休。我在这里关心的却是这样一个事实：新媒体的世界主义潜力来源于其同时作为自我表达和观看平台的能力。里夫金依然把西方描述为"同理心文明"社会："今天的年轻人不是身处屏幕前就是置身屏幕里，把他们大部分的清醒时间花在虚拟世界中。在那里，他们撰写着各种故事，指导着自己的表演，安排着生活的方方面面，期望着其他人上线跟随。"（Rifkins，2009：558；强调部分为作者所标示。关于青少年在新媒体平台上的自我表达参见 Livingstone，2008）

17　　　这种自我表达模糊了观看与行动的边界，从而挑战了以现代戏剧为核心观念的道德教育。这种道德教育以启蒙主义观点为基础，认为美德是通过世俗的机制培养而成的，主要依赖观看和模仿，因此需要严格区分行动者与观看行动者的观众。自我表达带来的挑战则同对戏剧的东方主义批评相互呼应，它们都宣称对弱势他者的观看把非西方塑造成了一个客体，并纳入了西方的统治领域。正如萨义德（Said）所说的："虽然'东方'看似是在我们熟悉的欧洲世界之外的无限延伸，但是它其实是一个封闭的领域，一个附着于欧洲世界的戏剧舞台。"（Said，2002：27）人道主义实践也因此被批评为作为"他者化"的机制，如今出现的自我表达部分回应了这种理论批评，从而将自我放置在道德话语的重要维度上。

人道主义向自我表达的转向同时也是对同情疲劳的一个实用的回应。公众已经对传统的标志性苦难叙事失去兴趣。韦斯特高（Vestergaard，2010）认为，这其实是高度制度化反思的结果，今天的国际非政府组织正在借助以民意调查为基础的市场调查，尝试建立有关社会团结的新美学。比如理查德·特纳在 2009 年提到新的情感倾向时说道："'行动援助'的公益方向是在与捐助者和焦点访谈小组进行了广泛协商之后确定下来的。"

因此在这个意义上，自我表达其实是一个充满矛盾的进展。从理论批评的角度来讲，它是值得欢迎的，因为它引入了一种包容的、反戏剧（虽然不是非戏剧）的道德教育，创造了一种更为激进和流动的戏剧空间，从而让多元化的声音和画面在西方被听到、被看到。正如"行动援助"活动所提倡的，这种反戏剧的模式避免了"他者化"的风险，"我们在展示照片的时候会告诉你照片里的人是谁，正身处什么样的环境，以及正在如何积极地面对不寻常的贫困问题"（Turner）[9]。

但是，援助发展市场的利益同时也在促进这种自我表达式的宣传。它把捐助者的情感，而非远方他者的苦难作为动员的关键驱动力。比如"发现你的感觉"这个活动就以激发灵感为基础，通过讲述自己来引入他人的需求。因为依赖新媒体技术的传播和使用，所以不对称的数字鸿沟在这里依然被复制，人们因此指责这样的市场搭建的是以西方为主导的大众自传播舞台（Castells，2009），在这里，大量的图像生产出了像"我们"一样的人。

因此在高度工具化的人道主义语境中，我们可以做出以下假设：虽然这种自我表达的方式宣称要挑战东方主义，但是迄今为止它并没有允许"他者"被看到和听到。它主要服务于自己的目的，即维持顾客（捐助者）的忠诚度，以及从长远来看，维持其组织稳定的利润。"'行动援助'和'救助儿童会'①的长期效果还需要一段时间来检验，但是就现在而言，双方都十分乐观地认为这样的方式可以留住它们的捐助者。"[10]

因此，我对这种被技术化的社会团结持有一种怀疑的乐观主义，并想要以此探索人道主义的传播结构中存在的基本矛盾。一方面，我承认新媒体确实让我们习惯了世界主义行为的日常化，让我们可以选择性地参与到网上行动中。从签名请愿到捐赠钱物，这些行为虽然短暂，却都是很有效的方式。

———————————

① "救助儿童会"（Save the Children）是 1919 年在英国建立的一个慈善组织，其目的是在全球改善儿童的生活，让儿童能够获得更好的教育、医疗保健和经济机会，以及在自然灾害、战争和其他冲突中为儿童提供紧急援助。详情请参见官方主页：https://www.savethechildren.org.cn（获取时间为 2021 年 7 月 28 日）。

而这样就产生了舒德森（Schudson）口中的"监督的公民权"——不再依赖于我们的亲身实践或者对公共事务的持续承诺，而是形成了一种脆弱的、短暂的公共意识，"'我们'在做别的事情的同时依然可以保持警惕（监督他人）"（Schudson，1998：311）。

但是另一方面，我怀疑新媒体可能同时侵蚀了世界主义的道德观，因为新媒体把西方同时形塑为行动者以及对自己的行动的观察者，边缘化了远方他者的声音，自恋地放大了自我的本真性。同理，借用威廉斯（Williams，1984）关于"移动的私人化"的定义，即媒体具有把陌生的事物带到家庭舒适区中的能力，帕帕切瑞西（Papacharissi）认为当今的世界主义也成了个人自我表达的私领域的一部分。"技术形塑了一个移动的私领域，在这里，思想、表达和反应都主要是为了寻求我们自己的终极自由和表达"（Papacharissi，2010：136），而不是促使我们去直面人类的脆弱性。

技术化团结所蕴含的这种基本矛盾具有重要政治含义，是值得我们研究的对象。它不仅是人道主义自我反思的结果，同时也呼应着先前两种社会团结——革命式团结和拯救式团结——的伦理困境。而与此相关的是，像"发现你的感觉"这样的倡议活动避免了关于社会团结的明显的相关信息。这也是我试图讨论的第二个技术化的特征。这个倡议活动的关键特征——正如我前面提到的——不仅包括依靠自我表达和边缘化其他弱势他者的声音，还包括邀请我们去访问"行动援助"的网站，从而让我们去了解（公益组织的）品牌，而不是去探讨为何要联合起来。

强调品牌依然是为了克服同情疲劳。成熟的人道主义市场利用我们对大牌国际非政府组织的熟悉来动员大家的行动，不使用一些跟社会团结明显相关的信息以避免引起人们对宏大叙事的怀疑。比如，不再使用那种标志性的照片，例如快要饿死的婴儿，来让人们想起拯救式团结（McLagan，2003；Vestergaard，2010）。品牌营销策略建立在一种相当自信的观点上：西方的公众已经对社会团结的道德观非常熟悉。但是即使如此，我们也不能理所当然地认可利用品牌忠诚度来动员公众的实践行为。一个英国内部的调查显示，西方的公众或许认可帮助穷人是"身为人类的义务"，但是比起为全球南方的贫困问题费心，他们更倾向于优先解决本国内部的问题，有些人甚至支持有限地缩减人道主义救援。正如亨森和林德斯特伦（Henson & Lindstrom）所说的，"这样的调查一方面很暖心，因为即使在紧缩时期，人们也依然强烈地认为我们有义务去帮助世界上的穷人，但是另一方面这样的价值观很容易被国内优先原则破坏……国内优先原则是指，在困难时期我们不能再浪费金钱，而应该集中精力解决我们身边的问题"（Henson & Lindstrom，2010：3）。

在"现存的世界主义"（Beck，2006）如此弱不禁风的背景下，我相信我们非常有必要去考察人道主义工具化情况下的传播交流实践。这些实践既包括"行动援助"所使用的品牌营销策略，也包括"让贫困成为历史"所借用的摇滚明星效应，还包括为实现联合国千年发展目标所招募的好莱坞名人，以及英国广播公司（BBC）在灾难报道中所推广的公民新闻运动。在这些实践中，社会团结的含义正在发生改变。而这也正是我的假设：如果将安吉丽娜·朱莉（Angelina Jolie）的自白、波诺（Bono）的魅力、公民以制作人／用户（produser）身份所发表的个人观点，或者"行动援助"中消费者的那些"温暖和柔软"的感觉作为团结的新含义，那么当前的人道主义不仅仅会剥夺弱势他者的声音，更可能会屏蔽那些把脆弱性与正义问题勾连起来的道德话语。

在这个背景下，技术化的过程不仅是新媒体平台进行信息传播的问题，还是福柯（Foucault）所说的"自我技术"的问题。也就是说，这些被动员起来的公众，通过情感、思考和行动等实践，被日渐社会化为一种特定类型而非其他类型的公众。

戏剧作为一种最为普遍的自我技术在历史上已经成为一种道德教育的力量，这正是通过亚里士多德所说的"习惯"的力量来实现的，即通过细微但持续的社会化过程让戏剧的观众转化为城邦的公民（Aristotle，*Nicomachean Ethics*，Book Ⅱ）。让我们回顾一下：戏剧的模式通过安排受难者、施害者和施助者的历史角色，并动员起公众的同情，来清晰表达社会团结的道德话语

(Boltanski，1999)。在这里，表征的策略性选择，即对远方苦难的不同呈现方式可以引发不同的结果。如果侧重描述能够减轻苦难的施助者，引导人们的爱心，那么最后会指向拯救式团结；如果侧重描述施害者，就会引发义愤，最后导向革命式团结①。

人道主义需要自我技术来培养社会团结所需的公民素养。在这个背景下，当代人道主义从戏剧到反戏剧传播模式的转向同时也是自我技术的一个转变。我认为这不是一个微小的调整，而是认识论上的转向，它挑战了"同情文化"的根基以及表征政治。这就是我将在第七章里展示的一个转变——从同情范式到反讽范式。同情范式定位于对他者的观看，通过启发观众来培养拯救式或者革命式规范的道德观。而反讽范式则定位于像我们一样的他者，邀请我们进行自我反思。虽然这种转变不是断裂式的，因为反讽范式还没有全面取代同情范式成为西方人道主义的主流范式（传统的和新兴的实践共存），但日益增长的反戏剧实践表明不一样的道德选择——抛弃对他者性和正义的讨论，转而拥抱自我的情感表达——正在变成可能。

在这个意义上，本书要讨论的问题是人道主义传播交流的技术化——数字平台技术本身以及为道德主体提供的行动计划——是如何改变西方动员社会团结的方式的。亨森和林德斯特伦建议，国际非政府组织"需要长期协调一致的努力来提高人们对全球事务的意识并重新定位个人责任的价值体系"（Henson & Lindstrom，2010：3）。那么，我们现在迫切需要的是探究这种反戏剧范式究竟在如何重新调整我们的价值体系，以及这对我们的公共道德又意味着什么。这种倡导自我表达的反讽式团结也许是我们对于宏大叙事退场的历史回应，但是我们必须知道，在全球援助市场的诱惑之下，这种社会团结是否会坍塌成一种自恋的观看，或者我们能否通过新的方式来想象和培

21

————————————

① 为了语句通顺，这里采用了意译，原文为："where the spectacle of distant suffering either evokes the tender-heartedness characteristic of the solidarity of salvation, by focusing on the benefactor who alleviates the suffering, or induces indignation characteristic of the solidarity of revolution, by focusing on the persecutor."

养超越民族和地域边界的世界公民。

客观性的伦理

迄今为止，我展示了社会团结范式的历史转变是一个复杂的问题，需要兼顾制度、政治和技术三个维度。虽然任何一个论述都不可能完美到把这三个维度同等地兼顾进来，但我立志于把人道主义传播当作这三个维度的一个结合点来进行研究。三个维度纵横交错，互相形构，在不同的时间阶段里共同界定社会团结。

本书采取一种怀疑的阐释学，但并不把权力视作公共生活中的一种纯粹消极的力量，而是把它看作一种生产性的力量，并以此讨论我们文化中的社会团结理念是如何通过人道主义流行的传播交流实践表演①出来的。本书志在追寻社会团结的不同表演方式，以此展现市场、政治和技术三种力量不停变化的接合方式。

这当然不是一个新的话题。当前的人道主义一直很关注其信息是如何影响公众对于社会团结的态度的，例如反思式美学就以激发（公众的）灵感为导向，而不是基于（求助者的）需求的话语。但是这些关注主要局限于实用性考量，比如如何募捐到最多的资金，却忽略了真正的问题，即长远来看，这些人道主义活动如何将西方塑造为一个道德的行动者。它们忽略了人道主

---

① "表演"的英文原文为"perform"。除此之外，本书还大量使用了其他相关词源，如"performance""performative""performativity"。在这里，作者主要借用了朱迪斯·巴特勒（Judith Butler）的述行理论，认为任何一次人道主义传播交流实践都是一次具体的表演（performance），即表意实践会生产出特定的意义来，在言说的过程中同时表演了某种行动，即所言即所为，因此它们都具有述行力。但是这些表演都会受特定规范的限制，即述行性（performativity）——指的是表演的规范性，即"对那些规范的重复，它产生于表演者之外，是对表演者的约束，不能被视为表演者本身的'意志'或'选择'"（Butler，1993：234）。但每次的具体表演又不尽相同，因此在复制规定动作的同时也存在着颠覆的可能性。详见本书第四章的分析。在此基础上，"performative"被翻译成"述行"，"performativity"被翻译成"述行性"。关于巴特勒的述行理论也可参见李均鹏翻译的《身体之重——论"性别"的话语界限》（上海三联书店，2011年）。

义传播交流实践的述行力（performative force），无视了与社会团结相关的秉性，把业已存在的观众当成具有行动力的公众，而没有注意到公众事实上是被培养出来的。这种忽略加剧了这个领域的一个"根深蒂固的顽症"，即公众参与的问题。根据相关研究，国际非政府组织今天已经达到了前所未有的发展高度，但同时，与发展问题相关的公众参与度却降到了历史上的最低点。对此，达恩顿评论道："捐赠和参与这两组数据的脱节引发了一些严重的问题：当前这种流行的商业模式非政府组织究竟能够维持多久？这对于公众参与度又会有怎样的影响？"（Darnton，2011：13）

人道主义领域正在把参与问题理解为一个传播和交流的问题，试图用"价值"模式来代替"交易"模式，并为此引入了一种新的诠释"框架"来传递社会团结的信息（Darnton & Martin，2011）。但是我的观点是，我们是无法简单地通过改变措辞或者在既定的价值观中来回移动来解决有关参与度的悖论的。我并不是要低估语言的力量，我所建议的是，关于团结道德观问题的理解需要更全面地认识人道主义传播交流，这需要把由同情式团结向反讽式团结的历史转变作为讨论的出发点。

对这种历史转变的考察核心是对人道主义系统性的悖论的深切关注。这个悖论指的是，全球的不平等现象既是人道主义试图缓和的问题，同时也是影响其成败的特定条件，或者用姜的话来说，是其非人性的状况。这种系统性的悖论有力地召唤着一种建立在公平正义基础上的新世界秩序，这种对新秩序的渴望在对发展主义的批判研究中已经被详尽地讨论过了。然而我认为，这种对公平正义的召唤也需要被重新引入人道主义的传播机制当中。换句话说，针对弱势他者的公共行动中也存在这个悖论，但这不是通过新自由主义的品牌营销或者娱乐事业就可以解决的，而应该通过挑战人道主义系统性的悖论，建立社会团结的新的道德观，从而寻求改变这种非人性状况的可能。

而对建立这种新道德观而言至关重要的因素就是人道主义传播的戏剧性，也就是如何展示人类的脆弱性，并使之成为共情的目标，以及批判性自我反思和商议的对象。正如我将要在第二章里讨论的，"戏剧性"指的是一种交际的结构，它虽并不必然属于剧院，但却和戏剧表演的传统手法紧密相关。它一方面通过舞台的客观空间（或者其他框架设置）把观众与弱势他者分隔开，另一方面又通过叙事和视觉的资源来建立观众与他者的接近性，从而邀请观众对他者之痛进行移情式的理解。正如费拉尔（Feral）所论述的，"戏剧性不仅仅是一种可分析的性质，更是一个与'凝视'有关的过程，这个过程假设和创建了一个属于他者的独特的虚拟空间"（Feral，2002：97）。根据我的假设，如果今天的人道主义的交际实践仅仅为了把自我与他者杂糅在一起而利用了晚期现代性对人类境况的缜密反思，那么我认为，我们现在必须重申戏剧的客观性，必须正视在遥不可及的苦难中所存在的不可简化的他者性，这样一来我们才能够卸下包袱，不再揪着本真自我不放，从而以公平正义的名义重新出发[11]。

　　这个重建极其重要，尤其是考虑到我们是靠着人道主义的传播交流活动　*23*才得以对全球南方有所了解的，且这些活动大部分发生在西方世界。我们必须充分认识到人道主义的述行力量，这种力量可以把弱势他者塑造为值得我们关心、反思和行动的对象。正是这样一种以远方他者的声音发声的力量，即钱德勒（Chandler）所说的"表达的民主"（与"表征的民主"相对立；Chandler，2009：7），迫使我们反思市场、政治和技术之间的紧密联系。不管是参与"发现你的感觉"活动还是关注推特上的慈善名人，或许都对建立起与他者之间的联系有一定的帮助，但是这些实践会误导我们，让我们以为只要简单地关注自己就可以成为世界主义者。里夫金声称，新媒体的拟剧意识引起了对本真性的追求，因为我们的同理心文明的核心是表达自己关于他者的感觉（Rifkin，2009：564）。但与之相反，我坚持认为客观性而非本真性才是我们公共文化的中心。也就是说，我们要把正在受难的他者既看作人类同胞又看作他者（human others），并认识到自己要为他们的苦难而行动起来。

　　为此，我从阿伦特（Arendt）的隐喻出发，把公共领域当成一个不可知论的"显现的空间"，在这里，脆弱性的不同表现得以展开，从而体现戏剧在现代性道德体验中的重要性。这主要是因为观看和被观看的可能性并不仅仅局限在阿伦特的空间结构中，还跟斯密的戏剧化道德观相关，它最终决定了我们如何与远方他者相联系。虽然这二人对于情感在培养公民素养的过程中所扮演的角色有着不同的看法，但是他们都认可戏剧式的观看可以动员起想象的能力，也就是从别人的立场来观看世界的能力以及想象我们如何帮助他人脱离困境的能力。

阿伦特拒绝把同理心看作私人情感，认为它是一种反思式评判能力。与阿伦特不同，我和斯密都认为同理心是公共生活的一个结构性的维度，它应该培养而不是腐蚀公民意识——当然前提是它要与理性的评判力结合在一起，而不会坍塌为自恋的情感（Chouliaraki，2006）。因此，是斯密的"感同身受（sympathetic identification）"理论充实了我的人道主义的戏剧概念。我的概念一方面基于我们感知弱势陌生人（斯密提到的"介入的旁观者"）的能力，另一方面则基于我们把自己视为帮助他人脱离苦难的行动者（斯密提到的"中立的观看者"和阿伦特的"反思式的评判"）的能力[12]。

我试图总结的不是一个关于我们自己的故事，而是人道主义的传播交流需要打开表演空间，让远方他者可以被看到和听到，同时思考我们为什么要对他们的苦难采取行动——这个问题使得批判权力和追求公平正义成为我们实践社会团结的一部分。虽然这个立场依然吸收利用了"同情文化"的遗产，但它并不追求道德确定性，即之前提到的拯救式或者革命式团结。这种竞胜式范式认为，比起把社会团结附着在对某种真理的追求上，正义才是我们最基本的公共追求。在人类应该是什么样子的方面，这种公共追求承认特定的共享的假设，并认为社会团结应该是一种政治的而非消费的任务。正如森所说："我们确实可以成为这样一种物种，没有同理心，不被他人的痛苦和羞辱触动，不关心自由，不会推理、辩论、反对或同意。但事实上，这些能力深深扎根于人类的生命之中……正因如此，对公平正义的普遍追求是很难从人类社会中根除的，虽然我们追求的方式可能不尽相同。"（Sen，2009：415）如果将同理心和评判力视为人类最基本的能力，那么我的社会团结观点不再是关于组织机构的品牌营销，而是关于我们与弱势群体之间的系统、明确的参与互动，以及那些召唤我们做出行动的价值观。

结论：关于本书

本书依然坚定地捍卫人道主义，认为它能够继续发挥作用，滋养团结非西方的弱势他者的公共道德（public ethos）。但是面对人道主义日益增长的工具化倾向以及新自由主义在团结道德观中的霸权，本书也毫不犹豫地发出强烈警告。这样的警告并不意味着倡导我们回归到宏大叙事的阶段——这在今天是不可能实现的——而是试图重新思考人道主义和政治之间的关系。

虽然人道主义的立场一直在拯救式团结的非政治化善意与革命式团结的激进军事主义之间摇摆，但我认为如今它正在变得愈加政治化，甚至达到了前所未有的程度。如果说社会团结的工具化是通过个人主义来拒绝政治化，那么竞胜式话语则是一种可替代性的回应，既可以取代同情式团结，又可以很容易地被新自由主义主导的媒体市场接纳，同时不放弃对公平正义的追求。我对此贡献了一点力量，即通过对主要公共展示的梳理，对反讽式团结进行了批判性分析，并提供了一个新的理论视角来理解戏剧是如何成为我们文化的关键交际结构的。接下来，我会先对戏剧进行学理式讨论，然后再来分析人道主义想象的四个重要实践：募捐倡议、名人公益、慈善音乐会和灾难新闻报道。

第二章　人道主义的想象

导论：传递脆弱性

从埃塞俄比亚的科伦难民营到阿布格莱布监狱，从亚洲的海啸到海地的地震，关于西方如何表征不幸他者的争论一直此起彼伏。这些争论表明在我们的公共文化里苦难景观事关重大。这些争论把人类苦难在我们的文化中如何被展现出来当成一个重要的问题。它们假定对苦难的观看可以赋予我们行动能力，同时可以让我们开始思考"做什么"的问题，从而让我们真的可能为这些永远陌生的他者行动起来（Silverstone，2007）。这就是道德义务的双重意思，即它不仅是我们需要做的事情，也是我们"能做"的事情。因此，从人类苦难景观引出了两个问题：第一，世界主义式团结如何成为可能？第二，我们如何才能具有帮助弱势他者而不求回报的道德品质？

聚焦人类肉体的脆弱性，把它当成我们人类最本质的属性以及最显性的表现是历史上西方人道主义产生的关键基础（Halttunen，1995）。关于脆弱之躯的话语催生了全球正义体系的架构。这些话语在西方现代性的长期文明化过程中扮演着至关重要的作用，有助于在西方内外形成社会团结的纽带（Cmiel，1999）。如果说，社会团结通过强调我们的社群归属感，把我们的道德承诺与对弱势他者的行动勾连起来，那么世界主义式团结尤其强调脆弱之躯的普世性，以此让我们超越狭隘的身份认同，把群体归属感延展到整个人类物种（Gilroy，2004，2006；Linklater，2007a，b）。

在当前全球传播的时代，虽然脆弱性的媒介化①（the mediation of vulnerability）已经被当成形成世界主义式团结的催化剂，但是正如我在第一章中所论证的，它同时也被指责没能真正使人们超越西方世界形成联合。批评者指出，那些被技术重重包装起来的关于弱势他者的画面和故事，没让这些苦难催生出道德上的紧迫感，并且最终使媒体观众产生了一种普遍的怀疑甚至冷漠的情绪（对这方面的概述见 Chouliaraki，2006）。这种对媒介化的怀疑主义也助长了一种对社会团结的反乌托邦式的理解。各种研究质疑媒体把他人的不幸变成商品来消费，从而把以他人为导向的秉性转变为一种愤世嫉俗的超级个人主义（Moeller，1999；Cohen，2001）。

虽然社会团结在新的经济、政治和技术的压力下正在经历着剧烈的转变，但是我认为关于社会团结是什么的问题在今天依然是一个急需我们分析和研究的开放式问题。为此，我把人道主义解读为世界主义式团结的一个历史的、特定的表达，通过专业化的机构（国际组织和国际非政府组织）直接为全球南方行动，在西方世界通过交际结构来传播关于关怀和责任的道德话语，并寻求其在西方的合法性。

这其中，尤其是戏剧的交际结构在西方起到了道德教育的作用，即依托各式各样苦难的景观/观看来普及社会团结的基本道德诉求。我认为，分析这些在团结的戏剧结构中的人类脆弱的景观可以帮我们理解当今社会团结范式的转变，以及这些转变对世界主义伦理的影响。我将其分解为三步：

首先，我会对人道主义的戏剧性做一个历史的描述，来解释它是如何成为西方公共文化中一个基础性的元素的。其次，我会批判性地概述主流的社会文化理论，指出它们对媒介化的指责是"缺乏根基"的，因为它们过早地否定观看他者之痛具有潜在的道德感染力。最后，作为回应，我将把"人道

---

① "media"在中文里经常被翻译成"媒体"或"媒介"。在英语里，"the media"一般指的是大众传播的主要手段（广播、出版和互联网），暗含机构实体维度。而"media"则含义更为宽泛，可以指涉传达或表达某种东西和感觉的介质或方式。在本书的翻译中，"媒体"特指以实体存在的传播机构，而"媒介"则泛指各种传播介质或方式。相应地，"mediation"被翻译成"媒介化"，指的是媒介对现实的呈现，成为现实和观看者的中介。

主义的想象"作为一种替代性的方案来重新叙述被媒介化的公共生活，以一种不同的方式对人道主义传播交流实践进行分析。这不仅有助于更细致地理解团结范式的历史性转变，同时也有助于对这些转变做出更为有效的批判和评价。

人道主义的戏剧性

可以说，人道主义的传统是建立在戏剧式的安排之上的，即把安全的观看者与弱势他者分开，通过对苦难景观的展示来传达道德信息。这是因为，人道主义通过展示那些令人心碎的苦难景观来获取影响力〔比如戈雅（Goya）的《战争的灾难》，1807—1814 年；或者黄功吾（Nick Ut）的《火从天降》，1972 年〕，试图把见证的民众变成潜在的施助者。现代公民素养的培养主要依赖于在道德层面上对不幸他者的承认，通过展示他者的苦难，把西方世界动员起来，使之成为一个愿意行动的共同体。同时，这些苦难的景观展示不仅把不幸他者与西方公众分隔在不同的空间，同时也把远处的观看者与正在现场行动的人区分开来。

在全球劳动分工的语境下，这种类戏台的安排对应着正在参与人道主义工作的机构群体和履行监督责任的市民社会。当然，这种形式从来都不是非此不可的，而是应对苦难成为西方现代政治体制的问题之后的一个历史性回应（Calhoun，2009）。虽然我们无法想象一个没有这样的分工体系的现代世界秩序，但是对人道主义政治的设想仍十分脆弱。因为构成它的核心是脆弱性伦理，这意味着当少数人掌握了行动的权力时，另外那些远在他乡的成千上万的观看者免不了要质疑这些少数人的合法性（Alleyne，2005；Albrow & Seckinelgin，2011）。

正是这种分离的安排倾向于以戏剧式的传播交流方式来组织人道主义的社会关系。因为我们这些观看者不太可能被邀请去参加直接的援助行动，所以戏剧可以让我们与舞台上关于行动的画面和故事进行交流，从而让我们能够去想象自己如何成为一个即使在远方也能行动起来的公民，以道德的名义或者大声疾呼（通过抗议或者请愿），或者掏钱（通过捐赠）（相关讨论见Chouliaraki，2006）。同理，正是这些关于远方苦难的画面和故事让为弱势他者的行动成为一种必要的责任，这是现代性的道德秩序的一部分，稍后我会将这个过程理论化为"人道主义的想象"。

这个想象是人道主义戏剧结构中的一个重要的维度。它依赖的是能够"启发"行动的情感实践（"aspirational" practices of emotion and action）。由于这些实践是由那些正在灾区行动的人来表演的，因此对那些远方的观看者而言，这些实践也是述行的，最终的目的是塑造一种道德秉性，召唤那些观看者为了弱势他者行动起来。

我早先讨论过在西方发达国家与全球南方的发展中国家之间存在着一个明显的不对称，并将这个不对称称为人道主义系统性的悖论。而戏剧式的安排嵌入这个悖论之中，使得苦难的展示变成一把双刃剑，可能威胁到它正试图培养的道德秉性。人道主义传播的第一个悖论基于这样一种说法：虽然苦难景观旨在邀请人们做出道德的回应，但是它的中介性质削弱了苦难的真实性，并可能破坏而不是加深道德承诺。人道主义传播的第二个悖论则是它虽然言说着共同人性，但是对脆弱性的奇观式展示又渗透着权力的言语，因此可能会复刻目前的全球分裂而不是促使西方人和世界上其他地方的人拧成一股绳。对于这两个悖论，批判理论只能以悲观式的论调进行回应，没有给世界主义式团结的承诺留下任何余地。

在接下来的两个小节"戏剧与道德教育"和"社会团结和政治权力"中，我将重新审视这些悖论的性质以及批判理论的干预性。最后在结论部分，我认为有必要将人道主义的悖论视为一种生产性的张力，以此来开启世界主义式团结的新想象。

戏剧与道德教育

人道主义的戏剧性扎根于这样一种观点：对苦难的观看可以调动一系列情感，而这些情感形构了西方公共道德生活的纹理（Marshall，1984；Nussbaum，2003）。虽然这种观念并非起源于 18 世纪的欧洲，但是它在 18 世纪的欧洲开始成形。它对观看持有一种怀疑式认识论，认为社会并不能因为看见了苦难就自动形成团结，相反，这种可能只内置在特定的交际结构之中。这种结构试图激发观者对受难者的"感同身受"，并就如何减轻受难者的痛苦提出具体的行动建议。换言之，只有特定的苦难景观才可以作为道德力量对西方公众产生作用。

这种观念源于对希腊悲剧的经典理解。悲剧被看作一种"戏剧化行动"，旨在通过观看"不幸的人"唤起旁观者的"怜悯和恐惧"（Aristotle，*Poetics*，Book XIV）。在近代欧洲的早期，这种观念出乎意料地有了一个更新但有争议的版本。例如，在亚当·斯密的《道德情操论》（1759 年）和休谟的《论悲剧》（1777/1993 年）中，舞台表演都被认为是促成社会团结的催化剂。这个版本认为，正是因为我们具备想象的能力，所以针对观看公众的道德教育才成为可能。想象的能力指的是我们可以暂时性地把自己放置在受难者的处境中，使得情感短暂地转移，仿佛那些不幸和痛苦是我们自己的，因此我们才可能行动起来。正如斯密所说的，"通过想象，我们把自己置身于他的处境中，我们设想自己也在遭受同样的折磨，我们仿佛进入了他的身体，并在某种意义上成为和他一样的人"（Smith，1759：9）。

30

的确，这种感同身受的道德化潜力是戏剧作为教化机制的重要遗产。这种教化机制甚至从古雅典的悲剧就开始了。公民被放置在苦难景观前，以期被培养出城邦市民高尚的生活方式（Wasserman，1947；Marshall，1984；Williams，1973）。正如努斯鲍姆（Nussbaum）所说，这些苦难景观的教学原理就在于，"我们对可怜和可怕之事的观看，以及我们对怜悯和恐惧的反应都可以用来展示人类之善的某些方面"（Nussbaum，1986：388）。

尽管戏剧帮我们了解人类之善，但是戏剧一直是极具争议的对象。怀疑论者声称，通过戏剧唤起的情感只会让人感觉到"怜悯和恐惧"，而不会促进对道德美德的培养——换句话说，情感教育不一定会导向道德教育。这种对立最早出现在柏拉图的反戏剧主义和亚里士多德对悲剧的辩护中。在近代欧洲的早期，它又重新出现并建立在一个平行（尽管不相似）的公共性（以世界舞台为比喻的公共性）概念基础之上。这个概念既获得了热烈的欢迎也遭到了强烈的反对（Christian，1987）。最能体现早期现代戏剧性的争议的是达朗贝尔（D'Alembert）与卢梭（Rousseau）之间的交锋。达朗贝尔对戏剧持有一种乐观主义态度，认为戏剧可以为日常生活提供模范行为；而卢梭对戏剧则持有一种怀疑态度，认为戏剧行为的不真实性（inauthenticity）导致了道德情感的腐化（详细讨论见 Sennett，1977）。而在更近的 20 世纪里，以尼采（Nietzsche）、弗里德（Fried）和本杰明（Benjamin）为代表人物兴起的反戏剧主义更是标志着关于戏剧道德价值的另一个争议。正如普赫纳（Puchner）所宣称的，这标志着在现代主义时期出现了一个更大却更具有差异性的反戏剧性趋势（Puchner，2002：3 - 4）。

而这些争议所表明的正是一种对戏剧的矛盾心理，也形构了迄今为止关于人道主义景观的争论。它不是顽固分歧碰巧在不同时间的表现。相反，矛盾性是戏剧交际结构的一个内在属性，呈现在一种不可能的二元性中：戏剧既要负责培养城邦的道德和政治素养，同时也要承担产生自恋情感的责任。 *31* 用博尔坦斯基的话来讲，它既提供了一种公正的或具有利他主义的观看方式，试图结束苦难而导向外在行为，也提供了一种自私的、由苦难奇观引起的纯粹的内在心理状态，如入迷、好奇、兴奋、快感等（Boltanski，1999：21）。

而这种矛盾性也在持续地界定着当前关于景观/奇观的辩论，我将其称为"本真性的悖论"，戏剧因此处在持续的压力之下，需要不停地创造新的叙事剧目、新的表现形式以及新的合法性主张（Puchner，2002）。回溯苦难戏剧的历史轨迹，我们会发现它实际上囊括不断扩大的传播交流实践，如绘画、小册子或小说。观看的形式已经越出表演舞台，变得愈发复杂，大大增强了当代公共文化中人道主义传播的丰富性（Boltanski，1999；Cmiel，1999）。如今，随着电子和数字媒体等媒介技术的发展，苦难景观充斥在摄影、电影、电视和互联网等以视觉技术为基础的各种屏幕之上，并且在全球范围内扩散。

尽管从严格意义上来讲，这些实践与传统的戏剧不一样，但是它们仍然具有戏剧性——只要它们将观看者与受难者隔开，然后调用关于语言和图像的美学资源来动员人们的想象力。这些实践通过两种形象（引起不幸的施害者和试图减轻不幸的施助者）来组织苦难的媒介表征。由于我们作为观看者无法对这些在媒介上呈现的苦难直接开展行动，因此只能去认同这两种形象所代表的道德主张：谴责施害者带来的不公正和痛苦，或者以施助者的身份表达对受害者的关心和善意（Boltanksi，1999：46-48）。以此，戏剧让观众感同身受，并利用"愤慨"和"同情"引发的道德感，让观众可以想象自己作为公共行动者，或在抗议和请愿活动中发表意见（革命式团结），或在筹款活动中捐赠出金钱（拯救式团结）（参见 Chouliaraki，2006，2008a）。

道德教育使用的戏剧式工具包在今天包含了各种述行性表演剧目，包括反思 20 世纪的反人类行为，如纳粹的大屠杀、世界大战、酷刑和恐怖活动。随着这些实践的积累，它们已经被认为是现代教育中不可缺少的一部分，既可以以纪念性的方式来重申"永不再发生"的愿望（Zelizer，1998；Wells，2010），也可以作为社会团结的主张，和婉却持续地敦促我们制定必要的措施来照顾弱势他者而不求回报（Hodgkin & Radstone，2006）。

与早些时候对戏剧的批评一样，人类苦难的上演一直面临着怀疑的声音，让上述实践的合法性遭到侵蚀。如果早些时候的争论是对专业表演本身本真性的怀疑，那么当代的批评则聚焦于同情被戏剧化带来的新风险，即技术的市场化正在操纵苦难景观，从而剥夺它的本真性和道德严肃性。正如我们将会看到的，市场和技术确实都在界定社会团结的各种力量的努力中扮演着重要的角色。

综上所述，这就是人道主义传播的第一个悖论所依赖的历史传统，它把苦难景观同时视为道德教育的源泉和道德败坏的力量——既可使公众更人性化也可使公众脱敏。而接下来我要讨论人道主义传播的第二个悖论：其同时具有复制支配关系和蕴含社会变革力量的两面性，这关系到如何对遥远苦难采取行动或者不采取行动。简而言之，这是一个关于能动性的悖论。

社会团结和政治权力

人道主义的戏剧性将苦难置于西方道德教育的核心，同时也将社会团结的传播和同情的政治结合起来。

同情是政治的一种形式，通过展现脆弱性，以共同人性为基础发出道德要求，以拯救或者革命为目的号召我们行动起来（Arendt，1958/1998；Boltanski，1999）。这并不是一个现代的发明，关于同情的谱系学可以追溯到亚里士多德对悲剧的定义。同情被定义为对"曲折命运"所带来的"不该受到的"痛苦的回应（Nussbaum，1986：186）。类似的定义也可以在现代人道主义的概念中找到：在启蒙运动中，对"不该受到的"苦难的仁慈成为道德普世主义的基石。

从这个意义上说，现代意义上的同情主导对"贫困问题"的应对。1795—1845 年间西欧国家出现了严重的贫困问题，从而促使慈善事业被确立为管理贫穷问题的主导实践（Dean，1991）。虽然政治经济学作为治理学科晚于同情范式存在，但是早期公共贫困政策的发展并没有逼退以同情为主的应对范式。同情范式反而界定了这些政策的道德哲学，让它们优先解决那些"不该受到的"不幸，而不是去处理"薪酬不公正或价格不公正"等问题（Himmelfarb，1984：41）。正如希梅尔法布（Himmelfarb）所论述的，虽然如今的政策已经把对穷人的责任从慈善机构转移到了国家身上，但是同情范式依然发挥着作用，让道德在界定社会问题和制定社会政策的过程中一直扮演着首要角色（Himmelfarb，1984：12）。

阿伦特对同情持有现代怀疑主义立场，但她针对的是拯救式的道德观，认为这并不是一个充分的政治原则，因为它建立在"基督教的仁慈"基础上（Arendt，1963/1990：65）。而博尔坦斯基将阿伦特的质疑延伸到对革命式团结的批评上。革命式团结虽然并不呼吁仁慈之心，但也同样建立在共同人性的道德观上，以此谴责社会的恶行。博尔坦斯基认为，在革命范式里，希望引起的义愤"很明显来源于同情。如果没有人们对受难者的同情，那么人们也不会对受难者遭受的苦难产生义愤"（Boltanski，2000：9）。

与福利政策一样，人道主义的这两种形式也建立在一个道德共同体的概念上。不过这里的共同体不是一个国家，而是一个具有普世性的跨国人类联合体——"一系列平等的个体"通过对彼此的义务感结合在一起（Calhoun，2009：78）。拯救式和革命式道德观随着冷战后意识形态的撤退而逐渐萎缩，如今世俗意义上的道德义务则是以人权观念为基础的（Sznaider，2001；Moyn，2010）。这是因为人权的合法性来自对肉身不可简化的物质性的唤起。正如伊格纳季耶夫（Ignatieff）所说的，它把所有的差异都纳入人类物种这一个超级范畴里："我们是同一个物种，构成这个物种的每一个个体都有权被平等且合乎道德地对待。"（Ignatieff，2001：3-4）传统的"自然权利"思想来自斯多葛（Stoic）关于道德义务的规定，即关心"城邦"之外的他人是不可推卸的责任。当代权利观念虽然有着不一样的谱系学，但同样把责任范围扩展到和"我们"相似的人群，囊括"国际大城邦"中那些远在天边、无法给予我们回报的人们（deChaine，2005：42）。

在这一意义上，于世界主义式团结而言，人权理念不只是简单地假定个人是普世权利的持有者，而是个体在认识到自己是权利的持有者的同时，也认识到自己是本性仁慈的善人，是天生就会关心别人的道德主体。正如我在第一章里论述到的，这种天性"为善"不求回报的概念出现在18世纪的道德哲学中，居于现代人道主义主体性的核心。亚当·斯密声称："无论人类这种物种有多么自私，很显然在我们的本性中都存在一些基本原则，他人的幸福还是可以感染到我们，让我们觉得他们的幸福跟我们相关——虽然看到别人幸福除了能让我们感到快乐之外，我们并不能从中得到其他任何东西。"（Smith，1759/2000：3）

在这一道德主体性观念中，对苦难的观看是非常重要的，因为它通过适当的布景，激活关心他人的内在潜质，并引导有意义的行动去消除远方的苦难。这就是艾因利（Ainley）所说的人道主义"完美"主体性的前提：通过对苦难的戏剧化展示，让这种关心他人的潜质变成义务，以此在西方世界里日常地传达对远方他者采取行动的必要性（Williams，1973）。而这里还可以区分出功利主义式人道主义和道义论人道主义，其主要区别在于义务是建立在理性论证上还是建立在个人利益最大化的基础上。但是依托戏剧产生同情的方式展示了另外一种可能性，即对远方苦难的道德行为可以是一种被亚里士多德称为习惯化的力量：通过重复刻画人类的不幸，日积月累地形成有利于社会团结的秉性（McIntyre，1981/2006：113-115）。

虽然这并不一定能排除个人理性或自我利益等因素促成人们的行动，但它试图在公共领域，即人与人之间（*inter homines*）而非自我内部（*in interiore hominis*）确定道德来源（Gullace，1993）。这里强调的是道德的公共性，说明同情并不是在苦难表演之前就存在的，而是通过这些表演形成并召唤每个人以潜在的捐助者身份来观看。同理，当代的公民身份也应包含着对远方苦难的承认，它将西方世界动员为一个愿意行动的集合体，或者简而言之，公众。

可见，美德的伦理学（an ethics of virtue）凸显了同情政治，因为它倡议对弱势他者采取行动是试图为其他人（人道主义行动的受益者）的幸福做出贡献，但更重要的是，它试图在捐助者社区中培养有利于社会团结的秉性。我们回顾一下，同情政治并不意味着在一种道德秩序中统一社会团结的意义，而是建立在关于幸福的灵活的定义之上：包含一个最为简约的形式，即在拯救形式中意味着拯救人类的生命；以及一个最为高级的形式，即在革命形式中意味着社会变革。而在今天，二者融合在保障人权的道德义务里。虽然我们承认不同形式之间的差异，但是我认为当前的公共领域已经为道德化的话语所垄断，即沿着人道主义伦理重新构建了事关全球秩序的政治、经济和军事的合理性（Chandler，2002）。因此，肯尼迪认为，"在一个共享着伦理和职业常识的共同体中"，与社会团结相关的话语"变成了文明和参与的标志"

35

（Kennedy，2004：271）。

然而，尽管有许多值得赞许的修辞，人道主义还是充满了争议。除了技术和市场引发的腐蚀性后果，人道主义在同情政治中引入了新的争议，即人道主义究竟是一种仁爱行为还是一种权力行为。作为人权思想的核心，天性为善这一观点遭到强烈的怀疑，所有的社会团结都被假定为一种控制，同时权利概念则演化为实行社会控制的一种手法。与其说人权工作是在以人类繁荣的名义积极地促进社会团结，不如说它是在全球范围内限定主体的边界，并且维持不同人类的等级（Douzinas，2007）。

社会团结的这种矛盾性体现在"礼物"含义的不确定性上。"礼物"是关于捐赠伦理美德的一个关键隐喻。一方面，人道主义的"礼物"被看作在亲密关系领域之外建立团结纽带的工具，将慈善捐赠的范围扩展到其他遥远的想象共同体（Bajde，2009）。另一方面，它同时将全球南方对西方的从属关系误认为一种不求回报的捐助关系，这使最初造成全球南方极端贫困的西方摇身一变成为施恩者。正如哈托利（Hattori）所说，"礼物的主要目的不是资源的延伸分配，而是社会关系的创造或加强"（Hattori，2003b：161）。

人道主义的这一"黑暗面"则使人们注意到同情结构与戏剧结构之间存在着不对称性。正如戏剧声称可以通过道德想象力进行教育，但它也有可能把苦难变成纯粹的奇观。同样，社会团结自称是国际社会的一种友爱表现，但它最终再生产了以西方殖民遗产为基础的不平等的世界秩序。而紧跟着人道主义系统性的悖论，能动性的悖论也面临着这样的问题，即：在西方世界，对弱势他者采取什么样的行动是可能的和可取的？

总而言之，现代人道主义作为西方公众的一种道德教育力量，依靠同情戏剧——景观/观看——引发以拯救或革命为目的的行动。然而，通过同情并不能够直截了当地表达社会团结，因为人道主义传播是建立在两个悖论的基础上的：本真性的悖论，即媒介化的苦难可能造成观众的麻木不仁而非调动他们的道德情感；能动性的悖论，即慈善捐赠行为被视为在合法化西方与全球南方之间的系统性的不对等关系。那么，批判理论如何回应这些悖论？

36

对人道主义戏剧性的批判

在回应人道主义传播的两个悖论时，批判理论坚持怀疑论的立场，提供了一幅相当黯淡的景象。在"奇观：表征的非本真性"这一部分，我探讨了社会和文化分析领域的批判理论是如何与人道主义传播对话的，讨论了市场对社会团结"本真"伦理的影响。在"帝国：社会团结的生物政治"这一部分，我让同样有影响力的政治理论和人道主义进行对话，揭示了社会团结是如何参与到对不平等的全球秩序的复制中的。

奇观：表征的非本真性

社会团结的培养需要依赖特定媒介。批判理论对此持有怀疑立场并不新鲜。早期的批评就认为，由苦难景观引起的同情其实是可疑的：一方面，对人类不幸的观看的确可以让 18 世纪欧洲的中产阶级培养出具有世俗关怀的情感；但是另一方面，将远方他者的脆弱性与中产阶级的安全并置在一起会让观看者产生一种快感（Halttunen，1995）。虽然这种批评看似质疑了人道主义行动者的仁善——而仁善是同情政治的核心，但是它实际上指责的是景观/观看的结构而不是观看者的道德观。

这些批评认为，对人类不幸的展示并没有弥合观看者与受难者之间的道德距离，反而最终加深了这种距离。这是因为戏剧将真实境界的痛苦转移到虚构领域，观众受到表演力量的摆布，而并没有把戏剧中的苦难与戏剧之外的行动联系起来。这种中介化的机制与其说培养了善于团结远方他者的秉性，不如说产生了一种对现实的不真实的感觉，并最终只是私人情感的排练，无法产生公共影响。

如果说历史上从柏拉图开始，舞台表演就被认为是具有腐蚀力量的奇观，那么如今媒介技术的市场则在批判理论中成为被质疑的主要对象。居伊·德

37

波关于景观社会的理论就采取了这种质疑的范式话语，在学界内外产生了深刻而持久的影响。对居伊·德波而言，奇观与以前的戏剧化表征模式的不同主要在于媒介技术的介入剧烈地重构了观众与图像互动的方式。他写道，"'景观'不是一个图像的集合，它是建立在图像基础上的人与人之间的社会关系"（Debord，1967/2002：第 4 段，4/6）。

这一有影响力的观点立足于马克思主义对资本主义的批判，将"异化"的命题从劳动物质领域延伸到文化表征领域。正如资本主义生产关系改造人与物的关系，把人类的劳动变成商品，奇观也在改造人与现实的关系，把人的经验变成一种幻象："当真实世界被转换成纯粹的图像的时候，纯粹的图像就变成了一种真正的存在。"（Jappe，1999：107）这是在哀叹图像与现实生活之间界限的消融，它对奇观的批判本质上是对非本真性的批判，即批评一种非"自然状态"的现实——因为我们把"技术发展的必然结果当成自然的现实"（Debord，1967/2002：第 24 段）。

这让人想起早期人们对戏剧的质疑，认为其具有腐化公众情感的潜力。居伊·德波的论调确实和卢梭一样，对公共领域失去的本真性有着怀旧情绪。但是相比卢梭的社群主义道德观，居伊·德波更多地受到霍克海默和阿多诺（Horkheimer & Adorno）的影响。他们对文化工业发起批判，尤其是揭露了技术与资本主义的共谋，即"技术的面纱"是如何资助艺术，使其臣服于商品逻辑的（Horkheimer & Adorno，1942/1991：55）。霍克海默和阿多诺认为，这是一种破坏性的联合，产生了一种新的大众文化意识形态。这种意识形态并不是通过"错认"工人阶级的革命角色，而是通过削弱艺术在资本主义社会中的革命角色来维持社会不平等的现实。大众艺术不再作为社会变革的催化剂而存在，反而积极地将现实世界或"外部世界""无缝地延伸到屏幕上"（Horkheimer & Adorno，1947/2002：99）。

38　　苦难景观被批评为不真实的表征是非常常见的，但是这样的观点剥夺了观看者区分事实与虚构的能力。相同的问题也出现在对人道主义传播的批评中。尽管这些批评有内在的差异，但它们都认为苦难景观之所以失败，是因为它们在道德层面上对图像与现实没有进行关键性的区分（Boltanski，1999）。具体而言，批评苦难被商品化的观点试图捍卫苦难的真实性，免得它被市场腐蚀，而拟像理论则宣称屏幕之外没有真正的苦难。

关于苦难被商品化的批评可以说是当前关于媒介化苦难的研究中最具影响力的论断。它在居伊·德波理论的基础上揭示了奇观是如何同生产、传播它的市场产生共谋关系的（Habermas，1962/1989；Debray，1995；Best & Kellner，2007）[1]。这种论断认为，苦难的媒介化遵循了商业交换的逻辑，将资本主义追求利润最大化的原则置于对弱势他者的道德义务上。道德对市场的臣服意味着对苦难（如飞机在世贸中心撞毁或者笼罩在火焰中的巴格达全景）的观看非但不能再促进实际行动，反而诱惑我们去消费灾难带来的各种感官（和夸张离奇）的刺激。换句话说，商品化的奇观试图引发了一种对苦难的偷窥甚至是"色情"式的观看，因为它们消除了处境的紧迫性，并将痛苦置于虚构的领域（Sontag，2003）。

而鲍德里亚（Baudrillard）关于"拟像"的批判理论则完全摒弃了苦难事实与景观的联系。拟像理论是对居伊·德波理论的激进化，认为通过内爆，如今的现实已经并非简单地被奇观支配，而是完全被它们取代了。鲍德里亚说道："今天的暴力是暴力的一个模拟物，并不来自激情或冲动，而来自屏幕——以图像形式存在的暴力。"很明显，在鲍德里亚对于"暴力"的定义中，现实已经完全成为一个参照物，已经被置换为一个可以没有指涉物且能被无限复制的暴力图景、暴力拟像，不需要如现实互动中的暴力（unmediated exchange）那样借助冲动。通过模糊我们所看到的与真实存在的之间的边界，鲍德里亚把真实重新定义为"能够被等价再现的东西"（Baudrillard，1983：146）。

也就是说，奇观摧毁了指称功能。这虽然被归因于技术本身，即能够重塑图像的蒙太奇和修图等技术，但是它带来的破坏性后果经常被认为来自市场力量的推动。具体说来，那个新兴的"知识-政治市场"通过操纵图像来为成熟资本主义中更具侵略性的利益服务（Baudrillard，1994）。但是拟像理论

39

与商品化论断又不一样。后者认为屏幕之外的暴力现实不仅是可能存在的，也是社会批判的对象；前者则认为在屏幕之外并无暴力，暴力只以图像的方式而存在。拟像理论认为市场已经完全超越社会现实，媒介化的传播除了自己，不再涉及其他任何东西。

维希留（Virilio）延续了鲍德里亚对技术资本主义的批判，认为对战争的现场直播只不过是对"现实世界的虚拟和戏剧化"而已（Virilio，1995：33）。虽然他在这里使用了戏剧，似乎在呼应早期关于"世界是个舞台（*a theatrum mundi*）"的现代比喻，但是具有讽刺意味的是，他反转了戏剧在道德共同体中的角色，把早期的理论推向了反面。"超现代性"的戏剧化非但没有促成新共同体的形成，反而在加快它的消失。"如今，除阴极射线屏幕之外一无所剩，社群的影子和幽灵正在走向消失的路上。"（Virilio，1986：23）

综上所述，对奇观的批评挑战了关于人类苦难的戏剧可以成为道德教育力量的论断，理由是技术化的市场正把内容变成一个纯粹的审美形式，即成为奇观。因此，奇观消解了苦难的本真性，即把屏幕之外亟待解决的事实变成了一个消极沉思的对象，而不是行动的缘由。虽然我们即将看到，这种对本真性的批判促使如今各媒介涌现出前所未有的自我表达潮流，但是维希留关于社群消失的断言不仅挑战了戏剧的真实性，还进一步暗示了其在促成社会团结中的失败。这种对戏剧的批评就是我在接下来的"帝国：社会团结的生物政治"标题下要讨论的。

帝国：社会团结的生物政治

早期对殖民主义的批评谴责西方的文化领导权（hegemony）建立在牺牲非西方人民主权的基础上。而当前对人道主义的帝国主义批判则拓展了早期理论，发展出了新的批判，把后殖民主义视为生物权力（*bio-power*）。这个词的灵感来源于福柯，他将两种权力制度并置讨论：一是主权，即前现代集中的统治权力；二是规训权力，即现代制度所拥有的如毛细血管般的权力（Foucault，1977）。如果主权是统治者的绝对权威，通过殖民统治的残酷景观来实施，那么规训权力则是对福利的微妙控制，通过对身体的无形干预来行使。因此，在现代性中，身体变成了权力作用的场所。权力不是使身体服从于简单暴力，而是通过一个温和的保护逻辑，让身体服从于新的、不断扩大的监管力量（这就是现代权力的"生物政治"特征）（Rose，1999）。

批评家认为，正因为人道主义把脆弱之躯当作社会团结的道德基石，所以人道主义不应该被看作实践世界主义道德观的一个高尚计划，而应该被看作现代性生物政治工具的关键机制（Edkins，2000）。因为将生物学意义上的身体当作我们身为人类的共同表现非但不能培养有益于社会团结的美德，反而在不同形式的人类生命中进行战略性的等级划分：通过区别对待"牲人（*zoe*）/赤裸生命（bare life）"与"政治人（*bios*）/政治生命（political life）"，把远方的受难者定义为争取生存的前政治生物，而把公民的身份降格为西方的施恩者①（Agamben，1998）。这种对脆弱之躯的"本体论"分类复刻了现存的全球秩序。虽然生物政治作用在个体身体上，但是它依然把全球南方建构为被动的或无能动性的身体（Douzinas，2007）。

受生物政治的权力观的启发，对帝国的批判理论超越了马克思的革命道德观，为当前西方与全球南方之间的权力关系被维系的过程提供了更为复杂的解读。传统帝国往往是围绕一个民族国家所拥有的超级帝国权力而组织起来的。与此不同，以生物政治为基础的帝国不一定占据边界明确的领土，相反，它是把对生死存亡的战略考量放置在"去地域化的管理机制"中来运行的。这个管理机制没有中心，主要依赖全球媒体奇观来合法化新帝国秩序下不同地方和人群的区隔（Hardt ＆ Negri，2001：xii；Yrjölä，2009）。

早期的殖民暴力奇观也反映了全球区隔的殖民暴力，但是与此不同的是，人道主义的确已经发展出了自己的戏剧实践来表明全球新秩序的不对称性。

---

①　在本书中，"捐助者""施助者"和"施恩者"的英文原文都对应"benefactors"。在不同语境中不同的中文翻译的区分标准是，"捐助者"和"施助者"较为中性，而"施恩者"带有较强的感情色彩，试图为这种看似不求回报的捐款或帮助行为抹上"感恩"的色彩。而"捐助者"与"施助者"的区分是，前者对应筹款性质的慈善公益行为，后者则主要针对的是动员人们抗议请愿等其他非筹款性质的倡议。

正如阿甘本（Agamben）所说的："看一眼最近为了卢旺达的难民筹款的宣
41 传运动，你就可以意识到，人类的生命依然被看作赤裸生命，也就是说可以
被杀死，但是不可以被用来牺牲/祭祀，只有这样它才可以成为被帮助和保护
的对象①。"（Agamben，1998：133－134）

这种批判将人道主义奇观视为生物政治权力的实行，其核心是来自阿伦
特的"非人化"概念。她认为，脆弱性被视为一种人权，为极权主义的民族
国家所使用，目的是把某些群体简化为纯粹的生物体集合，从而让他们遭受
各种形式的暴力。阿伦特说："'一个人只是个人'这样的论断说明他已经失
去了让其他人把他当作一个完整的人的特质。"（Arendt，1951/1979：300）
正如我在第一章中提到的那样，这种非人化问题正是对当代帝国式团结进行
批判的核心思想。在对戏剧奇观化的批判中，事实与虚构的区分是关键，而
对帝国的批判虽与本真性问题并不完全无关，但焦点转移到了帝国式团结中
的人与非人的区分。从这个意义上说，非人化问题让我们注意到在社会团结
的交际结构中"人性"概念如何被选择性地调用，以便让我们与某些群体而
不是与其他群体形成联合，并最终合法化新的帝国主义，让整个西方成为自
我赞赏的施恩群体（Hattori，2003b）。

以 2003 年伊拉克战争和 2004 年阿布格莱布监狱丑闻为例，巴特勒展示
了媒介化的苦难是如何作为一种生物政治力量来进行运作的：把"善"与
"恶"的区分抽象化，把非西方人妖魔化，并合法化"新人道主义战争"及其
帝国主义逻辑（Butler，2006）。非西方国家被降级为摩尼主义式的"纯粹的
邪恶"。在这里，除了西方的政治霸权，人类这个概念本身也起到关键作用。
正如巴特勒所说的那样，"并不只是有些人被视为人类，而另一些人被非人

---

① 作者在邮件中对此做了一些补充说明：这句话引用了阿甘本（Agamben，1998）对"赤裸生
命/裸命"的定义。在历史上，这一概念用来描述罗马帝国中奴隶或"同性恋者"的地位，指的是没
有任何意义的生命，因此杀死"它"不会产生任何法律后果，但正因为如此，这种生命同时可以用来
（并被用来）祭祀罗马诸神。阿甘本的这个隐喻延伸到当代，指出了这样一个事实：赤裸生命——这
些生命可以被随意夺走，不会引起人们的悲伤或者带来惩罚——不仅是过去的事情，今天也仍然存在
于我们星球上最贫穷国家的难民营和贫民窟中。

化；相反，非人化的过程成为有些人之所以为人的条件，'西方'文明的自我定义建立在被理解为绝对非法的（如果不是可疑的）人群的基础上"（Butler，2006：278）。

朗西埃（Rancière）对媒介化苦难的效果也有类似的怀疑。他进一步将非人化的批评与生物政治现代性作用的方式联系起来。在他说的"人道主义时代"（Rancière，1999），生物政治带来了政治的道德化，使得关于全球正义的政治问题和事关身体紧迫性需求的道德问题合并在一起。他追随阿伦特，认为在把他者非人化的奇观中，无言的受难者被提升为全球政治舞台上的典型形象："这个形象被剥夺了逻辑，只有单调的呻吟和直白、痛苦的呜咽，其声音饱和到让人听不见内容。"（Rancière，1999：126）

在苦难的奇观中，受难者被困在这"单调的呻吟"之中，弱势他者因此被非人化了，同时，苦难的奇观在"单纯地保护无辜者和无权者以对抗权力"的过程中耗尽了力气，因此无法提供一个替代性的政治愿景（Žižek，2005：9）。这是一种反政治行为，阻碍了政治共同体越过西方边界同非西方他者形成联合。甚至我们将会看到，在面对这样一种批评的时候，如今人道主义的应对方式竟是进一步边缘化政治问题。以我的理解，批判帝国主义的理论家认为让人们联合起来的号召掩盖了这样的事实，即"新"帝国延续了既有的权力关系。根据这种批判，人道主义传播与其说消除了苦难的真实性，不如说消除了在发展中国家做出改变的行动潜力。帝国的生物政治与其说促成了社会团结，不如说把他者非人性化了，破坏了它号称要建立的世界主义机构。

对批判学派的批判

在不同学科的版本中，批判理论都对人道主义的两个悖论做出了否定的回应。一方面，它把戏剧理论化为奇观，并把它当作文化工业的一部分，认为图像已经消融了事实与虚构之间的界限，所以媒介化的苦难是不真实的，从而否定了人道主义对公众具有道德上的影响力。另一方面，它把社会团结理论化为生物政治权力，认为人道主义传播本质上是去人性化的，因为不可能在西方形成世界主义式团结。

显然，对人道主义传播的批评性研究一上来就把戏剧悲观地诊断为居伊·德波式的奇观。它们将戏剧视为一个更广泛审美体系的一部分，由于其被置于大众生产的技术循环中，因而其不仅失去了改变社会世界的能力，还成为去政治化的合谋者——或者，按霍克海默和阿多诺所说的，这是公共领域彻底的"审美化"。因此，在理论上，批判学派也许承认世界主义伦理观念中的距离具有政治意义，毕竟它谴责人们没有平等对待全球苦难，不过在分析上它无法超越社群意义上的接近性（a communitarian ethics of proximity），因为它片面地拒绝了这样一种可能：戏剧可以扮演一种世界主义角色，锻造对西方之外的世界做出承诺和关心的纽带。

但是如果我们仍然希望在我们的公共文化中培育出世界主义式团结，那么我认为积极的态度是至关重要的，这样我们才能超越奇观，重新恢复戏剧作为道德教育的力量。正如我们已经看到的，这样的观点其实在不同的历史时期都占据了统治地位。这种恢复需要我们在研究人道主义的时候区分两个重要的认识论维度。首先是批判的维度，它考虑的是人道主义应该是什么样子的，因此可以对奇观化或者生物政治权力化的人道主义进行规范性批判。其次是分析的维度，它考虑的是实际的传播工作和交流实践是如何展开的，所以可以对特定时刻的人道主义表演做经验性的记录（参见 Chandler，2009以相似的路线展开的对后领土政治的批评）。

区分批判与分析的目的是开辟一个空间，从而能够在人道主义矛盾最大化的状态下研究其戏剧性，也就是说不要一劳永逸地将这种矛盾视作先验的现实，认为其必然损害社会团结的意义，而要将其当成一种在不同时刻用不同方式定义社会团结意义的生产性张力。在这项研究的背景下，这意味着什么？这意味着，一方面，本真性的悖论并不是把苦难景观预先确诊为虚构奇观，而是把它当作一个斗争的场所，在这里，斗争不可避免地转化为一系列确保"本真性"的策略并调用我们文化中现成的一些传播交流实践。另一方面，我们不能确定无疑地认定道德化的悖论就会导致非人性化的行为，而要视其为一种关于人道主义道德化策略的斗争，可能会也可能不会赋予远方他者以人性。这种路径的优势在于可以对人道主义传播结构的历史变化进行细致的分析，并且对其政治和道德影响进行更为有效的批判。接下来的"人道主义的想象"一节会对这个结构进行理论阐释。

人道主义的想象

既然我们的理论要将戏剧的教育功能置于当代公共文化的核心，那么首先要充分关注想象力（imagination）。正如我们之前所讨论的那样，这就是戏剧的作用，它将我们想象性地与其他人的位置联系起来，从而让想象力在戏剧体验中成为一种具有教化能力的催化剂。确实从亚里士多德开始，悲剧就是通过模仿"重要且特定的行为（important and finite act）"来激发观众的同情或恐惧的（Nussbaum，1986），想象力被认为通过画面和语言的力量来表征不幸和苦难，从而引发感同身受并促成行动。

虽然当代对苦难的戏剧化展示已经涵盖了从电视到手机等广泛的媒介实践，然而无论时间如何推移，重要的都是想象力依赖这些实践的美学品质以及这些实践有能力提供给观众不同的参与和介入方式。所以，想象力对意象的依赖不应该仅仅被视为我们身处媒体高度饱和文化这一阶段的历史特征，而应该也被视为想象力的一种认知特性（Thompson，1984）。

在借鉴亚里士多德对发明（inventive）和激进（radical）的想象力的区分（Aristotle，*De Anima*，Book III）后，卡斯托里亚迪斯（Castoriadis）提出，激进的想象力的前提是意象作为人类思想或情感的某种形象化的表征，而不是业已存在的、内在的经验式表达。这种想象力是思想和情感出现的首要可能条件："我所说的那种想象并不仅仅是一种形象。它在社会历史和心理层面不停地创造人物、形式和形象，并且本质上没有确定性。在此基础上，唯一可能存在的是关于'某物'的问题。我们所说的'事实'和'理性'都

是它的作品。"（Castoriadis，1975/1987：3）

因此，想象力作用的领域同时也是可以被思考和感知的，不能被简单地归类为单一的视觉文化，而需要被概念化为一个社会制度化的交际实践。在这个领域里，特定的"想象性"文化和它们独有的美学可能性在特定的时刻可以被调用来调节和生产特定的道德想象[2]。

尽管想象实践的标准功能是在可能的范围里驯服想象力，但是这些实践没有既定的行为准则，也不涉及权威的理论论证来指导公众应该如何思考和感受。想象实践试图达到的目的，与其说是展示权威的道德观，不如说是述行式地展示一系列美德背后的道德观。也就是说，它依赖富有审美意义并为人所熟悉的表演来邀请观看者加入关于我们的世界的图像和故事之中，从而能够实现观看者的社会化，让他们以合乎特定的文化要求的方式进行感受和行动。

45　　只要是观众与表演被分离开来，以便让西方公众习惯感同身受，我们就可以把这种以想象实践为基础的传播结构称为戏剧式。这样的定义也是泰勒（Tylor）关于现代社会想象实践的概念的核心。他认为这些实践是传播交流的不同空间，确切地说包含了"人们用来想象他们的社会存在、如何与他人相处的图像、故事和传说……以及凸显这些期待的更为深层次的规范性概念和意象"（Tylor，2002：106）。

同样，我们可以将人道主义的想象定义为在西方世界里利用戏剧式传播结构来表演对弱势他者的集体性想象，以此培养长期为他人考虑、感受和行动的秉性。这些表演实践包括海报、绘画和小说这些早期的内容，以及今天的募捐倡议、名人公益、慈善音乐会和灾难新闻报道等形式。它们共同组成的戏剧结构日常地生产着关于社会团结的想象力。用阿伦特的话说，这是一种把"我们共享的世界"当成我们的行动领域的感觉［特斯特（Tester）有类似的观点，他称之为"常识人道主义"］。

正如戏剧化的实践通过调用图像和语言来维持西方作为一个利他社会的集体形象，以美德为导向的想象实践产生的规范力量不在于简单地教育公众，而在于将公众塑造为道德主体。正如我前面提到的，习惯化的力量是让戏剧的道德教育起作用的重要因素。让我们重复一下，习惯化的力量在这里不是对业已存在的公共道德进行简单的矫正，而是作用在道德上的一种述行力，即通过戏剧化的苦难表演来经常性地召唤关于社会团结的伦理。（关于述行理论可参见 Butler，1993，1997；关于远方苦难景观的述行性可参见 Chouliaraki，2006）。

然而，习惯化不可能仅仅是习惯的无脑重复，而需要反身思考其使用的特定语境，因此经常需要更新表演形式（亚里士多德的实践智慧或"实践思维"；Aristotle，*Nicomachean Ethics*，Book VI）。同样，想象实践的规范需要通过戏剧展示出来，但它也不可能一直重复，而是不可避免地表现出变化来，而这可能会在重复规范的同时颠覆这些规范。我在其他地方称这种辩证的变化为"有条件的自由（conditional freedom）"（Chouliaraki，2008a），即戏剧化实践在再现想象的同时改变想象。正是这种辩证的变化使得我们可以对人道主义想象的历史演变进行更细致的批判性描述。

迄今为止，我们提到了两种极端的论调，一是第一章提到的人道主义领域生产的知识愈发工具化，二是本章前面提到的批判学派的悲观论述。我试图在两个极端中寻求一种更为辩证的视角，这样才能更好地理解，灾难景观、政治和市场如何协同起来改变人道主义传播，并在不同的时刻抛出不同的社会团结方案供我们选择。接下来，我将简单地描述这种批判实践在分析上面临的两种挑战，以此结束本章的讨论。

人道主义想象的批判性分析

如前文所述，批判学派认定政治、市场和技术之间有着特定的因果联系，并且早早地判定媒介化苦难的不真实性以及团结文化的衰落。与此不同，我以知情的不可知论（informed agnosticism）为起点，把人道主义想象当成一个受约束的未决定空间，在这个空间里，政治、市场和技术存在既定的联系，但是这些联系不可能被预先确定，反而受制于其出现和发生作用的具体历史语境。要论证人道主义表演与公共拨款间的必要关系，我们需要另外的经验性调查。因此与其论证这样的问题，不如去探究在不同时刻关于社会团结的道德想象是如何以复杂和动态的方式被表达为一种公共规范的。

这种对人道主义想象的批判性研究就是要把表演当成最为关键的研究对象。它需要我们关注分析的两个维度：第一个维度是人道主义想象的历史性，关注其表演方式随着时间的推移发生了什么样的变化并如何宣称本真性和能动性；第二个维度是人道主义想象的述行性，关注表演方式的改变如何生产出关于苦难的不同真相以及与西方之外形成团结的不同版本的道德想象。

人道主义想象的历史性

人道主义想象无法用明确的术语来描述。它作为道德教育的力量正在因为技术和市场力量的介入而被削弱；而作为一种社会团结的形式，它同样因为在历史上与帝国主义共谋而遭到质疑。让我们回想一下，这种不确定性反映了与戏剧结构相伴而生的不稳定性，与其说它存在于一种"纯粹"的公共状态之中，不如说如何界定它的形态取决于它与现代资本主义经济和政治关系的共谋。

正如我在第一章中论证的那样，在这种复杂语境下，现代戏剧一直试图调和追逐利润与培养美德之间的矛盾，即一边是一种去道德化的努力，另一边是要培养社会团结伦理，从而让"理性的经济人"变成"感性的人"（Marshall，1984）。因此，殖民主义的戏剧是西方教化机制的一部分，在西方帝国主义扩张时代扮演了非常重要的角色。它一方面将远方他者刻板化为充满恐惧和欲望、具有异国情调的客体，另一方面促使人们认识到苦难背后的不公正，最终导致奴隶制的废除（Said，2002；F. Nussbaum，2005）。

当代人道主义实践尽管和历史上的实践有着显著的差别，但是依然处在类似的紧张关系中，一边是社会团结的公共道德，另一边是品牌营销和娱乐事业的商业道德观。所以和之前一样，当前想象实践的教育力量悬停在道德习惯化与资本主义合法化之间，其方向无法事先就被固定下来。因而，研究社会团结的历史转变需要从这种根本的不稳定性开始，以便在不同的历史时期探究人道主义是如何安排苦难景观并如何主张一种暂时的社会团结的。

福柯对"历史性"的处理方式最能帮助我们抓住人道主义想象的矛盾性：既是利润的来源也是批判启蒙的源泉。传统的历史书写是把过去视为一种现成的事实，可以和同样确定的现在进行对比。与此不同，福柯的"历史性"代表着另外一种叙事——始终视过去为一种意义生产的述行行为，并将它们的比较研究置于批判性质询的核心。正如汤普森（Thompson）所说的，福柯对"历史性"的研究"并不是通过揭示历史意义和科学的传统来完成的，而是通过挖掘词语和事物的经验性表面来揭露话语规则和社会规范的层次，从而揭示系统性的话语是如何运作的"（Thompson，2008：16）。福柯意义上的"历史性"使我们能够记录人道主义想象实践的变化，不把它看成一个从过去一直发展到现在的线性叙事，而是将它作为一个概念性叙述，集中考察在两个截然不同的历史时刻——最开始和当前时刻——人道主义想象中的紧张关系是如何在关键的团结表演中被暂时地解决的。

因此，我将分析聚焦于人道主义实践的四种类型——募捐倡议、名人公益、慈善音乐会和灾难新闻报道，探究它们如何保证苦难表征的本真性以及如何召唤西方作为道德的行动者。但是正如我前面提到的，本真性和道德化这两种策略是人道主义传播结构的内在维度。这些被我们拿来做比较的时刻都具有自己的特点，因为它们都会承受其所处阶段的历史压力，并将压力引入这个结构，从而必然把这些策略转化为具体的美学和道德选择。所以接下来不是关于连续性的叙事——用过去来预示当下。相反，它是关于不连续的故事，试图通过不同的美学和独特的表演策略去理解过去和现在。正如彼得斯（Peters）所说的，"因为'现在'与过去的某个时刻之间总是存在着暗合，如果能将二者对接起来，'现在'就清晰可辨了"（Peters，1999：3)[1]。

---

[1] 此处参考了邓建国的翻译，具体见：彼得斯. 对空言说：传播的观念史. 邓建国，译. 上海：上海译文出版社，2017：4-5.

因此，本书追溯了 20 世纪 70 年代至 21 世纪头 10 年这 40 年里人道主义想象的变化。在这一历史时期里，当殖民主义结束后，人道主义与市场和技术进行了联合。在这一轨迹中，当今的人道主义的戏剧实践被看作从过去的实践发展而来，这包括：红十字会将镜头对准消瘦的印度人民的写实的新闻图片（1958 年）、试图结束越南战争的摇滚音乐会（George Harrison，1973）、试图解决埃塞俄比亚饥荒的现场支援（Live Aid①）演唱会（1985 年）、联合国儿童基金会早期的名人公益活动［如奥黛丽·赫本（Audrey Hepburn）的名人公益活动（1988 年）］，以及关于比夫拉饥荒（1968 年）和 20 世纪 70 年代中国地震的新闻报道。

以上每一种类型背后都有着相对固定的述行实践，比如募捐倡议或者慈善音乐会。虽然每一种类型都是人道主义实践相对成熟的构成部分，但是它们同时充满可塑性，可以因为新技术及其美学特性组合成各种混杂形式（Chouliaraki & Fairclough，1999：139 - 149）。比如说，人道主义动员从早前的摄影现实主义美学转变为当前的文本游戏美学。前者通过新闻摄影的即时性来强调苦难的"原汁原味"，而后者则使用图形动画或超现实主义等广告技巧。虽然二者都属于募捐倡议这一类型，旨在通过一个缘由来召唤行动，但是在不同历史阶段，其团结表演以及行动的倾向有着根本的不同。

这样的类型转变彰显了人道主义悖论。这里需要再强调一下，我就是希望通过梳理这样的类型转变来阐述在这个领域中政治、经济和技术关系是如何重构和改变人道主义想象的。募捐倡议类型从摄影现实主义转变为文本游戏，这必须放置在国际非政府组织的策略转换语境中来理解。在过去几十年里，为了在同情疲劳的情况下维持消费者的忠诚，主导策略已经从早先时候的"科学援助"或"可持续干预"转向了组织的制度化、工具化和技术化。

为了更好地理解这些议题，后面的分析章节将每一种类型的争议都放置在历史框架里，既梳理其类型化的艺术表达，又揭示它与过去的暗合关系。

①　关于 Live Aid 的中文翻译的解释参见第五章译者注。

围绕募捐倡议的争议再一次体现了长期以来争论的焦点，即新闻现实主义式的苦难展示的真实程度及其道德潜力。这些争论影响了当今的美学转向：自我反思式的募捐倡议以及温和短暂的"感觉良好"的利他主义。我在后面将其命名为反讽式道德观。

历史性这个概念的价值就在于提醒我们，不应该片面地去解析人道主义实践，不能总是让我们的分析只关注传播悖论其中的一面，过早地将其简化为一个毫无疑问的政治或道德立场。例如，简单粗暴地谴责募捐倡议，认为它对苦难的虚构处理是居伊·德波意义上的奇观。相反，历史性提醒我们，人道主义的传播交流虽然从未间断过，但总是出现在富有争议的特定语境之下。因此，它只能是一个符合当时特定道德想象力的暂时性结构。历史性这个概念迫使我们搭台布景去重建历史上关于募捐倡议、名人公益、慈善音乐会和灾难新闻报道的种种争议，探索每一种类型在特定时刻是如何试图调和关于想象的悖论的。

人道主义想象的述行性

历史性这个概念引导我们去分析在人道主义传播交流历史中存在的争议，而述行性这个概念则聚焦于人道主义的具体表演中美学特征的变化及其表现。在这里，我以后结构主义的观点为基础，把传播交流看成社会的组成部分，因此这里的焦点建立在这样的假设上，即各种人道主义实践类型对道德想象的培育并不是通过简单地指涉苦难现实而是通过积极建构苦难来完成的。当然在这里我要申明的是，并不是所有的苦难景观都会自然而然地培育人们道德上的想象力。戏剧的结构在于能够把观看者和苦难景观区隔开，从而让观看者与景观的教化潜能形成互动，由此对弱势他者感同身受。

我的出发点是，戏剧是一个培养感同身受的机制。因此，我们对述行性的分析需要讨论人道主义传播的两个面向，它们分别引导着对他者之痛的两个不同的观看方向。第一个面向将我们的注意力聚焦到受难者身上，我们也可以称之为"移情式想象力"，而第二个面向将我们的注意力聚焦到观看的公

50

众身上，我们也可以称之为"反思式想象力"，二者可以引导我们对苦难进行评判①（Marshall，1984：594；Boltanski，1999：24，38-41）。二者尽管都是人道主义传播的内在维度，并相互交织在一起，但是在分析过程中还是需要被区别对待。

"移情式想象力"试图在观看者与弱势他者之间建立情感关系，从而引发了关于技术化中介的经典问题，即：这些他者的苦难是真实的，还是媒介操纵的结果？所以，在这个意义上，本真性是分析想象实践的一个关键焦点。换句话说，移情式导向促使我们去分析本真性策略，即人道主义实践是如何通过图像和语言把他人的苦难变成我们行动的理由的。例如，在这方面，早期募捐倡议中新闻摄影依靠现实主义与如今国际非政府组织依赖自觉的文本美学（a textually conscious aesthetic）②就有很大的差异。这种差异表明本真性的悖论在当今的实践中已经被解决了——但是并不是通过强化苦难景观的同理心主张，而是通过放弃上述主张，转而凸显本真性本身。

"反思式想象力"则试图在旁观者与更大范围的（我们理应所属的）公众之间建立规范式关系，邀请人们进行评判：公众和非公众的边界在哪儿？这些边界如何能够被重新界定？观看者导向指的是观看者和弱势他者通过人道主义传播而想象性地相遇，它促使分析聚焦于人道主义的道德化策略是如何把观看者构建成一个道德化的行动者的。这个过程的核心问题是观看者的能动性如何被构建起来，使得他们的行动对象不仅包括那些"近在眼前"的社群里的有限的受难者，还包括"远在天边"的全球南方的受难者。因此，前面的"帝国：社会团结的生物政治"部分提到的"去/人性化（de/humaniza-tion）"的政治意义其实是一个排斥/包容的表意过程，调节着西方社会团结的边界。而随之而来的道德化策略的改变则说明了社会团结表演的转变，以

---

① "评判"的英文原文是"judgment"，参见第五章译者注。

② 这里指的是当前的人道主义传播中依赖文本游戏形成的美学，各种形式（比如视觉、口语和动画等）的符号会被并置在一起来构建新的文本。这种美学通过对形式本身的强调来调节人道主义悖论，因此作者认为这种美学凸显了文本意识。具体的分析详见第三章。

及西方世界作为道德化行动者对自我认知的改变。依然以募捐倡议为例，如
今对苦难的表征已经愈发远离现实主义美学，这说明我们不再需要通过目睹
苦难来激发义愤和同理心，反而最大限度地避免直面人类的苦难，转而拥抱
一种自我导向的、短暂的、利己式的利他主义情感。

　　然而，不同类型的想象实践之间不会共享相同的表演逻辑。相反，各种
类型的想象实践与市场、技术之间的制度化关系会产生不同的本真性和道德
化策略，从而具有不同的述行性。因此，对述行性的批判性研究需要一种透
彻的跨学科视角，从而可以在不同的分析框架下揭示各自的独特性。

　　为此，本书的 4 个经验性章节以 4 种不同的分析路径分析人道主义实践
的 4 种类型，把它们的述行性置于视觉和企业传播、发展研究、新闻研究、
文化研究和社会理论等跨学科领域中来研究。以下所有章节都探讨了这 4 种
表演类型是如何发展出不同策略来解决想象实践的悖论的，但同时每个章节
都是关于每个类型的一个独特的故事，梳理了每个类型展示社会团结的方式
如何在历史中演变及其产生的争议。

　　例如，在第三章中，对募捐倡议的分析借鉴了来自发展研究和社会符号
学的洞见，提出了"情感述行（affective performativity）"，以此来展示当代
筹款动员过程愈发依赖不同符号系统的并置来解决同情疲劳。我的分析将展
示这个类型已经从纪实审美日益转向品牌营销风格，使得关于苦难的现实
（本真性）无关痛痒，并且因此使受难者的人性或者社会团结问题被边缘化，
观看者转而青睐"自我感觉良好"的线上行动主义（道德化）。

　　与第三章相比，第四章对名人公益的研究则借鉴名人研究的文献提出
"人格述行（performativity as personification）"，即让名人在双重意义上表演
社会团结。首先，通过"人设"①，她或他作为一个公众人物来认证苦难的本

---

　　① "人设"的英文原文为"persona"，中文翻译来自"人物设定"的简称，指的是游戏和漫画对
特定人物或角色的设计，包括外在的形象、性格，以及功能等。这个词后被广泛用在粉丝文化中，指
的是明星呈现出来的公众形象，但经常会被认为与明星在私下里的本性有显著差异，包含了虚假和炒
作等负面含义。而台上、台下的差异是作者的一个讨论焦点，并不是一个结论式的断定，因此本书将
"人设"当成一个中性概念来使用。具体讨论见第四章。

真性；其次，通过"化身"，她或他又作为苦难的见证者对观看者进行教化，培养其世界主义秉性。这些分析语言展示了本真性和道德化策略是如何随着名人形象而发生变化的，从奥黛丽·赫本到安吉丽娜·朱莉的转变反映了团结方案在形式上从无条件团结到功利主义的变化。

第五章对慈善音乐会的分析在流行文化的研究基础上提出了"魅力述行（performativity as charisma）"，以此来描述摇滚明星人物，如扮演"真相拥有者"角色（本真性）的盖尔多夫（Geldof）和波诺，从而揭示从"现场支援"向"八方支援"的转变其实是从浪漫、反建制的慈善活动转变为务实的精英外交（道德化）。

最后，第六章对灾难新闻报道的分析以新闻学研究为基础提出"叙事述行（performativity as narrative）"，以此来展现新闻叙事是如何从依赖专家转向依赖普通人（本真性）的，如英国广播公司的实况博客，昭示了一个更大范围的人群对自恋式团结话语的拥抱（道德化）。

综上所述，这些章节一起讲述了当前在团结传播中认识论的转变——从同情范式转变为反讽范式，一起转变的还有拯救式和革命式团结背后的普遍主义道德观。我认为，反讽式团结以新自由主义的实用主义伦理为基础，不再依赖道德义务来对弱势他者采取不求回报的行动，而是转向一种新的后人道主义道德观，将对他人的行动与自我利益结合起来。

结论：想象的表演

在这里，我认为我们有必要开辟新路径来研究人道主义，更细致地讨论全球景观时代下的社会团结。这样的讨论须在不忽略当前媒介化社会团结的复杂性的同时克服批判学派的悲观主义。为此，我的理论是将人道主义的传播结构视为一种苦难的戏剧，利用人类脆弱性景观来动员西方公众。

虽然这是一个积极的戏剧概念，它将舞台和屏幕视为培养我们习惯的重要日常场所，让我们以各自的方式去感受远方他者，为他们考虑并采取行动，但是历史一直提醒我们，戏剧的教化功能总是受到两个悖论的破坏——关于本真性和能动性的悖论。前者内置在观看的逻辑里，后者则存在于人道主义的权力关系中。然而，这并不是说我们就要因此否定人道主义，认为这些悖论只能造成僵局并最后导致社会团结的失败。相反，我认为人道主义的想象实践应该把这些悖论视为具有生产性的张力，可以在不同时期构建出具备不同公共道德观的社会团结方案。

因此，这样的路径的理论价值在于把人道主义当成一个交际的结构，在这里，我们通过处理历史悠久的戏剧悖论来培养我们与远方他者的关系；在方法论上，它的价值则在于能够使我们根据其具体的述行性实践来分析这样的结构。虽然这些想象实践始于不同类型，但是所有实践都拥有戏剧的道德化力量，让我们必须直面他者苦难的现实。更重要的是，这些实践为我们提供评判的资源，让我们去思考是否应该为这些苦难联合起来以及为何要联合起来。对 20 世纪 70 年代至 21 世纪头 10 年这 40 年的 4 种关键类型的对比分析揭示了它们在表演上的转变，引领我们去探究普世道德观的衰退以及今天我们是如何逐渐被邀请来实践反讽式团结的。让我从募捐倡议这个类型开始我们的理论探险吧。

第三章　募捐倡议

导论：募捐倡议的悖论

可能再也没有比募捐倡议这个类型更能体现人道主义想象的悖论的了。它是纯文本的传播实践，其道德主张以共同人性为基础，期望以此来提高人们对特定人道主义机构和行动缘由①的认识（deChaine，2005：6-7）。为此，募捐倡议总是需要解决如何把苦难视觉化，以及如何激发我们对苦难的感受和行动等问题，从而在一个竞争日益激烈的市场里保证其机构的合法性。尽管持续不断地努力，这一类型还是一直面临着"去合法化"的威胁。早期的意象②中多出现面黄肌瘦的儿童，这种"消极负面"的风格经常被指责剥夺了受难者的人性（Bethnall，1993）；后来的宣传画面中多出现微笑的面孔，这种"积极正面"的风格则被指责掩盖了受难者的悲惨（Lidchi，1997；Smillie，1995）；新近的批评声音则认为新的风格将"社会团结"商品化了（Nash，2008）。可以说没有任何一种表征人类脆弱性的风格可以公平处理对社会团结的道德主张。为什么会这样呢？这一类型的合法性持续受到挑战如何影响如今这一类型里的团结道德观？

在我的研究里，三种募捐风格被看作对人道主义想象悖论的三种截然不

---

① "缘由"的英文原文为"cause"。在英文中，"cause"既可以指做某事、思考某事或感觉某事的合理理由，也可以指运动或者事业。

② "意象"的英文原文为"imagery"，指的是视觉上的描述性的或比喻性的语言。在本书中，译者将视语境将它翻译为"意象""视觉材料""画面"或"表征"。

同的历史反应。因此根据第二章所概述的方法论，在这里我将聚焦于想象的两个维度——历史性和述行性。一方面，我将梳理募捐倡议的历史，这样我们就可以看到多种关于苦难意象的争议是如何体现人道主义市场的变化的，即募捐倡议如何日益朝企业传播实践转变。另一方面，我将关注这些募捐倡议的"情感述行"，即它们如何策略性地调用意象和语言来生产情感，从而展示这一类型的本真性策略如何从摄影现实主义转向文本游戏，以及进一步在道德化策略中从情感式转向自我反思式的募捐倡议。我认为这些变化都是在试图重新确立这一类型的合法性，放弃普世的道德观以及宏大的情感诉求，转而依赖当今人道主义市场中新的企业和技术资源。因此，我的结论是当前 *55* 的募捐倡议已经成为后人道主义的一部分：它们拥抱短期的、参与度低的自我导向型团结，不再追求面向他人、深度卷入、有系统性思想抱负①的社会团结。

同情戏剧的危机

博尔坦斯基认为，人道主义传播交流出现合法性危机不仅仅是因为募捐倡议出了问题。与我把人道主义领域概念化为一种社会想象一样，他认为这个问题存在于人道主义与政治之间的关系中。具体地说，他认为合法性持续受到挑战是因为人道主义理念被战术性地挪用来为政治利益服务。人道主义本来号称将苦难当作一种普世的道德事业，而特殊的政治利益让这样的宣称失去了信誉（Boltanski，2000：1-6；又见 Mills，2005：161-183）。博尔坦斯基的论点在这里很有助益。这不仅因为如第一章所讨论的那样，它批判了"新人道主义"，还主要因为它对人道主义传播的戏剧式结构有着深具洞察

---

① "思想抱负"的英文原文为"ideological commitment"。"ideology"在中文的语境中经常被翻译成"意识形态"，并带有特定的政治色彩。以葛兰西（Antonio）的分类为基础，意识形态有一层意思是一种特定的哲学、连贯的系统性观点，经常是社会中一个特定群体的思想，这个层面的意思更为中性，较符合"ideological"在这里的语境。

力的分析。

博尔坦斯基认为，当代政治是建立在公共利益的启蒙式话语之上的。其合法性不仅要从民主治理的原则中获取，还来自对弱势他者的普世福利观念的坚持，即建立在正义和同情结合的基础上。虽然在现代社会，这种对同情的强调部分但明显地减轻了大部分人口的不幸，但是它同时确立了一种主导的行动道德观：依赖苦难的公开、戏剧化的展示及其伴生的饱含宏大情感的语言。用阿伦特著名的批评来说，这种依赖使得政治让位给"社会问题"，即使得对正义的结构性问题的长期关注让位给为受难者做些事情的紧迫要求（Arendt，1963/1990：59-114）。

博尔坦斯基将当代人道主义的问题诊断为"同情的危机"，从这个意义上说，这也是戏剧式政治（theatrical conception of politics）的危机。它以共同人性为名义来合法化行动，但其掩盖了这样的事实，即人道主义自身与煽情式苦难奇观①背后的权力之间有着同谋关系。这与对帝国主义的批判是一致的。正如我们在第二章讨论的，在拯救式团结范式中，充满感性的感恩态度唤起的是对减轻苦难的施恩者的欣赏；而革命式团结范式对尊严或愧疚的强调则聚焦在苦难制造者身上（对这两个话题的讨论见 Boltanski，1999：35-54）。

对这种戏剧式政治的局限性不能简单地理解成政治执行力（political performance）不足，即不能单纯把这种局限认定为是因为全球性组织无法解决不公平或者减轻苦难。当然，虽然人们从来没停止过对这些机构失败的策略和失误的战术的批评，但是直到今天，人道主义理念依然强劲。在跨国治理方面，我们可以看到有越来越多的国际非政府组织正在发展的语境下监督政策的执行。同时在西方集体意识层面上，人道主义式行动主义依然在培育道德想象力中扮演着决定性的角色（Hale & Held，2011；deChaine，2005）。

相反，这种政治的局限性至少可以被部分地解释为是因为戏剧的传播结

---

① 英文原文为"emotion-saturated spectacles of suffering others"，这里为了语句通顺，在不影响原文本意的基础上，将其翻译为"煽情式苦难奇观"。

构不足以引发宏大的情感（愤怒和愧疚或者同情和感恩），从而无法在一个深度分裂的世界中持续、合法地号召社会团结。实际上，博尔坦斯基自己对同情危机的理解首先来自对情感力量的诊断：情感力量在萎缩，以致今天我们的情感很难再轻易地去合法化我们所有的行动。"为什么如今我们很难义愤填膺或者提起指控呢？或者说，为何如今我们很难伤感和表达同情呢？又或者，为何如今我们很难至少在某段时间里坚持自己的义愤和同情而不会对这些情绪是否真切感到不确定？"（Boltanski，2000：12）

以此关键问题为出发点，我试图把募捐倡议当成人道主义想象的一种传播交流实践，去探讨它是如何调用关于苦难的语言和画面来保持其效用，即唤起观者的情感并合法化为受难他者行动的意向的。这是一种被我称为"情感述行"的实践。我的假设是，这种做法屡屡不能"真实"地展示不幸，即在它试图用真相来打动西方人心时，却免不了让人怀疑其背后是否存在着各种操纵（见对灾难商品化的批评）或者不平等的宰制关系（见对帝国主义的批评）。因此，募捐倡议实践只好不停地去寻求可替代的方式，以更有效地培养西方公众对弱势他者的感受、思考和行动。

在接下来的小节"争议旋涡中的募捐倡议"中，我将首先概述历史上的两种募捐倡议风格"消极否定"和"积极正面"是如何在激发社会团结的同时引来各种争议的。在"反思式募捐倡议"一节中，我将分析当代募捐倡议（2006—2008 年，联合国世界粮食计划署、乐施会等组织的一系列实践）的述行性，然后聚焦于其两个新策略：本真性策略和道德化策略。前者主要体现在符号并置的美学上，后者则主要体现在人道主义品牌营销的反思性中。最后在"反思式募捐倡议和真实效应"一节中，我将总结，这种新出现的募捐风格虽然还没有完全取代早期风格中的自反式表演，但是已经引进了一种新的、通过消费者来驱动的行动倾向。它抛弃了同情，旨在支持一种有效且即时、便捷的行动主义。这样一来，募捐倡议便既不再把苦难当成一个普世的道德缘由，也不再去触碰我们一直在讨论的人道主义与政治之间的关系。

争议旋涡中的募捐倡议

梳理募捐倡议历史的一个高效方式就是将其理解为一段关于团结美学的争议历史。也就是说，这些争议一直针对募捐倡议是如何通过苦难意象来为西方世界提供感受和行动的不同范式的。在这些争议中，两种最为流行的批评分别是对"愧疚/愤慨"和对"同情/感激"的批评。前者主要出现在早期宣传活动的"消极否定"美学中，在那里，受难他者总是被描述为远离"我们的"人类秩序的；后者主要出现在"积极正面"的视觉表征中，在这里，远方的受难他者总是被描述成像"我们"一样的人（Lissner，1979；de-Chaine，2005；Dogra，2007）。每一种批评都与人道主义领域的特定历史时刻相关，并且凸显了这些时刻不同的情感机制（emotional regimes）和行动方案。同时，这两种批评都聚焦于苦难美学如何确保本真性和激发情感以促成行动，使得我们可以把募捐的述行性当成理解这些争议的关键。

尽管我在讨论募捐倡议的历史时首先预设它是具有述行性的，但这并不意味着假定公众一定会成为募捐倡议活动所希望的样子。这种关注述行性的视角并不是一种决定论，相反，它强调的是募捐倡议作为道德教育者的角色，即提供一系列关于我们对远方苦难要如何感受和行动的方案。正如我在第二章所讨论的，这些巧妙的方案正在通过我们习以为常的媒介化实践（电视、互联网以及城市广告）渗透到我们的日常生活中，并且通过"习惯"来塑造我们长期的秉性（又见 Chouliaraki，2008a：831 - 834）。

不同时期的募捐倡议都会提供可能和合法的公共道德观，因此接下来对"消极否定"和"积极正面"两种风格的讨论将会把对类型的批评和对这些公共道德观的观察结合起来。这样的讨论可以帮我们设立好历史舞台，让我们可以接着讨论在人道主义实践的新型募捐风格中蕴含的反思式述行性（re-flexive performativity）。

58

"消极否定"式募捐倡议

早期的人道主义募捐倡议都依赖纪录片美学，希望通过朴素、不加修饰的事实呈现来保证苦难的真实性。这些募捐与去殖民化后的援助和发展项目同时发展，所依赖的是被埃德金斯（Edkins）称为"饥荒的医学化"的逻辑（Edkins，2000：39）。与革命式团结不同，它把饥荒理解为医学问题，这意味着不再认为饥荒是历史上资源分配系统性不公平所造成的后果，而是聚焦于如何通过即时的医疗和营养支持让新生但是贫穷的全球南方国家生存下去。这与拯救式团结的内在逻辑是相一致的。鉴于西方国家关注生存问题，所以早期的募捐倡议自然关注的是如何减轻饥荒，而不是从根源上解决问题。这使得饥饿对人身体的可见影响成为焦点。正如埃德金斯所说的，"救济的目的是保存生物有机体的生命，而不是恢复社区的生计手段"（Edkins，2000：39）。

例如，在图 3 - 1 中，摄于 1968 年的照片采用的就是朴素现实主义（raw realism），将处于极度饥饿状态的人描绘为"理想的受害者"（Hojer，2004）。该照片是一组被剥夺了个人特征的儿童组合，既没有如年龄或性别等生理特征，也没有如衣服等社会特征。他们不是赤身裸体就是半裸，消瘦的身体部位被暴露在一种自我放弃的裸露中。这些身体部位被相机从上方摄入，被"令人着迷（fetishized）"地物化（Hall，1997：223 - 279）：该照片并不反映拥有生命历史的真实人体，而反映对肉体的好奇，以此来调动一种介于厌恶（disgust）与欲望（desire）① 之间的色情想象力（pornographic spectatorial imagination）（Lissner，1979）。

这些募捐倡议的本真性策略是以"受害者"为导向的，也就是说它们把远方受难者当成我们思考的对象②（Cohen，2001：218）。因此，在殖民主义的凝视下，它们在观看者与受难者之间建立了社会关系。它们是以西方的观看者与受难他者距离的最大化为前提的（Hall，1992/2001；Lidchi，1997）。

---

① "对象"的英文原文"disgust"和"disire"有押头韵的含义，中译无法体现出来。
② "对象"的英文原文为"object"，也有"客体"的意思。

图 3 - 1　尼日利亚比夫拉地区饥荒时，饥饿中的儿童在分享食物
(1968 年 9 月 20 日摄于奥波博的难民营，FRANCOIS MAZURE/AFP/Getty Images)

这种社会关系指向的正是西尔弗斯通（Silverstone）所描述的"不道德的距离感"（Silverstone，2002：283）：在这种关系中，观看者对受难者有着完全的主权，观看者的能动性通过管理记录技术、掌控募捐文本的书写，以及慈善募捐的慷慨解囊得到充分体现（Pinney，1992），而受难者则是被动的、无意识的，以及拟人的。

59　　　这种不道德的距离感与羞耻和义愤的情感述行性密切相关（改编自 Cohen，2001：214）。在这些"消极否定"式募捐倡议中，述行性主要通过鲜明的对比体现出来：受难者的赤贫现实与观看者的舒适生活。这种对比被阿甘本称为"牲人"与"政治人"的对比，前者指的就是如图 3 - 1 那样处在兽性状态下的物理变形的身体，而后者指的是在西方社会拥有健康身体的文明人（Agamben，1998）。在富裕和安全的西方语境下，这种对比在"消极否定"的意象里被鲜明地凸显出来，是该类募捐倡议主要的道德化隐喻，建立

在"共谋"的逻辑基础之上（Singer，1972/2008：388 - 396；Wenar，2003/
2008：283 - 304）。

一方面，共谋的逻辑唤起了人们对西方殖民者的记忆。欧洲作为帝国统
治者曾经系统性地压迫远方他者，与这个"遗产"相伴随的是欧洲必须承担
的责任。这种历史共谋感在西方意识中以集体罪恶感的形式出现（Flynn，
1984：51 - 69；le Sueur & Bourdieu，2001：148 - 184）。另一方面，共谋的
逻辑让个体的观看者成为可怕场景的见证者，同时把观看者的不作为当成一
种个人失责。这种对远方苦难的共谋感变得日常和平庸，捆绑着羞耻感
（Ahmed，2004）。

在这个意义上，共谋的逻辑不仅是负面情绪的主要来源，同时也为这些
募捐倡议的道德能动性提供动力。它潜在的逻辑是不行动的原因是我们（西
方世界）拒绝承认我们在历史上和我们个人都参与了延续人类苦难的过程。
虽然这类画面主要引起愧疚和羞耻感，但它们不是这类"消极否定"式募捐
倡议的所有内涵。在它最强有力的表现中，共谋的逻辑可以把这些经常被认为
是内在的情绪转化为一种更为外向和浓烈的义愤情绪。因此，这里共谋的社会
关系可以产生政治意义：如同在革命式团结中，个人的情绪被外化为全社会
共同的情感（Boltanksi，1999：61 - 63）。相应地，迫害者也被客体化为不公
平的权力结构，而道德能动性则与追求社会正义的必要性联系在一起，例如，
某国际组织在 20 世纪 90 年代早期的运动口号就是"让愤怒变成行动"。

毫无疑问，内疚和义愤是两种不同的情绪，它们的不同很关键，可以帮
我们区分非政治化的行动与政治化的行动主义。内疚情绪导向更为私人、以
慈善捐赠为主的行为，而义愤情绪则容易产生针对不公平的集体抗议。但是
这种区分承认了在依赖共谋的逻辑而形成的所有道德化策略内部都存在紧张
关系。批评家指出，这种"消极否定"式募捐倡议试图通过引发内疚、羞耻
或者义愤来把宏大情绪转化为行动。但是在目标观众心中，这样的做法至少
部分地把迫害者转化成了潜在的捐赠/捐助者。正如对帝国主义的批判指出，
作为西方殖民史遗产的受益者，我们虽然不情愿却实实在在地参与到了再生

产西方与全球南方之间的权力关系的制度性惰性中。在这个意义上，内疚和义愤一起体现了道德能动性的矛盾：一方面，它承认这样一个前提，西方观看者——无论是集体还是个人——是造成世界贫穷的共谋者；另一方面，这种权力关系既是道德能动性发挥的基础，也是它试图揭露和纠正的目标（Hattori，2003b：164-165）。这种"消极否定"的意象试图在那些观看的人与那些受难的人之间建立的这种不道德的距离感，非常精准地捕捉到了这种道德能动性的暧昧和矛盾，让西方这个造成世界不公的迫害者变成消除世界不公的救星。

而同情疲劳或者所谓的"我之前见过"综合征就是对"消极否定"意象的常见反应（Moeller，1999：2）。这些反应虽不见得直接来自对情感述行的批判，但是却实实在在地反映了两种更现实的风险："旁观者"心理和"回旋镖"效应。前者指的是人们对他人的苦难无动于衷或者不情愿行动起来，以此来应对源源不断的负面情绪，因为这些情绪最终会让人们觉得自己什么都做不了。正如科恩（Cohen）所说的，"这是一种对事情感觉到绝望或者难以理解的感觉，它让我们无法思考"（Cohen，2001：194）。后者指的是人们义愤填膺的对象并不是想象中的坏人，而是这些一直在生产内疚情绪的宣传活动本身。"它们不停地用各种材料轰炸你，让你感到悲惨和内疚。"（Cohen，2001：214）这些潜在的风险非但无益于培养有利于社会团结的道德行动者，反而会破坏这种教化作用。

总而言之，"消极否定"式募捐倡议以调动内疚和义愤情绪为特征，通过现实主义意象把苦难表征为一种"赤贫生活"，来保证其"真实性"，并通过共谋的逻辑来培养西方公众的道德感，但是同时面临着产生同情疲劳和冷漠的潜在风险。

"积极正面"式募捐倡议

"积极正面"式募捐倡议其实是对"消极否定"风格的回应。虽然它也通过调用摄影现实主义美学来保证其展示的苦难现实的真实性，但是区别在于这种风格拒绝把受难者表现为受害者，而是强调他们的能动性和尊严。

　　从国际计划组织的海报（见图 3 - 2）中，我们可以明显看出这种风格的两大关键特征：第一，受难者的个性化，即关注不同的个体，并且将其描述为行动者，比如参与到发展项目中；第二，捐助者的个体化，即突出每一个个体都可以为改善受难者的境况做出具体的贡献，比如资助儿童[①]。所以，在这些募捐倡议中，捐助者取代施害者成为唤起人们感情的核心角色，形成一种充满"同情、温柔和感恩"的新的情感述行（改编自 Cohen，2001：216 - 218）。

图 3 - 2　国际计划组织的海报（1993，Plan/Adam Hinton）

---

　　① "个性化"和"个体化"的英文原文分别为"personalization"和"singularization"。前者指的是让受难者成为一个个具有辨识度、富有个性的个体，而不再是面目模糊不清的群像或者抽象的存在；后者强调的是单数，即号召捐助者作为个体而不是以某种集体身份参与进来。

这种情感述行的道德功能并不依赖于共谋，而通过"感觉平衡（sympathetic equilibrium）"的交际逻辑来实现，即在远方受难者与作为潜在捐助者的观看者之间形成回应式的情感平衡（Boltanski，1999：39）。具体地说，这种苦难的意象会巧妙地传递出受难者对观看者的感激，因为观看者"被设想为"将会帮助受难者减轻苦难的捐助者。而捐助者则对这些感恩的受难者投入同理心作为回报。

实现这种平衡的第一步是对受难者的个性化。照片里咧着嘴笑的小孩，或者是儿童助养项目中那些充满感激的文字，又或者是义工们充满深情的见证，都旨在传达捐助者与受助者之间良好的互动。在这里，对双边情绪的调动不仅赋权于受难者，让其发出声音，而且进一步激发了捐助者的"模态想象（modal imagination）"①——我们承认处在不幸中的他人是和我们一样的人，而这种人性正是在"消极否定"式募捐倡议中缺席的。实现这种平衡的第二步则是对捐助者的个体化，即强调我们是可以做出实际贡献的个体。这就是这种风格赋权于观看者的方式：通过展示我们的所作所为是如何引发具体而真实的改变的。

从这个意义上说，"积极正面"风格的道德化策略试图产生一种新形式的能动性，避免"消极否定"风格的弊端：人们对远方苦难的无力感（"旁观者"心理）和对负能量式动员本身的抵制（"回旋镖"效应）。然而，很重要的是，这些交流实践也与人道主义项目的干预主义密切相关。干预主义在20世纪80年代中期之后逐渐取得了新的文化领导权，人道主义已经不再仅仅局限于救助，而是将进步需求也纳入其中，着力于为改善弱势群体的生计提供规划路径。而这类意象及其所传达的愿景是这种趋势不可分割的一部分；正如1989年图像委员会所说的，不能脱离干预主义式方法来讨论视觉表征和认知问题[1]。

---

① 模态（modal）是一种逻辑，其中谓词以某种限定来肯定主语，或涉及对可能性、不可能性、必然性或偶然性的肯定。这里用来指想象的可能性。

虽然这些景观试图为我们更真切地理解全球分裂版图的复杂性提供路径，但是它们还是隐藏了其中一些关键的板块，这最终限制了干预主义项目促进可持续社会变革的能力。这些缺席的板块既包括人道主义的新自由主义工具化以及伴随而来的市场化，也包括"新人道主义战争"（Hattori，2003a，b；Cottle & Nolan，2007）。

正如内嵌在发展项目中的权力关系一样，在这些充满希望和命运自决的景观中浮现出来的社会关系被西尔弗斯通恰当地描述为"不道德的认同感（immorality of identity）"（Silverstone，2007）。在这里，"不道德"是指掩盖观看者与受助者之间的根本不对称性，同时用"我们"的规范同化"他们"的不同之处。在这个意义上，强调同一性是不道德的，这就是布迪厄（Bourdieu）所说的"误认"的典型例子，即通过微笑儿童的画面委婉地遮蔽系统性的权力关系（Bourdieu，1977：183–197）。

正如我们已经看到的，在这种"积极正面"的募捐倡议中，误认的核心就是利用感恩和同伴之爱的道德化策略。感恩的情感与同理心辩证地结合在一起，通过"感觉平衡"的逻辑，让礼物在不平等群体之间确立了一种社会关系：就像在发展项目中那样，受助者接受的帮助是一种没有回报可能性的礼物，这使得感恩的受助者与慷慨的捐助者的责任和义务联系在一起。同时，西方世界的慷慨和善良也将捐助者团结在一个美德的共同体之中，在这里，西方从对远方他者的同伴之爱中获得一种自恋的自我满足感（Hattori，2003b）。在这类意象中，道德的能动性充满暧昧和矛盾。人们在批评这类募捐倡议的述行性的时候，经常将焦点对准其道德能动性问题，认为它一方面看似通过尊严和命运自决的话语赋权远方他者，另一方面却在去权，在西方自我认同和能动性的话语中挪用"他者性"。

这里对"不道德的认同感"的批判主要针对的是善意的情感如何成为权力工具，即让他人永远被固化为"我们"慷慨帮助的对象。同时，这些批评也反映了误认存在的实际风险，它使得人们日益对这种"积极正面"风格产生同情疲劳。首先，这些风险来自对"正在采取的行动"的误认，这些行动

经常被误认为可以一劳永逸地解决发展中国家的问题，因此导致人们可以以
64 "一切都已经得到照顾"为由而不采取行动；这就是我们所说的对系统性不公
平关系的误认（Small，1997：581-593）。其次，我们还很有可能把这些微
笑的儿童面孔误认为像"我们的孩子"一样，认为"他们并不是真正需要帮
助的孩子"，以此不作为。这些关于差异和认同的社会关系在"积极正面"式
募捐倡议中被遮蔽（Cohen，2001：183-184），以致容易被误认，因此这些
误认的风险内嵌在"积极正面"式募捐倡议里，非但不能动员人们对弱势他
者采取行动，反而会加深同情的危机，并让人对苦难景观产生怀疑："我怎么
知道这是真实的？"对类似这样的问题的敏感会消解摄影现实主义的本真性，
让公众更加怀疑媒体操纵了苦难的意象（Cohen & Seu，2002：187-201）。

总之，"积极正面"的意象以仁爱的情感述行为特征，借助现实主义的苦
难美学来保证真实性，试图通过感觉平衡的逻辑以及同理心和善良的情感来
培养西方的道德感。但是这类图像由于无法消除人们的怀疑，因此和"消极
否定"风格一样，也会产生同情疲劳。

以上围绕募捐倡议的历史争议可以让我们更加清晰地看到这一类型的戏
剧性悖论。尽管现实主义的摄影试图展示人类的脆弱性，但事实上其本真性
却无法维持其对苦难真相的所有权。同时，尽管义愤和同理心这些宏大情感
具有道德化力量，但是它们也无法一直保持其团结主张的合法性。

那么，在我们面前的是两种最为本真的展示远方苦难的方式：令人震惊
的赤贫和充满希望的自助自决。这两种风格的戏剧结构则悬停在两种不可能
的公共道德，即不道德的距离感与不道德的认同感之间。前者激发负罪感和
义愤的情感述行，引发我们的行动，但是这些负面的情感把我们的行动与全
球不公正的共谋者捆绑起来，容易引起严重的同情疲劳和冷漠。而后者通过
激发感激和善良等情感来劝说我们行动，但是这些积极的情感把我们的行动
与把发展当成不求回报的礼物的观念绑定。而这种发展观念十分可疑，不仅
掩盖了权力的深层不对称性，还会使人们拒绝承认行动本身的必要性，因为
行动可能是不必要的，甚至是不真实的。

反思式募捐倡议

65

募捐倡议类型反映了前面两章所讨论的人道主义传播的悖论。但是在这个充满矛盾的领域，试图合法化的努力一直在持续着。苦难的现实在不同的现实主义范例中被表现出来，同时不同的情感机制被调用，但是这些努力都没法克服其悖论，没法不把苦难解释为——借用博尔坦斯基的话——"在任何时间范围内"真正的情感和行动缘由。

沿着这种内在的不稳定性，我接下来讨论一种新涌现出来的风格，它虽与前两种风格并存，但是在述行性和能动性这两个方面表现出极大的不同。首先在述行性方面，其本真性策略不再重复摄影现实主义的逼真性，而是将这种现实主义风格当成问题。其次在能动性方面，之前的风格把同情当成行动的动力，并调用相关的情感，如罪恶感和义愤或同理心和感激。但新风格的道德化策略则与这些情感做了切割，不再试图通过解决募捐倡议的悖论来合法化社会团结的主张，相反试图把这些悖论当成我们思考和反思的对象。

我认为这种反思式风格让一种新的团结秉性成为可能。它使得我们对苦难采取的行动不再依赖于宏大情感，邀请我们依靠自己的评判来决定这样的行动是否可行或者必要。接下来，我以联合国世界粮食计划署（《无米之炊》，2006）和乐施会（《身为人类》，2008）的例子为基础，依次讨论它们的美学品质和道德能动性。

美学品质：反思式述行性

贯穿这两个案例的一个美学特征就是符号并置，即在每个案例的意义生成系统中都有不同元素的对比（Jewitt & Kress，2003）。具体说来，每一个文本都由多种特定的形式并置而构成：（1）在联合国世界粮食计划署的《无米之炊》中的口语和视觉模式；（2）在乐施会的《身为人类》中的文本时空和物理时空。

　　联合国世界粮食计划署的《无米之炊》募捐倡议（宣传见图3-3）依赖于语言与图像之间的对比。在视觉层面上，这是一组以一个非洲家庭为主导的镜头，聚焦于妈妈如何做饭和哄孩子睡觉。这组镜头渲染了一种"普遍的（universal）"日常家庭生活的氛围。轻柔的旁白正描述着食谱，进一步强化了这种寻常的家庭氛围，但同时正如"无米之炊"这个题目所暗示的，旁白将画面置于一个不同的意义框架里：这个食谱其实是一个哄孩子睡觉的老伎俩——在锅里煮着石头，却让孩子们带着对晚饭的期待入睡。接下来的旁白还把它与我们熟知的"阿特金斯减肥法"① 的效果进行对比，然后在结尾处来了这么一句："你知道吗，它是如此有效，每天都有2.5万人因无米之炊而被饿死。"此时镜头转向了直视镜头的非洲人民，熟悉的家庭氛围被更为传统的意象取代：非洲人民排列成一整排，又变成了沉默的、供我们思考的形象。最后一幕则是联合国世界粮食计划署网站的捐赠地址 www.wfp.org/donate，巧妙地邀请观众前去捐赠。

图3-3 《无米之炊》宣传画面（2006，WFP/Marcelo Spina）

---

　　① 曾经风靡欧美国家的阿特金斯减肥法是一种严格控制碳水化合物摄入的节食减肥法。

　　画面和语言的并置是这个募捐倡议的核心，有效地把西方的饮食话语置于非洲饥荒的语境下，以此鲜明地突出了贫困生活与富足生活之间的落差。这种对比的修辞效果就是巴赫金（Bakhtin）所说的"悲剧反讽（tragic irony）"——通过"他们"和"我们"的双声道"复述出"我们文化习性的荒谬感（Pateman，1989：203-216）。与"消极否定"式募捐倡议的现实主义不同，这种具有讽刺意味的"双重声音"并不是想让我们看到非洲穷人中极端的他者性，而是利用"文化陌生化"的策略，把我们的文化放置在非洲人民为日常生存而挣扎的背景之下，让我们看到自己文化的另一面[2]。

　　乐施会的《身为人类》则是另外一种形式的并置：时空的陌生化（Holquist & Kliger，2005：613-636）。这个来自巴赫金的概念指的是通过对时间和空间范畴的处理，使得我们日常生活中最熟悉的空间（例如街道、当地商店或广场）的图像变得陌生，呈现为供我们思考的对象。这个案例通过一名老市民的故事引出我们对弱势他者采取行动的必要性（见图 3-4 和图 3-5）。一开始，各种灾难新闻报道和电视画面充斥这名老妇人所住社区的各个街角，但是她对此无动于衷，然而到了最后，她意识到这种冷漠对她自己的生活所造成的后果，于是在广场上和其他伙伴一起对抗"不公平"这个怪物。当他们都"张口反对（speak out）"这个怪物的时候，五颜六色、色彩变幻的烟花喷薄而出，并包裹整个地球，以此作为结尾。本片唯一出现的文本语言是"身为人类"的口号，伴随着乐施会的品牌标识和联系方式（数字文本和网站地址）。在这里，时空的陌生化是通过动画的美学来实现的。片中以卡通风格的方式呈现了像"我们"这样的人，虚构了"我们的"日常生活背景，使我们能够反思拒绝承认社会不公平带来的后果。

　　只要这些募捐倡议仍然要通过苦难意象的认证力量来构建人道主义事业的动力，它们就不会在交际实践中放弃对真实性的追求。然而它们不再使用"消极否定"和"积极正面"风格中的摄影现实主义作为真实见证的工具，转

图 3 - 4 《身为人类》宣传画面一（Oxfam，2008）

图 3 - 5 《身为人类》宣传画面二（Oxfam，2008）

而依赖自觉的文本性（self-conscious textuality）[1] 作为另类的美学选择来展示苦难。各种形式的符号被并置，引发了我们对远方的苦难的深思，并成为那些我们熟知的广为流行的类型（募捐倡议）的新内容。它还提醒我们，现在我们直面的不是苦难的现实，而是其表征方式。

---

① 参见第二章注释。

道德能动性：短暂的承诺

新风格的募捐倡议在美学品质上与早期风格做了切割，同时它们在道德化策略上更进一步地分道扬镳。二者重要的区分在于：在早期风格中，苦难的超级现实主义表征是被假定能够转换为行动；而如今基于真实可信的苦难形成的情感联结已经不再被认为是促进社会团结的必要条件了，看见别人的苦难不见得就能够引起行动（Cohen & Seu，2002：200‑202）。那么，在自觉美学风格的影响下，新型募捐倡议的道德能动性具有什么样的特质呢？这就是接下来内容的两个焦点：行动的技术化和动机的去情绪化。

行动的技术化

第一章描述了人道主义的技术化进程。与此相一致，新型募捐倡议的一个关键特征就是，行动方案简单便捷：点击一下你的鼠标。在此募捐倡议中，只需要在 WFP 网站地址后面加一个"/donate"，就可以把用户引导到捐赠的网页中去。在这里，技术的使用大大地简化了观看者/用户对人道主义事业的参与方式：我们所要做的仅仅是点击"签署请愿书"或者"捐赠"链接。而这些简化包含着两个维度。

第一个维度的简化是指互联网成为主要工具，被用在对远方苦难采取的公共行动中。网络行动主义经常被认为是新民主政治的催化剂（Bennett，2003）。它的两个特征——速度和现场干预——在这里已经成为解决人道主义情感机制失灵的关键。早先我们讨论过，支撑人道主义动机的宏大情感在任何时间段内都具有不可持续性。而如今，行动的简化不仅是不可避免的，还是人道主义传播技术化之后的一个理想化的解决方案。如果说，其他公共行动还需要集体和持续的行动主义支撑，那么这种与技术相结合、不费时的参与方式则显示出了人们对行动直接、不费劲的期待。由于直接、不费劲也是当代消费主义最为突出的特征，因此这种期待在人道主义的道德想象实践中越来越流行，并由此产生了一种"酷炫"行动主义（"cool" activism）。参照麦克盖根（McGuigan）对"酷炫资本主义"的定义，"酷炫"行动主义是一种强调不费劲、直接和即时满足的生活方式，试图通过高科技和"酷炫"的商品带来的快感，以及承诺满足他们的每一个愿望来诱导公众，尤其适用于那些特立独行和有些叛逆调调的人（McGuigan，2009：124）。

第二个维度的简化指的是缺乏任何合理化行动的理由，回避"为何我们的行动很重要"这个问题。之前的两种风格都要借鉴普世道德，比如通过唤起西方对世界贫困的责任意识或者促使人们承认弱势他者的权利来激发行动，而如今的新型募捐倡议则完全放弃调用普世道德。

相反，新型募捐倡议试图宣传的是机构品牌本身。正如我们所看到的，联合国世界粮食计划署的网站地址成为所有募捐宣传片中唯一的文字材料。之前以情感为导向的募捐倡议试图告诉公众应该如何感受，但是它同时蕴含着风险，容易催生玩世不恭、同情疲劳和怀疑的情绪。为了避免这样的风险，当前的风格则通过大写特写这些机构的"品牌效应"，即稳固的机构形象和国际声誉，来推动行动（Arvidsson，2006；Slim，2003）[3]。也就是说，它们策略性地用品牌认知来取代道德劝诫，因此把将苦难当成行动动机的推销行为变成对人道主义机构本身的认同的隐形投资。可见这种新兴风格受到了企业品牌营销实践的启发（Vestergaard，2008）。品牌营销被认为是最为有效的企业劝服方式。它是通过省略来实现的，即不通过言语的论证，而是通过品牌的"光环"来维持产品与消费者之间的关系（Arviddson，2006：73 - 94）。

在这样的原则下，事关苦难的品牌营销不仅放弃了视觉现实主义和宏大的情感，也不再询问我们为什么，这样它就可以被编织进联合国世界粮食计划署或其他组织的现有资源中。它让精通消费的公众作为品牌意义的主创者自己去感知这些募捐倡议所倡导的社会团结。这种高度技术化和以品牌为驱动的传播交流实践带来的一个重要结果就是改造了反思式募捐倡议中苦难的情感述行性。

动机的去情绪化

前面的两个案例都不可避免地传达了对苦难的某种情感倾向，因为如果不调用情感，那么任何行动诉求都不可能合法化。这些情感倾向依赖传统人道主义传播中的情感机制，即愧疚、羞耻和义愤或者同理心和感激。但是它们并不召唤这些机制作为直接情感来激发行动，而是将其作为反思的对象。

《无米之炊》借助的是具有讽刺意味的陌生化。这是一个以高度自觉为特征的文本性比喻。它把西方人的减肥节食与非洲的食不果腹戏剧性地对立起来，呼应着鲍勃·盖尔多夫（Bob Geldof）的话："在一个朱门酒肉臭的世界里依然路有冻死骨，这是多么荒谬啊！"（Geldof in Youngs，2005）在这里，募捐倡议再也不是依靠直面受难者的画面来引起对他者的关注和思考，而是让生活在富足世界中的我们对习以为常的生活习惯产生距离感，从而引起对自我的思考。虽然非洲人民在最后的画面中直视镜头，传达了一种类似"消极否定"风格中的那种被压制的愧疚感，但是这里的非洲人民不像之前那样以"赤裸生命"的状态出现，所以这种反讽式的自我反思并不试图通过揭露极端恶劣的生存境况来让我们感到震惊，而试图让我们窥见不公平的荒谬性——它一直根植于我们生存境况的中心。

《身为人类》则使用叙事的陌生化策略来挑战一系列理所当然的假设：我们在哪里以及我们如何在世界中定位自己。它进一步使用卡通动画来实现两个转化：无形概念——不公平——的可视化，以及对物理身体——受难他者——的隐形化。片中将不公平这个怪物消解在一片烟花之中，在"我们/善良"与"它/邪恶"这样简单的二元对立斗争中解决了不公平的问题：消解了公平本身的意义，同时让受难他者完全隐形（受难他者只在片中"灾难新闻"的报道中出现，是一种媒介中的媒介）。这可以解决同情疲劳问题，因为它避免了西方直面受难者并专注于西方行动者的生活方式。以此，叙事的陌生化以这种方式邀请我们反思性地与自己对话，进而探寻"人性"，但同时它也把"我们"与弱势群体之间的距离最大化，我们如何"身为人类"与弱势群体的存在毫不相关。

综上所述，宏大情感的情感述行转变为讽刺性陌生化的反思式述行。这种转变表明了募捐倡议类型在本真性策略上的根本性变化。而它们试图合法化的团结倡议也随之发生裂变。正如我所论述的，这些倡议把宏大的情感折射进被我们称为"低情感密度"的情感体制中。这个体制虽暗含了对苦难的经典情感反应，但并不太会激发或者实施它们。愧疚、自我牺牲和坚定的行动主义虽然还会出现，但不是作为团结的宏大叙事的一部分，而是成为这些叙事的各种碎片，从原来的语境中被剥离出来。这让观看者的心理世界成为一个潜在的陌生化和自我反思的领域。因此在下一节，我将在"后人道主义公众"这一部分反思这种新型能动性的本质，在"团结或自恋？"这一部分考察当今社会团结是如何成为可能的。

73

反思式募捐倡议和真实效应

通过考察过去 45 年的募捐倡议的情感述行，我们可以明显地看出各种交际实践是如何在人道主义想象中生产出真实性的。募捐倡议借助同情政治的戏剧结构，通过展示人类的脆弱性来唤起我们对远方受难者的情感和行动。长期以来，募捐倡议都借助情感的述行性把苦难呈现为确定的真实，同时通过激发愧疚和义愤之情或者善良和同理心来驱动我们行动。

在这个意义上，从情感述行到反思式述行的转变不仅仅意味着从现实主义到自觉的文本美学的转变，更意味着想象实践在传播结构上的根本性转变。早前的戏剧结构让"我们"和"他们"的相遇，成为在西方培养社会团结秉性的必要条件，如今则转向了"镜像"结构。在这里，苦难和它的正当性一并缺席，我们只能看到自己的形象，并以此理解社会团结。戏剧性在社会想象中的撤退意味着什么呢？我的结论是意味着后人道主义公众的出现。他们是拥抱社会团结新道德的公众，在技术化行动主义与自我陶醉的自恋之间徘徊。

后人道主义公众

"后人道主义"被我定义为一种公共秉性，它拥有低密度情感，其想象力建立在技术基础之上，具有即时满足和无需理由等特点。这个概念指明了我们的情感是如何日益地从其产生的语境中脱离出来的。也就是说，情感日益与直接的主观经验（以及现实主义审美）分割，被植入技术化想象的语境中，把自己变成自我反思和规训的对象。虽然后人道主义依然依赖现实主义的表征（关于穷人、伤员或者将死之人），但是其关键特征恰恰在于把对苦难的观看与感受之间的必要关联松绑，所以也不再把我们对受难者的感受同对苦难的行动关联起来。因此，这种交际结构的核心是一种独特的主体性，用梅斯特罗维奇（Mestrovic）的话来讲就是，"后情感社会的个体（the post-emotional individual）"会从媒体和网络空间中获取信号来知晓什么时候该展示情感，从而选择表现出一种替代性（vicarious）的义愤、善意或者其他预先打包好的情绪。对梅斯特罗维奇而言，这些情感"招之即来，挥之即去"，因此，"无法同真正的道德承诺和有意义的社会行为相结合"（Mestrovic，1997：xi‐xii）。

这种"替代性"情感导向的核心要素是社会团结道德观的具体化（particularization）①。之前，社会团结是建立在共同人性的道德观上的，从而能够激发宏大的情感和长期的承诺。而如今苦难日益与这种道德观分割，转而依赖个人化的需求来驱动网上的行动。这种道德观容易"招之即来，挥之即去"。由于新型募捐倡议的特殊主义与早期的普世主义之间存在强烈的对比，因而后现代人道主义容易被批评为将苦难商品化。其倡导的社会团结要求最少的情感参与、最少的时间付出，以及缺乏长期的承诺，因此经常被指责为

---

① "particularize"原有单独或详细地对待的意思，这里指不再依赖普世化的道德观，而是将其具体化、个性化。因此，这里根据语境，译者将"particularization"和"particularism"分别翻译为"具体化"和"特殊主义"。

在推广企业品牌而非正义（Mestrovic，1997；Cohen，2001）。

然而，这种批评所忽略的是，先前的募捐风格也包含着政治目的与市场需求之间的紧张关系——在提高认识与筹集资金①之间摇摆（Lissner，1979）。实际上，如之前所讨论的，政治的主导概念将公共行动的合法性与情感的产生联系起来，本身并没有与经济利益相分割。相反，"消极否定"和"积极正面"式募捐倡议也都直接被包含在关乎劝服的市场逻辑中，因为它们也在试图通过情感的传达来为自己的目的服务。因此，无论是消极情绪还是积极情绪，其优势都是把政治激情同市场战略结合起来：政治激情为社会团结服务，市场战略则使机构品牌合法化。

而后人道主义与20世纪70—90年代早期人道主义情感述行之间的根本性差异在于募捐倡议为确保其合法性所使用的原则：前者是道德普世主义，后者则是反思式特殊主义。从这个角度来看，在今天的募捐倡议中，人道主义的动机被具体化，这应被视为对以情感为导向的募捐倡议的一种市场反应——以情感为导向的募捐倡议都借用普世道德来动员情感和行动。具体说来，身处不幸的人或被描绘成无能为力的受害者，或被塑造为有尊严的行动者。前者通过"消极"的方式激发一种关于正义的普世道德感，但却最终剥夺了不幸者的人性。后者则通过"积极"的方式激发一种关于同情的普世道德感，但却把受难者错置在一个像"我们"的世界一样的世界里。而正如我们所看到的，这两种形式的普世主义都不能一直维持对苦难采取公共行动的合法化诉求。

从这个角度来看，与其说是后人道主义风格把募捐倡议商品化了，不如更有生产性地认为后人道主义风格改变了募捐倡议商品化的条件。早期的募捐动员是在道德感富足的语境下调用情感和普世主张的，在这个语境下，每个人原则上都能以不受限制的方式去感受远方的苦难并加以行动；而后人道

75

---

① "提高认识"和"筹集资金"的英文原文分别为"awareness-raising"和"fund-raising"，后面的一个单词相同，中文翻译无法体现出来。以下同。

主义的募捐动员则是在道德感稀缺的语境下进行的，"在这里，任何行动者的情感支出都要以牺牲另一种情感作为代价"（Gross，2006：79）。

如今各种道德主张正在激增，它们虽具规范性但缺乏本真性，且公众对远方他者的感受和行动能力是有限的。对这种张力的认知正是国际非政府组织品牌化以及后人道主义公众形成过程的关键。不是和苦难的情感联系，而是传播交流行为本身被推到前台，以此新风格承认同情疲劳并不是因为人类的苦难大大超过了个体的感知和行动能力，而是因为那些号召、组织我们对苦难进行感受和行动的普世道德主张太多了。

团结或自恋？

现在我们可以回到人道主义想象的合法性问题上来。我认为可以将后人道主义理解为对同情危机的具体回应，即通过诉诸品牌营销的市场化实践来寻求恢复募捐倡议的合法性，把对苦难采取行动的前提技术化和具体化，并使这种行为与道德观无关，而在这之前，道德观一直是对苦难采取公共行动的首要元素。

因此，后人道主义为公共能动性提供了一种替代性版本——其政治含义含糊不定。这种风格激发的是低强度情感，提出的行动倡议则"净化"了原有团结动员中的情感成分，引入自我反思作为社会团结的新理由。这样一来，后人道主义进一步凸显了个人的力量，淡化了集体行动在改变弱势群体生活方面的作用。这种形式的能动性其实体现了消费文化把政治领域消解为对颠覆性技巧的日常操弄，如通过并置各种类型的符号游戏般地完成陌生化策略。以这种方式，后人道主义挑战传统形式的能动性时，不再需要把自我融入更为高尚的事业进程中，而可以优先考虑自我快感，并让它作为一种更有效的方式来对远方他者采取行动（Hartley，2010：233-248）。

但是同时，因为后人道主义的情感机制借助我们个人的情感资源而不提供行动的理由，所以后人道主义不可避免地冒着延续西方自恋主义的风险。这种文化倾向会把远方的苦难限制在个人经验的领域中，让自我的情感成为全球苦难的衡量标准（Sennett，1974：324；Illouz，2007：36 - 39）。后人道主义通过"镜像"结构的投射，让我们可以拉开距离反观自己，以此希望引发我们对远方他者的行动。但是在这里，人道主义想象所承担的道德教育功能却被遗忘了，我们本应该被推出舒适区域，以此来理解何为"人类"，以及这个问题对我们采取行动的重要性。也就是说，我们需要认识到，比起那些像"我们"一样的人，我们只有联合那些在历史上被系统性忽略的人，社会团结才会更具相关性和有效性。

所以，后人道主义虽然可以暂时地动员人们行动起来，但代价却是不能更深层次地理解人道主义行动为何重要，因而无法成为道德教育的推动者。这样一来，这些募捐倡议虽然精确地诊断出了道德感稀缺的症结，但是并没有挑战根植于其中的不公平的历史模式，反而强化了不公平。因为不再关心人道主义行动召唤的合法性问题，这些后人道主义募捐倡议反哺了一种主导的西方文化，在这种文化中，人们在对"我们"自己的苦难过度情绪化的同时，对远方他者的苦难无动于衷。

结论："酷炫"行动主义的暧昧与不确定

本章梳理了募捐倡议的历史轨迹。在传统上，它们通过把苦难景观作为情感和行动的来源来合法化其对社会团结的号召。募捐倡议利用现实主义的意象来保证苦难的真实性，调用同情、愧疚和善良等情感来作为社会团结的动机，但这些都只能暂时地，而无法从根本上一劳永逸地解决人道主义的戏剧悖论。

而在当代，面对这种（不可避免的）失败，想象的戏剧结构直接被放弃，取而代之的是一种自我导向的反思式参与。它根植于募捐倡议的反思式述行中，和自我拉开距离，可以被视为对公共疲劳的一种积极承认，即公众已经厌倦了以共同人性为基础的普世主义。但是，它同时也把企业品牌推广的逻辑纳入社会团结的道德观之中。这种充满暧昧的逻辑用"酷炫"行动主义引诱我们待在舒适区中，既不提供任何关于我们为何行动的合法化理由，也不给予我们任何机会去直面弱势他者的人性。因此，反思式述行既提供了关于新的团结的承诺，也蕴含了掉入自恋陷阱的风险。只要我们与他者的关系是通过对"自我"的想象完成的，社会团结就绝对不可能变成承诺。它将永远只是一个提醒我们"身为人类"的模糊且自我满足的提示符。

第四章　名人公益

导论：作为专业表演者的名人

如果说募捐倡议借助反思式表演来解决人道主义想象的悖论，那么名人公益则使用了不同的传播资源——二者起到了类似的效果。如今，我认为名人公益也在培养后人道主义公众。然而，情况一开始并非如此，本章将会梳理关于这一转变的故事，将名人公益置于人道主义想象的争议和变化的历史轨迹中。

自19世纪以来，有道德使命感的明星、名人就一直致力于减轻苦难。名人人道主义，即好莱坞的偶像和摇滚明星冲到人道主义项目的最前沿，从出现到现在还不到一代人的时间（de Waal，2008）。然而在这短短的时间内，名人已从"无能为力"的精英（Alberoni，1962/2006）转变为联合国和国际非政府组织的官方传播策略的一部分，以及重要私人项目的资源（Bishop & Green，2008）。这些变化不仅将名人提升为强大的精英（Marshall，1997），也在转化着贫困治理以及西方公共行动的前提（A. F. Cooper，2007；Cmiel，1999）。

针对全球政治出现的名人赋权现象，理论界已经在以下几个方面进行了相关讨论：(i) 公众对官僚治理机构信任度降低（Marks & Fischer，2002）；(ii) 市场营销和娱乐业对政治的渗透（Nash，2008；Littler，2008）；(iii) 人道主义机构的政策重点转向了企业传播模式（A. F. Cooper，2007；West & Orman，2002）。以这些观点为基础，我并不是要去解释名人人道主义的兴起，而是将这种人道主义想象作为西方公众的道德化力量，并试图理解其转变所带来的影响。

为此，我从明星、名人使用的本真性策略出发，即她或他是如何通过其所谓的专长来表现道德话语，以此深深地触动我们的心灵和思想的。我认为，这种专长让我们聚焦人道主义内在的戏剧性，即将远方的观看者与在援助现场的行动者分开。尽管在这种戏剧式安排中明星或名人可能是理想的表演者，但我们依然要警惕名人人道主义出现的两种新特征：第一，人道主义政治与商业道德之间关系日益紧张，这与新的企业家资本主义精神相互呼应，让个人外交取代公共行动（Boltanski & Chiapello，2005）；第二，人道主义伦理过度情绪化，这与后人道主义情感相呼应，不再探究苦难及其原因，转而关注名人及其粉丝公众①。这些新特征凸显了当代人道主义的一个主要局限，即过分依赖名人本身的本真性，从而破坏了戏剧进行道德教育的功能，并最终再生产了一种自恋式团结，使人们沉浸在自己的情绪中不可自拔，而不是为受难他者行动起来。

戏剧，明星、名人，本真性

因为我本身拥有的这点知名度，所以我上电视、接受采访，或者筹集善款、参加上百个义演……这就是我的一些专长，能用来为孩子们做些事情。

——奥黛丽·赫本，《基督教科学箴言报》采访，1992 年 10 月 5 日

---

① 此处英文原文为 "her or his publics"，指的是关注或对艺术家、作家、表演者感兴趣的人。根据下文的解析，名人人道主义赖以生存的一个重要前提是流行文化工业生产出来的明星光环以及粉丝文化和粉丝经济，因此译者在这里将 "publics" 翻译为粉丝公众，兼有粉丝（因共同兴趣集合起来的群体）和公众（为了特定公共利益联合形成的集体）两层含义。

名人：慈善公益舞台上的角色

作为联合国儿童基金会亲善大使，奥黛丽·赫本认为自己的使命就是提高苦难的可见度。她的描述抓住了人道主义的一个重要维度，即对景观/观看的依赖。在接下来的论述中，与其指责这种传播策略将苦难商品化，我更愿意强调人道主义与景观/观看之间的这种关系是同情政治所具有的戏剧特征。在前面的章节，我们已经提到这种政治观念起源于启蒙运动的道德普世主义，将为弱势他者行动的强制性要求视为现代性的主导道德秩序（Taylor，2002；Rifkin，2009）。虽然这种要求无法让西方公众为遥远的苦难直接采取行动，但是它却在日常生活中通过苦难景观/观看来培养西方公众的道德感并维持一种与非西方世界联合起来的秉性。正如我在第一章所论述的那样，把旁观者与受难者分隔开来既是道德教育的一种形式，同时也是使世界秩序合法化的一种政治手段，因此，它对于人道主义的戏剧表演至关重要。通过关于行动的图像和故事，戏剧能让我们将自己想象成世界公民——以道德的名义大声疾呼（通过抗议或请愿）和支付（通过捐赠）。

以此来看，名人是人道主义戏剧结构的一个重要方面，因为在人道主义想象中引入了一个新的沟通人物（communicative figure）。这个沟通人物可以在特定的历史时刻，调用必要的象征资本，将个人的行动倾向和感觉意向树立为公共模范（Dyer，1986）。比如奥黛丽·赫本的宣言就是"我发现，世界上充满了善良的人"和"我认为每个人都有同情心"[1]。或如安吉丽娜·朱莉所倡议的，"我不认为我与其他人有不同的感受。我认为我们都希望实现正义和平等，希望能有机会过上有意义的生活"[2]。这些都表明了名人如何设法传递一种能与所有人分享的启发式的团结表演。这不是那种"你应该帮助穷人"的说教式的劝诫，而是试图成为特定公共品质的"化身（impersonate）"：关心他人和具有责任心（King，2006：246-247）。在这里，"每个人"并没有被清晰地界定，这其实暗示了这些道德性情是名人及其粉丝公众身上业已存在的美德。这就是"启发"式表演。

成为利他主义的化身并不是在口头上说说而已，而是一个十分复杂的过程。它既需要依赖名人对其在人道主义事业之外领域的公众形象的管理，同时也需要依赖名人利用表演专长把苦难变成一种感人的道德诉求。这个过程指向的一个事实是，这种启发式表演在试图形塑社会团结秉性的同时，也传达了机构——它们授权对苦难采取行动，以联合国为代表（Alleyne，2005）——和那些远方受难者的声音（Magubane，2008）。

这种"多声部"的并存让名人在人道主义想象实践中成为一个多面向的沟通人物。一方面，她或他反映并复制了观看与行动分离的政治安排；另一方面，她或他又试图通过启发式表演来克服这种分离，将组织机构、受难者以及公众联系起来，并置在人道主义的社会关系里。

时任联合国秘书长科菲·安南（Kofi Annan）为实现联合国千年发展目标而提出的传播战略，清晰地阐述了这种启发式表演：

> 你来到这里是因为你希望那些人能够更多地了解他人的艰辛，并且因为你想鼓励他们为此做些什么……每当你的名字出现时[①]，都会引起政策制定者和数百万选民的广泛关注……当我们的各个角落和我们的事业中拥有许多像你这样的人时，我们就有更多的机会打破冷漠的壁垒。（联合国新闻稿 SG/SM/7595；2000 年 10 月 23 日）

上述表述反映了行动中名人与观看公众之间、"政策制定者"与"数百万选民"之间的戏剧式分隔，同时也将社会团结的化身，即启发式话语的表达当成了主题。这是人道主义的一个重要功能："你希望那些人能够更多地了解"并"鼓励他们为此做些什么"。这里隐含着戏剧作为道德教育者的观念，

---

① 这里的英文原文是"put your name to a message"。在英文中，"message"有宗教意味，指的是先知或传道者的信息，被认为受到了上帝的启发。在这里，这个单词指的是宣传的重点。这里为了语句通顺，"message"没有被直接翻译出来。而后文分析中又会提到"message"这个概念，分析具体名人是如何变成宣传倚重的信息的，于是译者根据这个意思，将"message"翻译成"名字"。

即它构成了一个表演空间，向公众展示了对远方他者应有的情感模式和行动倾向是怎样的（Williams，1973：225）。在这种人道主义教育观念中，至关重要的是名人的专长。专长不仅让名人在其粉丝公众面前成为这种秉性的化身，同时也放大了苦难的声音，从而让观众"看"到联合国所称的"他人的艰辛"以及"更多的机会"。

名人和本真性

然后，正如我们所讨论的，戏剧的逻辑不仅是道德教育的逻辑，同样也可能是市场的逻辑。正是借由与一个众所周知的"名字（message）"以及"像你这样的人"的联合，人道主义话语才能放大组织的力量，从而让联合国有"更多的机会"。正是这种关联式表征的逻辑把商业的维度引入名人的宣传中。从名人到"名字"的转移同时反映的是二者之间的交换价值。而名人极高的交换价值来自名人在全球文化工业（尤其是好莱坞的娱乐工业）中拥有的象征性力量。这种力量有能力把名气转化为合法的人道主义求助信息，比如"救救那些在索马里挨饿的孩子吧"。这其实依赖企业的品牌营销战略，即在不对等的"商品（goods）"之间建立象征性的等价关系，从而依靠其中一种商品既有的"光晕（aura）"来推广另一种商品（关于名人的商品化可参阅：Arvidsson，2006；Rojek，2001）。

如今人道主义领域普遍利用市场战略来支持崇高事业。因为正如安南所说，这种战略能够"广泛"地向公众传播。然而，这种意义的转移同时引发了对名人人道主义的怀疑（"这会不会成为只为行动者利益服务的另外一种奇观？"），同时也让本真性的悖论问题再次成为这种启发式表演的核心问题。人们一直在两种不同的态度之间摇摆：一种是对人道主义权力的普遍质疑，另一种是对名人权力的拥抱。然而这个问题目前仍未得到充分研究，正如有学者所说："尽管名人人道主义的可见度越来越高，但没有研究去探究其表征和真相主张。"（Yrjölä，2009：1）

我在本章的第一部分试图探讨的就是关于名人本真性的历史争议。我认为，对本真性的探究需要把名人作为一种交际实践来分析。在这里，我们要将台下与台上，即台下名人的利他者的形象（或者人设，"persona"）与台上名人为苦难代言、激发行动（或者人格化，"personification"），结合起来考察（King，1985/2006：230－235；244－246）。这种交际实践让我们注意到这样一个事实：名人的本真性并不反映在她或他的主张的真实性中，而是在团结秉性的启发式表演过程中产生的。在这种结构中，本真性策略的转变进一步暗示了人道主义道德关系的变迁。因此，我探究名人的本真性，就是希望能够厘清名人人道主义自出现以来在"还不到一代人"的时间里发生的转变，并反思其对提升西方公众道德的影响。

接下来，在"争议旋涡中的名人公益"这一节里，我将回顾关于名人公益的理论争议——其不成熟的规范性阻碍了对这个领域的转变的研究。然后，在"名人人道主义的述行性"这一节中，我将讨论如何对人道主义名人的本真性进行研究，即我的分析路径。在"人道主义表演的'不同时刻'"这一节中，我将对比两个重要案例：联合国儿童基金会亲善大使奥黛丽·赫本（1988—1993）和联合国难民署亲善大使安吉丽娜·朱莉（2001—2010）。这两人跨越一生的人道主义实践展示了在两个关键"时刻"，名人的本真性策略有着显著的差异。鉴于这些差异，我将在"名人策略和真实效应"这一节里审视名人带来的变化——可能也在助力改变人道主义的政治经济关系。最后在"结论：走向功利的利他主义"一节里，我将总结名人的戏剧化实践——试图沿着世界主义式团结方向来提高西方世界的道德感，但是依然具有局限性。

争议旋涡中的名人公益

历史上，关于名人公益在公共生活中的作用一直存在着不同的声音，这些争议可以被归结为怀疑话语和积极话语两大阵营。

怀疑话语

怀疑话语又可以被分为来自经验层面的质疑和来自理论层面的质疑两种形式。二者都视名人人道主义为启发式表演的不真实表达。

来自经验层面的质疑认为，名人人道主义作为新型国际行动者（transnational agency）的兴起其实是在弥补联合国或其他主要国际非政府组织的政治缺陷（A. F. Cooper，2007）。由于现有治理结构的不足，在名人的交际实践中，其"掩护"策略实际上存在着两种风险。

第一种风险来自在名人公益中被掩盖的事实，即复杂的政治现实可能需要复杂的解决方案。但名人公益缺乏较为复杂的人道主义政策，其推销的是不需要努力的方案以及"快速修复"的逻辑："行动的呼吁必须保持它的信息简单，由口号、图像和愤怒的需求来驱动。不幸的是，虽然最底层的百万人的困境有助于大家简单地提升道德，但解决问题的答案并非如此简单。"（Collier，2007：4）第二种风险是当名人成为人道主义事业中最受欢迎的声音之后，可能会扼杀多种替代声音，并设法"化解、消耗甚至扼杀更激进的抗议形式和政治动员"（A. F. Cooper，2007：13；Nash，2008）。显然，第一种风险涉及名人与其所代表的机构之间的关系，第二种风险则质疑了名人与其粉丝公众之间的关系。

84　　　　这两种形式的怀疑主义虽然有着不同的出发点，但都指出了名人人道主义缺乏合法代表性。只要一个人集中代表多个令人同情的形象，就很容易让人怀疑这个人是否有资格真正代表那些其声称自己在代表的人，因此它往往会加剧而非解决委托授权的问题："名人并没有被授权参与到全球政治活动中。这些名人不是被公众民主选举出来的，他们的合法性源自他们的个人信誉。"（Dieter & Kumar，2008：262）

而来自理论层面的质疑则将上面所说的经验性的怀疑主义放置在对帝国主义的批判中，谴责人道主义其实是一种权力的安排，认为它在同情的空间中再生产了系统性的不平等关系：积极主动的名人与被动的受助者。同样，这个论点也有两个维度。

一方面，它将名人人道主义置于"白人的负担"的新殖民框架中：西方人的美丽形象与非洲的穷人形象形成鲜明的对比，这其实延续了历史上传教士与土著之间的权力关系。无论是现在还是当时，后者都受制于前者的文明改造（Magubane，2008）。今天的名人人道主义延续着这种东方主义话语，不仅假设当地人是被动的，而且进一步美化西方主权的主体概念，即西方代表了无法言说自己的人，并以这些人的名义行事。以此，名人策略试图隐藏一个可耻的矛盾：在表现对"可怜的地球人"的关心的同时享受着占有稀有财富的特权。它其实掩盖了西方世界在不公正的全球体系中扮演的共谋角色（Boorstin，1961），而正是这种体系生产出了需要依赖发展式慈善（development charity）① 的"百万底层民众"（Littler，2008）。

另一方面，它将名人倡议置于对奇观的批判之中。在这里，名人策略体现了个人主义被商品化（commodified individualism）所做的虚假承诺：将个人主义视为社会变革的力量，幻想着通过个人来反对不公正结构（Marks & Fischer，2002）。这一论点其实复刻了早期对大众社会"人格崇拜"的批判。它揭示了人道主义名人只不过是超级个人主义意识形态的另一个虚假承诺，并让政治对抗屈服于少数行动者的"英雄主义"。对人道主义商品化的批评不仅表明公共集体主义的衰落（Boorstin，1961），还进一步认定名人人道主义其实已经成为演艺事业的"升华式传播（ecstatic communication）"，苦难变成了稍纵即逝的奇观，缺乏道德内容（Littler，2008）。

总之，对戏剧结构的怀疑呼应了之前对帝国主义的批评，认为名人策略只不过在一种新的东方主义形式下维持了正在行动的西方与"其他"受难地方之间的从属关系。同时，这种怀疑依然把戏剧当成奇观，认为它将行动的身体政治替换为"具体"的肉体。这些怀疑一起构成了对名人人道主义的戏 *85*

① "发展式慈善"指的是当前人道主义机构在全球南方的项目不再只以单纯救灾为目的，而是将可持续发展纳入其优先考虑事项之中，详见第一章内容。

剧批评，认为它只不过是一种虚情假意的人道主义（sham humanitarian-
ism）。然而，我觉得这种指责把人道主义固有的权力关系与同情戏剧结构下
特定的交际实践混为一谈了。不可否认，名人确实不可避免地嵌在人道主义
固有的权力关系中，同时名人公益也是独特的交际实践，是特定历史阶段权
力的具体表现。虽然名人不可避免地要被卷入人道主义想象的系统悖论中，
但我觉得我们必须摆脱怀疑话语中的概念谬误（"幻觉破坏"的谬误；Sayer，
2009），不能早早地谴责所有名人的慈善行为都是不真实的。相反，我们应该
把名人当作一种述行空间，考察这个空间是如何在不同的时间点释放出不同
的本真性策略的。与其把所有的真实主张都当成虚情假意加以拒绝，不如把
本真性看作为了保证苦难真相而不断变化的主张，这样我们才可以从人道主
义想象的历史话语中窥探到团结主张的变化。

积极话语

积极话语则避免了怀疑话语里的谬论，积极地对待名人策略的本真性问
题。但是正如我们将要看到的那样，它本身存在另外一种谬误。尽管积极话
语有着多种理论支持，但它还是存在一个主导的经验性观点。

这一观点欢迎名人人道主义，认为它可以帮助那些名声不好或者已经过
气的人道主义机构重获魅力。正如韦斯特和奥尔曼（West & Orman，2003）
所说的那样，"这些个体拥有的名气已经超越了公共服务和个人正直品质所能
获得的声誉，这允许他们以传统政治无法企及的方式在政治上取得成功"（参
见：Hart & Tindall，2009：5）。这种观点的核心是名声作为无形商品，在
演艺界和政治领域都具有高昂的交换价值。更进一步说，这种观点认为，名
人不仅会让人道主义组织也会让政治本身重新获得魅力，因为名人不仅简单
地作为受难他者的发声人，也可以作为公共领导者来设定人道主义日程
（Bishop & Green，2008：198-200）。A. F. 库珀（A. F. Cooper）以 2005 年
G8 峰会期间波诺-盖尔多夫双边行动的案例研究（详见第五章）为基础提出，
只要把正确的策略和明确的目标结合起来，"名人是有大把机会来制定并推销

他们的倡议的——这些倡议不仅可以针对公众，还可以有选择性地针对国家领导人"（A. F. Cooper，2007：7）。

这种经验性观点的另一个依据是，名人可以在世界舞台上放大远方受难者的声音（Hart & Tindall，2009：6）。名人相比人道主义组织的竞争优势在于，他们可以将受难者的声音个性化，将库珀所称的"西方特有的个人主义特征与对普世或世界主义价值的欣赏"（A. F. Cooper，2007：5）相结合。然而，正如我们所看到的那样，这种名人公益依然会被批评为一种东方主义式的伪善。但是在奥普拉（Oprah）"非洲寻根"以及波诺与爱尔兰血脉"相互承认"的案例中，我们依然可以看到名人调用话语的能力。他们强调自己"共享"苦难的历史，利用自己的特权来强调自己与远方受难者的共同人性，从而最大限度地发挥他们在西方的吸引力（Magubane，2008）。

这些观点并不认为名人的"多声部"是一个问题，不认为其不具合法性，反而拥抱名人，认为他们提供了一个交流空间，成功地勾连起了人道主义中的众多声音。正如我们所看到的，这种观点首先聚焦于名人带来的效应：让品牌重获魅力并改变政治领域的行动条件。其次，它提及行动的受益者，强调名人作为苦难的发声者的角色。

然而，正如有学者所观察到的那样，现有的文献中尚没有理论框架来语境化这样的积极话语（Yrjölä，2009）。我认为这一观点受积极的景观理论影响，认为观看可以成为一种道德教育的方式（Marshall，1984）。正如我在第二章中所论述的那样，这种道德观将殖民主义的权力关系视为理所当然，同时依靠市场来促使西方与全球南方形成新形式的联合。这种观念的核心是工具性地理解景观/观看的作用，认为名人是一个经济实体，拥有可交易的符号资本，也就是说，是一种商品（Kurzman et al.，2007：360）。

一方面，名人所具有的品牌价值可使她或他成为公共道德的合法来源。这种观点体现在早先科菲·安南在联合国的发言中："每当你的名字出现时，都会引起政策制定者和数百万选民的广泛关注。"我们其实已经讨论过，这种观点认为名人其实隐含着教育功能，通过启发式表演，名人可以在想象层面上调用公众情感，从而实现道德教育。"当他们真诚地说话时，从他们自己的经历出发，明星……说话的地方，是政治家几乎从未接近的，即观众的大脑内部①。"（Marks & Fischer，2002：387，引自 Browstein）另一方面，名人的品牌价值是其进入精英政治的合法基础，因为社会团结的道德感也许需要"把事情做好了"的务实精神，正如布斯通（Buston）说的："在一个完美的世界里，民主意味着每个人都充分了解信息，每个人的声音都被听到，公共政策反映了集体的最佳利益……但现实世界却不是这样的。这是一个充满媒体巨头、企业说客和强大利益集团的世界……我们（和名人一起）所做的就是试图恢复力量的平衡。"（Buston in Vallely，2009）[3]

可见，这是一种工具性的视角。它并不怀疑名人，而是将不真实性的问题从人道主义想象中剥离出去。社会团结的本真性问题既不是在殖民主义框架也不是在市场框架下被讨论的，而是被视为存在于名人的意图中。这就变成了一个是否诚实的问题，于是人们便可以通过与推销名人意图相同的机制，即通过媒体"持续的审查"来实现对意图的检查（Cowen，2000：170）。

虽然积极话语与怀疑话语相对立，但是它也把需要分割开来的两样东西混为一谈了：一个致力于展示真相、诚实的道德个体和超越个体意图、嵌入人道主义想象社会关系的交际实践。虽然名人不可避免地要作为道德的个体来言说，以各种方式来表明自己的诚实，但是我觉得我们应该摆脱这种论证中的概念谬误，它让我们在所谓的单个"真相"中寻找本真性（本质主义的陷阱；Yrjölä，2009）。相反，我们应该探讨的是本真性是如何在名人人道主义的启发式表演中被生产出来的。

总之，有关名人人道主义的现有研究都涉及本真性的问题，但并没有将其作为分析对象加以质疑。怀疑话语质疑名人作为道德表演者的本真性，其理由是，名人与历史上的人道主义、帝国和奇观的权力关系纠缠不清。而积

---

① 这里的英文原文是"the inside of their audience's imagination"。"imagination"在英文里可以指"大脑负责想象力的部位"，因此，这里根据中文习惯和语境，将它翻译为"大脑"。

极话语则认为名人就是道德模范的真实表现，其理由是人道主义的权力关系形成了积极的经济效应——一种融合了商业效率和道德教育的经济。围绕名人人道主义的争论在怀疑话语与积极话语这两极之间摇摆，但本真性概念本身却没有被触及，使得讨论只停留在理论争论的层面。因此接下来，我借用研究名人表演本真性的分析框架，对名人人道主义的两个关键时刻进行分析，分别聚焦于奥黛丽·赫本和安吉丽娜·朱莉这两个人物。

88

名人人道主义的述行性

　　化身是一种启发式表演。它假设在西方世界里，必须为远方他者行动起来是一种业已存在的公共品质。而这种表演能否让名人成为苦难的化身取决于名人述行的两个方面：第一，名人是否拥有管理她或他的公众形象即"人设"（或人物形象）的专业知识；第二，名人是否拥有可以传达远方痛苦声音，并以此促使我们所有人迅速地行动起来的专业能力，也就是"人格化"的力量（King，1985/2006：230 - 235；244 - 246）。如果没有这两方面的专长，名人作为社会团结的化身就会被视为"有失面子"，并不能感动和说服她或他的粉丝公众（Rojek，2001：17）。

　　但是这种专长并不取决于名人的意愿，而应该被视为一种传播规范的表达。它们至少部分地规范化了名人的表演（Dyer，1979：4；Marshall，1997：xiii）。让我们回顾一下，述行这个概念指的是表演的规范性维度，即"对那些规范的重复，它产生于表演者之外，是对表演者的约束，不能被视为表演者本身的'意志'或'选择'"（Butler，1993：234）。因此，我们可以看到在一系列"表演者之外"的传播策略与每个名人的个人表演之间存在着辩证的张力：一方面，这些传播策略是一些规定动作，限制着名人个人表演的范围；另一方面，个人表演不尽相同，因此在复制这些规定动作的同时也存在着颠覆的可能性。

这种把表演①看成述行的观点承认，在规范性权力关系的矩阵中，个体化的表演行为具有变革的力量。而这种观点可以在名人的形象中得到共鸣。正如好莱坞电影名人，即那些被戴尔（Dyer，1979）称为"明星"的人，他们具有鲜明的个性，并且这种个性被普遍地认为代表着个体拥有的潜力。

这种辩证的张力体现在"人设"这个概念中。它将名人定义为一种特定形式的公共自我，勾连了普世话语与普通的日常，例如把人类的脆弱性与具有个性的审美（罕见的天赋或美丽的外表）结合起来，这使得名人在我们的公共文化中成为既令人亲近又显赫不凡的人物（Rojek，2001）。在人道主义领域里，围绕"人设"的这种张力必须暂时地稳定在特定的话语中，而这样的话语可以把名人在台下的自我理解为同我们一样拥有人性。正是人性这一维度让名人可以成为团结化身的真实载体。因为，如果没有"人性化"这个策略来驯化这些名人的不一般（无论是通过去名人化还是超级名人化他们的人设），以此把他们设立为所有人的道德榜样，那么这些名人会永远处于"不真实"的阴影下。因此，我首先要分析、讨论就是在奥黛丽·赫本和安吉丽娜·朱莉的形象塑造中，人性化策略是如何被运作的。

但是让名人道德能动性更加复杂的是，其在台下的角色与其作为台上表演者/行动者的形象是分不开的。金（King）将赫本和朱莉所体现的明星形象进一步理论化：名人的自我正是通过角色和表演的融合而形成的，这种融合最终导致"对表演者作为行动者能做什么的强调被置换成对表演者作为行为人或传记式角色的强调"（King，2006：245）。

如果名人在台上扮演的戏剧角色其实反映了自己的本性，是其在台下（"真实"）性格的延续，那么这就是人格化这个概念所指认的能力。它的基本假设是，在戏剧之外名人的自我与其在舞台上扮演的角色之间存在着非中介、存在主义式的联系。但是不管怎么样，人格化还是在设法加强而不是消除名

---

① "表演"的英文原文是"acting"，而在英文中，"act"既有表演也有行动的意思。根据作者的意思，在以戏剧式的观看结构为基础的人道主义表演中，"actor"既可以是演员，也可以是行动者。因此，在这一章以及之后，"actor"都被翻译成演员/行动者。

人本人与表演者身份之间的距离（King，1985/2006：245）。这是因为只要名人利用她①的专业技术来塑造一个角色并且仍然可以被识别出"她"是谁，她就会一直处在一种紧张关系之中，需要一边展示作为表演者的专业知识，即那些可计算、可重复的技巧，一边表达自己的私人内在——"做自己"。名人本人与她所扮演角色之间的这种距离如"光晕一样"（Marshall，1997：187），是名人"难以捉摸"或产生魔力的关键，同时对人道主义戏剧性至关重要。也正是这种距离使名人能够将其（"真实的"）人格融进自己的启发式表演中，也就是将不幸他者的声音具体化为自己内在情感的真实表达。

事实上，人道主义话语的人格化是通过对人类不幸的第一手记录实现的。　90这些记录是名人们在受灾区的个人陈述——既要精确地描述，同时又要能唤起真实情感。只有在描述与情感之间保持平衡的苦难记录才能够保证苦难声音的真实性，并邀请观看者认同受难者（Boltanski，1999）。在这个意义上，人格化其实是对受难者声音的认证。他们无法自己言说，所以他们的声音只好通过名人们的情感反应折射出来。因此，我在第二部分将分析两位名人如何对苦难进行人格化，以及她们如何把见证策略作为道德话语，并要求人们尽快地行动。

名人们的表演把其公共形象表现为"真实的"自我，并且把其对苦难的情感表现为好像是自己真实的情感。这二者在名人的表演之中结合，是名人人道主义怀疑或积极话语的核心问题。虽然前文在讨论历史的争议性时已经阐述了这些观点，但是在理论化论述中，这个两难问题依然无法得到解决，所以现在我将在经验性分析中讨论名人的本真性问题。

人道主义表演的"不同时刻"

奥黛丽·赫本和安吉丽娜·朱莉作为好莱坞影星，她们的人道主义形象

---

① 在这一章里，作者在原文里提到名人时，大部分情况下使用了"她"作为人称代词。

在联合国历史上最为突出：前者在 1988—1993 年间担任联合国儿童基金会亲善大使，后者从 2001 年至今担任联合国难民署亲善大使。我之所以选择这两位不同时代的全球巨星，是因为她们在相同中又有所不同。她们既具备作为明星的共同特质，同时又代表了名人人道主义在不同时间阶段的变化——赫本代表的是刚开始的阶段，而朱莉代表的是顶峰时期。就我而言，对这些变化进行传记式的追溯，可以保证我们识别名人人道主义及其在社会团结概念上的历史转变[4]。

我对奥黛丽·赫本和安吉丽娜·朱莉的考察集中体现在以下两个方面：（i）人设，即人性化策略，旨在驯化名人的不寻常特性，并建构一个与团结气质相兼容的公共自我；（ii）人格化，指的是每个名人所使用的见证策略，用她关于苦难的个人陈述来认证他人的不幸。

91 奥黛丽·赫本

凭借在经典电影《罗马假日》（*Roman Holiday*，1953 年）、《蒂凡尼的早餐》（*Breakfast at Tiffany's*，1961 年）和《窈窕淑女》（*My Fair Lady*，1964 年）中的表演，奥黛丽·赫本（见图 4-1）成为深具魅力的好莱坞传奇人物，也是美国首批片酬达到 100 万美元的三位女演员之一。同时，她又开诚布公地展示了自己平凡的一面：首先，她还有关于德国占领荷兰的记忆，那时年纪尚幼的她时常忍受饥饿和疾病；其次，她为了扮演好母亲的角色放弃了好莱坞——在 20 世纪 70 年代早期，为了让她的两个孩子远离聚光灯，她选择离开好莱坞。这些个人经历让她决定在 1989 年 5 月接受联合国儿童基金会亲善大使的职位，这是她直到 1993 年 1 月去世一直全力以赴扮演的角色。

赫本的人设：去名人化和无条件的利他主义

为了把赫本的角色认证为共同人性的载体，有两种策略被调用：在剥掉
92　明星光环（de-celebritization）的同时赋予她道德光环（ethicalization）。前者

图 4-1　奥黛丽·赫本，演员、联合国儿童基金会亲善大使
（联合国儿童基金会/约翰·伊萨克）

试图剥离她身上的所有不凡特征，后者则在她身上系统性地投射无条件的利他主义精神[5]。

人性化的第一个策略旨在将赫本的人道主义角色与其他专业领域（例如电影表演或全球政治）隔离开来，因为那些领域会突出赫本"不一般"的公众形象。这一策略包括，把她的"名人"身份轻描淡写为在电影领域从业多年"残留下来"的痕迹，同时把她以前魅力十足的年轻形象重塑为朴素但优雅的、在埃塞俄比亚、苏丹、孟加拉国或巴基斯坦执行着任务的中年活跃分子形象。这个策略同时也需要赫本有计划地远离政治领域，坚持认为人道主义是对所有迫切需求的即时回应："政治和帮助垂死的孩子一点关系都没有。我们只关心生存，这就是人道主义的全部含义。"[6]这种好撒玛利亚人主义的话语把同情的伦理和权力政治并置起来，"也许随着时间的推移，我们并不会看到人道主义援助的政治化，相反我们会看到政治的人性化"[7]。同时，这种话语还试图通过转移专业知识来剥离赫本的明星光环，从而强化这个角色的人性。联合国儿童基金会坚持认为赫本的人性是其承担该工作的最重要原因：

"能够拥有旅游、经济、政治、宗教、传统和文化方面的专业技术自然是件好事，但是我都没有。我只是一个母亲，我愿意跋涉。"（来自联合国儿童基金会网站）

"我只是一个母亲，我愿意跋涉"这个声明引入了赫本的第二种人性化策略：其人格的道德化。它的实现过程是将母爱的自然秉性阐述为社会团结的动力，从而树立一个合乎道德标准的人设。她谈到人道主义承诺时说："这是自然而然的，就像一个孩子摔倒，而你去扶他/她。就这么简单，没什么大不了的。"[8]关于儿童脆弱性的话题还出现在赫本自己对第二次世界大战后欧洲经历的回溯中："我可以证明联合国儿童基金会对儿童来说意味着什么，因为我是他们的救助对象之一，在第二次世界大战后我得到了他们的食物和医疗救济。"[9]赫本从受难者的角度发声，不仅将她在联合国儿童基金会工作当成一种感恩之举，更重要的是，还让大家认识到不幸和痛苦是波及我们所有人的一种普遍状况，因此她可以进一步拒绝用名人地位来号召社会团结：她不同意哥伦比亚广播公司（CBS）记者的评论，"我从未让人们觉得这是一种迷人的生活方式"。她认为在从演员到人道主义者的转变过程中，"我一直都是我。我一直都清楚世界上发生了什么……我一直都知道我享有很多其他人所没有的特权"[10]。尽管赫本拥有名人头衔，但是她对世界保持的道德态度（"我一直都是我。我一直都清楚……我一直都知道"）毫无疑问地强调赫本式

93　团结就是终身关心他人的意愿。因为她意识到了自己的特权，所以她既不设条件也不求回报。"人类的义务是帮助受苦受难的孩子，其他的都是奢侈品。"[11]

只要人道主义依赖名人的精神气质来作为公众的模仿榜样，那么很显然这个策略除了要认证赫本的人设，还要将其塑造成一种理想秉性的化身，并得到所有人的认可。在这个意义上，无条件的社会团结试图培养西方公众这样一种道德秉性，让他们为弱势他者行动但是不求回报。去名人化策略通过去除了赫本鲜明的特殊性（好莱坞明星）来保证她人设的普遍性，而道德化策略则将她在联合国儿童基金会的角色视作母性的自然延伸，并且沿着无条

件社会团结的方向来培养西方公众的道德。

赫本的人格化策略：冷静的见证

人格化策略需要名人通过"见证"来为——用赫本的话说——"那些无法自我言说的人发声"。这些策略以作为叙述者的"我"为基础，让赫本得以通过自己的情感来表达他们的脆弱性，从而保证了他们所受的苦难是真实可信的。

以下是赫本对索马里一个死去儿童的第一手描述：

> 赫本：这个坐着的男孩只用一块布裹着身子。他瘦骨嶙峋，我的意思是，真的瘦得只能看到骨头和眼睛，他呼吸极其困难……我为他感到痛苦，我小时候得过哮喘……以及轻度营养不良①带来的所有问题。我好希望自己能替他呼吸，但是当我走到他身前时，他直接躺下了。他走了。
>
> 记者：死了？
>
> 赫本：嗯，嗯。
>
> 记者：在你面前？
>
> 赫本：是的。[12]

这段描述有两个属于见证的特征。首先是对小男孩身体条件的详细描述，以此证明他正在遭受痛苦的现实（围着布，瘦骨嶙峋，只能看到骨头和眼睛，呼吸困难）。其次是隐晦地，几乎是暗示性地提到他死去的时刻（是通过记者的追问而不是赫本自己主动确认小孩的死亡——"走了""嗯，嗯""是的"），呈现出一种目睹死亡但"无法言说"的状态。前半部分详细描述的是对世界历史事件的见证，承载着事实的可信度；而后半部分，死亡的不可言说则道

①　原文为"first degrees of malnourishment"。

出了直面人类那些可怕的苦难是一种"难以承受的见证"，只有对死亡的见证承载着道德厚度，我们（对死亡）的谴责才可以实现（Peters，2009）。这两种见证合在一起共同作用，形成一种人格化的话语，并让赫本这个个体成为放大镜。通过她，这个孩子的痛苦得以转化为西方关注的对象——注意在摘录中"我"的重复出现："我为他感到痛苦""我……得过哮喘""我好希望自己能替他呼吸"[13]。

这种关于见证的叙事努力通过语言把孩子不可描述的死亡表述为一个事实，并把对情感的计算和管理作为赫本人道主义表演的关键环节。当赫本谈到如何与西方的公众交流的时候说："对我来说，让他们感受到我所感受的十分重要。情感——沟通情感的能力——必须是一种天赋。我并没有什么其他东西可以贡献。我没有很深的学问或良好的专业知识。"[14]因此，情感在这里不仅成为专业反思的对象（对我来说让他们感受到），还是一种自发的感觉（我所感受的）。这都表明了演员作为启发式表演的载体拥有的人格化功能。这种能够把个人情感"表现出来（acting out）"的能力被解释为演员对人道主义项目的唯一贡献（"我并没有什么其他东西可以贡献"），进一步凸显了作为人格化过程的表演在想象的戏剧空间中占据着中心地位。

可见，这种情感的人格化所需要的气质是一种经过训练的、可以冷静见证的能力，这种气质让赫本用谨慎的情感表达来组织她的表演："我心碎了。我感到绝望。我无法忍受两百万人正处在被饿死的边缘，其中许多人还是孩子。"[15]这种直面苦难的情感管理传达了一种强烈但又庄重的道德正义感，是赫本独有的专业技能的一种表现。正是其作为一名演员所接受的专业训练，使得"她（赫本）懂得如何把一种情绪酝酿成一个短语、一个'片段'，并且通过她所拥有的全部技能来传达这一切"[16]。

总之，赫本式的人道主义从她的人设中剥离了名人的光环，倡导一种无条件的社会团结，并利用其表演技能来为那些受难的人发声。

安吉丽娜·朱莉

不可否认，安吉丽娜·朱莉（见图4-2）的巨星地位部分归功于其演技被高度认可的几部电影，如《吉娅/霓裳情挑》（*Gia*，1998 年，艾美奖和金球奖）、《移魂女郎》（*Girl，Interrupted*，1999 年，奥斯卡金像奖）和《换子疑云》（*Changeling*，2008 年，获得英国电影学院奖和奥斯卡金像奖提名），但她主要还是通过在《古墓丽影》（*Lara Croft：Tomb Raider*，2001 年）和《史密斯夫妇》（*Mr. and Mrs. Smith*，2005 年）等更商业化的电影中作为性感符号而获得国际声誉。2009 年，她以每年 2 700 万英镑的收入成为最美丽且收入最高的好莱坞女明星[17]。同时，她的形象中也有"普通人"的一面。这一面主要来自她作为问题儿童的过去。在这段经历中，朱莉因为父母离婚，成为一个孤独且有自毁倾向的女孩。另外，与赫本相同，朱莉形象中"普通"的一面也体现在母亲的角色中。她作为六个孩子的母亲，积极地投入家庭生活中。她说，当了母亲之后，生活已经把她转化为一个平和的人："当我看着我自己时，我看到一个平静的人，我看到一个妈妈。当你为人父母的时候，你身上就会出现一些新的东西，然后你开始在自己的脸上看到更多的特质。"

图 4-2 安吉丽娜·朱莉，演员、联合国难民署亲善大使
（联合国难民署/格蒂·伊梅格斯）

（2008 年 11 月 28 日）[18] 2001 年，朱莉在她 26 岁之际被任命为联合国难民署亲善大使，至今仍然是该领域最活跃和最有影响力的名人之一。

朱莉的人设：超级名人化和实用的利他主义

同样，为了调和朱莉的人道主义角色中存在的紧张关系，两种人性化策略被调用。一种是关于母性的普世话语，以此调动西方公众的认同。另一种是关于强烈个性的话语，包括迷人的外表和名扬四海的财富，让她成为大众幻想的对象。但与赫本不同，朱莉的策略型构出一个不同的人物形象。这个形象建立在超级名人的光环下，是其名人人设的极致表达（而不是试图从现在的人道主义角色中去除曾为明星的过去），同时通过道德化过程来倡导一种实用的社会团结方案（而不是母爱式无条件的社会团结）。

第一种人性化策略——超级名人化——使朱莉生活的方方面面（私人生活、职业活动和人道主义角色）都被过度地曝光在公众视野里。赫本的私生活相对远离公众，而朱莉的家庭选择，包括伴侣、怀孕和收养，都成为她人设的一部分——她自己经常主动地在采访中深入地展示她的孩子和爱情生活。

96 同样，朱莉的目标是通过她的专业知识和经济资本获得最大的知名度，从而为人道主义事业服务。和赫本远离演艺事业不同，朱莉有计划地出演了各种处理人权问题的电影，比如《超越边界》（*Beyond Borders*，2003 年）和《坚强的心》（*A Mighty Heart*，2007 年），以及关注人道主义的迫切问题的专题纪录片[19]。同时，她把自己每年三分之一的收入捐献给了各种人道主义事业，并且建立了自己的基金会——朱莉-皮特基金会（2006）。这个基金会致力于为各种非政府组织和地方发展计划提供实质性的帮助。以此搭建起来的金融网络配合着朱莉更宽泛的宣传议程，比如一些跟难民相关的特定问题，如"无正义无和平"和"保护冲突地区儿童"。很多全球政治精英参与到这些问题的解决中来，比如美国国会、世界经济组织、欧盟委员会和美国对外关系委员会。通过最大限度地利用自己的"非同寻常的普通"，朱莉把自己定位为一位"普通妈妈"——连买个玩具都可以成为"八卦新闻"，以及一位活跃在全球舞台上的政治活动家——其私人项目让她成为人道主义世界的标杆[20]。

第二种人性化策略则侧重展示朱莉的利他式道德观。和赫本一样，朱莉的关怀精神也依赖于她当母亲的经验，但是其人格的道德化则依赖于对团结话语的实用性解读。朱莉并不是因为天性而参与到帮助受难他者的事业中来，而是把这视为个人自我实现的一部分："我从未感到过满足。我从未感到过平静……但是我想这些（满足和平静）应该伴随找到责任、找到用处、找到目的感而来。"[21]因此，人道主义作为一个自我启迪的时刻，不再仅仅是一种对某个组织的专业承诺，而是一种对生活方式的有意识的选择。这种选择也渗透到了朱莉生活的方方面面。当谈到在柬埔寨第一次和受难的孩子们相遇的时候，她宣称："我被永远地改变了。问题不在于我怎样才能像以前那样生活，而在于我怎样才能不再像现在这样生活。"[22]这种对生活方式的承诺也体现在她对家庭的组建中，她分别收养和生育了三个小孩。她的家庭不仅仅是一个私人情感的区域，更重要的，是一个世界主义教育的场所："我看着希洛（亲生女儿）——因为很明显，从外表来看，她很像布拉德和我小时候的样子——说：'如果这些是我和布拉德的兄弟姐妹，那么当我们6岁的时候，我们就能知道多少直到我们三四十岁才能知道的事情？'"他人成为一种知识来源，正是这种价值在朱莉的人设中引入了具有功利式团结的元素。这也进一步反映在她对收养的认识上。她把收养当作对自己人生的一种提高、一份"礼物"，而不是一种无关回报的奉献："这不关乎人道主义，因为我不觉得（收养）是一种牺牲，它是一种礼物。"[23]

超级名人化用一种非同寻常的普通巩固了朱莉人设的本真性，用一个"饱满"的自我投射充分实践了启发式的话语（Littler，2008）。而道德化过程则把一种团结秉性人格化，并把自我的欲望前置为他人做善事的动机。

朱莉的化身：深情的见证者

与赫本相似，朱莉式苦难见证的核心依然是以"我"为见证人。然而，与赫本的不同之处在于，朱莉的见证策略并不是冷静的叙述，而是对人类不幸富含戏剧性和情绪性的描述。

"克林顿全球倡议"① 曾经组织过一次关于"战乱地区儿童教育"的正式会议。会上，朱莉讲了一个年轻女孩的故事。在全家遭暗杀的时候，这个女孩用自己的智慧和韧性使她和她的小妹妹免于被杀，并来到难民营所属的安全地带。朱莉认为，正是这个难民营的教育项目改变了这个女孩的生活，让她挣扎着从失去家庭的创伤中走出来[24]。这不是一个毫无感情的发言。相反，当她谈到与这个女孩邂逅的经历时，她很明显在努力忍住泪水。同样，在《美国国家地理》关于西非难民的纪录片里，当朱莉跟随难民经过一次几乎不可能的旅途来到安全地带时，她在镜头前突然泪流满面。在奥普拉·温弗瑞（Oprah Winfrey）的采访里，当朱莉谈起柬埔寨难民生活的艰辛时，她停下来试图控制自己的情绪。正如她在别的地方曾经解释的："可能是因为我的儿子是被收养的，所以我总把他当成那些孩子。他们就像我的儿子，我的儿子就来自其中的一个国家。"[25]

与赫本作为专业见证者的克制不同，朱莉为苦难代言的时候倾向于把对事实的描述与自发的情感表达融合在一起，以此来共同承载见证苦难的残忍。这种情感不能被局限为一个专业的反思对象。朱莉自我解释并强调，比起自发，控制才是一种人格特质："我很谨慎地表达自己的情感，我不会让它们随意发泄。如果我心烦意乱，那么经常出于非常充分和深刻的理由。"以此，她含蓄地承认那些关于苦难的经历对她的情感产生了深远的影响。总而言之，基于亲密关系的影响（"我总把他当成那些孩子""他们就像我的儿子"），朱莉在为苦难代言时并没有精心地控制情感，而是真实地表现她道德的内在性，是她"饱满的"人道主义人设的一个自然而然的结果。

---

① "克林顿全球倡议（Clinton Global Initiative）"是由美国前总统比尔·克林顿（Bill Clinton）于 2005 年创立的非政府组织。

名人策略和真实效应

把名人当成表演可以凸显交际实践是如何在同情的戏剧化空间中生产本真性的。通过名人化和道德化过程，名人的人设变为一个道德化的自我，结合见证策略实现对苦难的情感表演，从而生产出本真性。

在本章最后一节里，我将探讨在名人人道主义中，本真性的安排带来的两个重要的影响。在上面的分析中，我将这两个典型的名人形象解读为人道主义的两个重要"时刻"，而它们产生的真实效应也被我视作人道主义想象中社会关系转变的表现。

在"企业家的道德观"部分，我将探讨名人与人道主义的组织环境如联合国之间的关系。以对奇观的批判为基础，我认为这种转变依据博尔坦斯基和希亚佩洛所说的"资本主义的新精神"（Boltanski & Chiapello，2005）重新配置了人道主义与市场之间的关系。在"后人道主义"部分，我将详细阐述名人与西方公众之间关系的转变。以对帝国主义的批判为基础，我认为这种转变重新配置了人道主义与政治之间的关系，把观看者与受难者之间的关系替换为名人与其粉丝公众之间的"自白式"关系。最后，在"结论：走向功利的利他主义"这一节中，我将反思当代名人作为西方道德化力量的局限性，以此作为结论。

企业家的道德观

虽然启发式表演的本真性策略挪用了普通个体所具有的种种元素，但是最终激发公众的想象力的还是名人不一般的美貌、财富和才能。虽然对奇观的批判聚焦于这些非凡的品质究竟是如何取代发展的复杂现实并淡化全球机构在贫困治理中的责任的，但是它没有充分考察人道主义想象的市场化实践中潜在的重大转变。让我们重新审视一下那些具有洞察力的分析是如何指向这些转变的。

正如我们所看到的，赫本的人设建立在去名人化的过程上。这种过程淡化了她的明星光环，转而强调她虽然不是专家，但在受难者与远距离观看者之间扮演着高度可见的中介角色。这个角色可以被称为"大使"，契合她在联合国担任的职位。因为她代表着更大范围的人道主义项目，进行相关发言，并利用名人品牌来最大限度地传播讯息。作为"知名运动中的知名成员"，赫本的大使般的角色可以利用她的专业知识来最大限度地提高苦难的可见度，并代表"更广泛的公众意识"（Marks & Fischer，2002：378）。但马洛赫·布朗（Malloch Brown）[26]严厉地批评了这类实践，认为像赫本这样的人物，并不提出关于苦难的政治问题，而"只是分享关于贫困的印象"，大使风格使名人自己的声音服从于组织和制度。赫本的品牌可能正在利用娱乐产业来宣传人道主义讯息，但她的角色服务于联合国儿童基金会的议程，她让自己的专业品牌从属于联合国的品牌。在这个意义上，去名人化恰恰就是让她的明星地位从属于组织的安排。

相反，朱莉的人设依赖于超级名人化的过程，她生活的方方面面都被调用，从而不仅简单地传播（mediate）声音，还催化了行动——在政治层面和财务层面都是如此。她不仅深入精英游说（如世界经济论坛）的内部圈子，还负责自己的基金会。这可以说是一种"企业家"人设，反映的是"资本主义的新精神"中的自主创新意识和坚定的个人主义。这种角色尽管致力于人道主义项目，但最终不会局限在某一社群义务之内，而是有高于这一义务的追求（更多关于这方面的讨论详见第五章"慈善音乐会"或者另见 Boltanski & Chiapello，2005）。朱莉不仅明确地利用好莱坞巨星的光环来最大化地推销联合国难民署的品牌，还进一步调用在经济和符号领域的个人资本独立地发展出自己的关系网络，以便推动更为广泛的人道主义议程。如果说，赫本式的大使角色显示的是一种品牌从属关系，那么朱莉与联合国难民署之间则是一种平等的品牌合作关系，这样双方的魅力都能得到强化（Yanacopulos，2005）。

在人道主义领域，从大使到企业家人设的转变表明，名人与为己所用的经济资本之间的联系更加紧密了，这被比晓普（Bishop）和格林（Green）称为"慈善资本主义"（Bishop & Green，2008）。虽然资本主义具有人道主义精神并不是什么新鲜事，但正如第一章的讨论所展示的，在人道主义想象中，戏剧化景观与商业道德观之间存在着本质上的联系。但慈善资本主义表明这种关系有了新的表达，并且这种新的表达可以说巩固了人道主义的权力关系。这种表达方式就是博尔坦斯基和希亚佩洛所说的，将批判的声音纳入资本主义的全球秩序中："对资本主义的批判迫使其为自己辩护，迫使它强化已经收编入囊中的公平机制，并在它提供的服务中提到某些共同福祉。"（Boltanski & Chiapello，2005：42）① 以赫本为代表的好撒玛利亚人主义所代表的是一种不关心正义的慈善事业，而为了应对这种批评，名人的超级政治化策略应运而生。名人不仅传播关于苦难的故事和画面，还在人道主义圈子里扮演着身负主角光环的行动者的角色，以此来合法化社会团结的公共道德观。

名人"企业家化"带来两个结果。第一个结果就是西梅尔（Cmiel，1999）所说的，参与式人道主义政治转向"后民粹主义"风格。公众的关注依然很重要，所以安南说道，名人的角色可以"引起政策制定者和数百万选民的广泛关注"。但是"后民粹主义"这个概念反映了一个历史性的转向，即从大众动员转而依赖大规模私人捐赠和"第三方"政治力量。"一个人权组织如今可以通过影响'第三方'力量，例如美国政府，来帮助亚洲的受害者。"（Cmiel，1999：1242）只要名人作为精英群体的一部分，即作为"赢得进入权力走廊入场券并见多识广的积极分子"，他们就是一股催化力量，能促成草根行动转向第三方干预，这就是 A. F. 库珀所说的"名人外交"（A. F. Cooper，2007）。尽管这一举动需要名人的专业知识，要求他们超越启发式表演而参与到政治话语的建构中（de Waal，2008；Dieter & Kumar，2008），但就

---

① 此处参考了高铦的翻译："在责成资本主义证明自身正当性时，批判迫使它加强它所包含的公正机制，并在它提供的服务中提到某些共同福祉。"具体见：博尔坦斯基，希亚佩洛. 资本主义的新精神. 高铦，译. 南京：译林出版社，2012：42.

我而言，我更关心的是以"把事情做好"为名义对人道主义的超级政治化改造是如何与团结的道德观联系起来的。

因此，名人"企业家化"的第二个结果就是从赫本的无条件团结转化为功利的利他主义，它体现在朱莉的生活方式和职业选择中。利他主义不是一种无私的行为，而是一种对自我的奖赏项目。与其说这些行为反映了其内在的人格特质（尽管也可能是这样的），不如说——让我们回顾一下——它们是规范性话语，"凌驾在"每个名人的"表演之上"，影响了我们对他们的启发式话语的理解。因此，作为一种公共道德的宣示，功利式团结可以被看作企业家资本主义"精神"的反映和合法化。这种精神其实是一种在后民粹主义语境下的伦理，是在团结的集体行动退场之后转而依靠互惠互利的相互计算。同时，功利式团结还凸显了坚定的个人主义特征，其核心位置是以结果为导向的伦理观。这也是我在第七章会充分讨论的观念："反讽式团结"。

的确，自私的利他主义（egoism of altruism）是一个古老而又众所周知的哲学辩论（Williams，1973）。然而，明确地把自我利益表述为社会团结的基础，并将其作为行动的正当理由，已经成为人道主义想象的一个新兴特性。这使得我们和远方苦难的相遇越来越陷入后人道主义的范式。

后人道主义

之前，在西方新闻报道里，远方的苦难经常只是一些数字。而就如赫本故事里那个垂死的男孩一样，如今这些数字变成了令人心碎的故事，成为令大家牵肠挂肚的事由。非洲儿童生命的最后时刻被放大为一个故事，并要求西方观众在道德上立刻做出回应。然而为此付出的代价是，尽管关于男孩痛苦的真相或许是叙述的对象，但最后这些公众认同的对象还是赫本的情感。对帝国主义的批判认为这种代言的方式在人道主义想象的核心中重新注入了殖民者的权力，因为受难者的声音依然附着在西方名人的想象上。但我更关注的是，启发式表演中调用的代言策略暗含着我们和远方苦难在道德关系上的转变。

让我们回忆一下，赫本的代言风格是那种冷静的目击，用富有说服力的语言而非明显的情绪化体态语言来传达情感。这种风格可以被描述为"仪式化"，即通过掌握表演仪式，如恰当地使用言辞、节奏和停顿，来认证无法诉说的痛苦——这就是赫本的"专业技术"（有关"仪式"概念的介绍参见：Marks & Fischer，2002）。相比之下，朱莉的风格则是充满激情的见证，除了通过熟练运用语言，主要还通过身体来传达情感。这种代言的风格可以被描述为"自白式"，即超越语言，通过肉体的表现力来认证无法诉说的痛苦——朱莉用哽咽的声音诉说，或者时而泪流满面。

我认为在代言风格上，从仪式化到自白式的转变表明了名人交际实践的一种突变，即森尼特（Sennett）所说的从真诚（sincerity）向本真（authenticity）转变。真诚指的是"压抑个性而服务于被社会地位和角色定义的自我表演"，而本真指的是"私人感受的开放式表达"（Sennett，1978，引自King，2008：116）。虽然这两种实践都指向一个现代意义上的自我，但在启发式表演里，只有当这是一个"真正的"个体的时候，其情感才可能是真实的。而向自白式的转变则说明当前认证过程已经变得过度情绪化，不再像赫本那样因为身为联合国儿童基金会代表而克制地表达自己的所见所闻，即不再为了一个公共角色而压抑对个人情感的表达。正如我们所看到的朱莉泪流满面的见证实录，自白式风格依赖情感的放任表达。

当然这不是说所有当代名人都是情绪化的。自白式风格捕捉到了当代公共性存在的一个普遍倾向，即将自我揭露的实践当成本真性的表演，也就是金所说的"准自白（para-confession）"（King，2008）[27]。不过金所关注的是，准自白本质上是一种"预先安排的剧本"，是一种呈现名人人设的技巧。我所关心的是这种准自白的潮流将苦难引发的情感纳入人设的心理领域，模糊了受难者与泪流满面的名人的生存境况之间的边界。

正是这种模糊的边界指向了自白话语的后人道主义本质，因为这种模糊破坏了代言/人格化的戏剧性：苦难的声音被表现得好像（as if）是名人自己的声音一样。自白式风格通过取消了这种关键的"似是而非（as-if）"的环

103

节，使不可见的、遥远的、匿名的受难者的声音与可见的、"亲近的"世界知名人士的声音重叠在一起，将受难者与观众之间的情感关系置换为旁观者与名人之间的"投射式同情（reflexive sympathy）"关系，并把名人当成最"真实"的同情形象（Eagleton，2009：65）。不管这种关系是否会产生愤世嫉俗（拒绝名人的本真性）或钦佩（接受这种本真性）心理，后人道主义都让我们聚焦于自白式名人的功能，即作为自我认可的媒介。在这里，由于团结的启发式表演把重心放在名人的内在情感上，因此粉丝公众也将自己投射在名人这个镜像里，不再需要别人的认可。而以他人为导向的启发式表演则以图像和故事引导我们看到那些正在受难的他者。

相比质疑这种自白式见证风格的本真性，我更希望能引起注意的是这种来自当代名人人道主义领域的"非中介化"的情感潜力。它在深化而非弥合远方苦难与自白名人之间的鸿沟。对那些正在受难的人来说，苦难是持续的、无法逃脱的。而名人的情感最终是断断续续的、暂时的，只是他们复杂人设的一部分，时不时在颁奖晚会或者电影首映式上被捕捉到。

这一鸿沟表明，尽管名人的交际实践能够将西方公众变为苦难戏码的观众，然而它无法提供一个更为持久的行动方向。这种实践为了让观看者"感受名人对受难者的感受"，冒着让人们转而兴致勃勃地讨论名人本身的风险，让本应具有启发性的表演变成无效言说的音域，变成"关于所有事情的一串闲聊，因此，没有任何事情是特别重要的"。有效言说的音域应该如博尔坦斯基所说，是"一种意图的姿态，如我愿意、我相信、我认为"（Boltanski，1999：185）。即使只以"耳语"的形式出现，有效言说的音域对形成人道主义想象的公共道德也是至关重要的，因为它把苦难变成潜在承诺的对象，并且承诺参与。这种愿意行动的倾向能让旁观者作为世界公民保持"公共联系"[28]。

总而言之，后人道主义是一种以自我效用为基础的公共秉性，同时，它在没有挑战人道主义的权力关系的前提下使其高度情感化。尽管表演形式各不相同，但这些后人道主义的名人策略和募捐倡议的方式相似。它们虽将人类苦难当成社会团结的缘由，采取的方法却是强化像"我们"这样的人之间的联结，而非让我们真正体验那些受难他者的生存境况："如今大多数人在想到联合国时，想到的会是正投身运动的朱莉，而不是正在第一线进行的工作……名人成为联合国难民署每一次活动的核心，而这种联想正在以相当便宜的价格被兜售。"[29]

结论：走向功利的利他主义

我将名人当作一个沟通的角色来串联团结的启发式表演，以此试图分析作为同情政治的人道主义想象是如何建立在戏剧化的行动上的：传播关于苦难的画面和故事，从而培养出西方世界的情感和行动倾向。

对名人人道主义的批判将名人视作一种奇观，认为其生产的启发式表演是不真实的。我选择了名人人道主义的两个关键"时刻"——20世纪80年代后期的赫本和当代的朱莉，通过分析表明了名人的本真性主张存在显著差异，并且其向西方世界呈现的团结秉性各自具有不同的含义。

赫本的大使/仪式性人道主义提出了一个非政治性的、以拯救为目的的同情方案，同时通过对苦难的"戏剧化"见证来传达情感。朱莉的企业家/自白式人道主义可以被看作是在与大使风格的辩证关系中发展而来的，它作为一种"名人外交"的形式，使人道主义高度政治化，同时通过"发自内心的"的言说来传达情感。尽管与大使风格相比，朱莉基于自己慷慨的企业家精神在救济和发展捐赠领域中确立了名人的影响力，但自白式风格实际上可能不会提升西方的道德水平。因为它的交际结构优先考虑名人的"真实"情感，并且利用了"投射式同情"，即通过我们自己对她的感情来实现。这可能鼓励了偷窥式团结，催生了自恋倾向，而非发展了参与人道主义事业的承诺。

以赫本为例，参与人道主义事业的承诺可以与真诚的本真性并存，即旁观者"因为我描述的那些遭受苦难的人而感受到痛苦"。这种交流方式将名人光环从她的情感中剥离出来，并把传达行动缘由作为优先事项。我认为，保

105

持同情的戏剧性对真诚的交流实践至关重要。在这个意义上，真诚就是明确地利用名人的主体性作为角色，以便"教给观众如何停止围观而成为集体实践的行动者"（Rancière，2009：8）——但这并不是说名人所做的都源于名人的本性或感受。让我们回想一下，赫本的去名人化策略中延续着作为个体的"我（I）"与作为社会角色的"我（me）"之间固有的情感张力，但是这种张力在朱莉的超级名人化策略中崩塌。两个案例的不同让我们看到，在人道主义想象的语境下，真诚和本真性这两种启发式话语模式的差异（类似讨论参见 Williams，1973 关于利己主义与利他主义的对比）。

戏剧中存在一种微妙但至关重要的"似是而非"。它可以区分不同版本的人道主义：是自恋内省式还是道德教育式。但是对同情戏剧发展历史的梳理——从非政治化的拯救到企业家道德主义——提出了一个更为相关的问题：名人作为一种真实的声音来传达社会团结，他们在何种程度上可以算是一种适当的道德和政治选择？我在本书最后的章节会回到这个问题，但是就目前而言，名人的众多本真性策略都指向一些重要的东西。正如悲观主义论调所说的那样，与其批评名人人道主义缺乏真实性，本真性问题强迫我们去问人道主义想象是否有可能超越情感真相并支持更激进的团结想象力——这种想象力可以试图重申追求正义是对人类苦难采取行动的新动力。而更接近这种对正义的主张的是人道主义想象的另一种类型，这就是我在下一章要讨论的——慈善音乐会。具体说来，它是 2005 年的"八方支援"全球摇滚音乐活动。

第五章　慈善音乐会

导论：作为仪式化庆典的摇滚音乐会

"八方支援（Live 8）"音乐会是 2005 年在世界各地同时播出的十场摇滚音乐盛会，把全球的注意力都吸引到当年在格伦伊格尔斯举行的八国集团首脑会议（以下简称 G8）上，从而对强权在握的各政府施加压力，要求它们结束第三世界债务，制定新的公平贸易规则。这场音乐盛事被设计为"现场支援（Live Aid）"的后续行动①。"现场支援"是在 1985 年举行的"双城演唱会"，为消除埃塞俄比亚的饥荒筹集了前所未有的巨额善款，而这场音乐会中的传奇人物鲍勃·盖尔多夫与 U2 乐队主唱波诺又合作组织了后面的"八方支援"音乐会。作为主要的人道主义活动家，盖尔多夫在评估格伦伊格尔斯峰会取得的成果时说："在援助方面，完成了十分之十；在债务方面，完成了十分之八；在贸易方面……很明显，这次峰会十分独特地决定了不再强制性地推行市场自由化。坦率地说，任务已完成。"[1]

盖尔多夫作为摇滚明星宣布了解决全球贫困这一长期而复杂的问题"任务已完成"，干脆利索地用 10 点尺度量表完成了评估。正是这种权威让我们看到摇滚音乐对政治进程的干预力量在日益增长，以及公众对这种力量的着

---

①　这两场音乐会分别被命名为"Live Aid"和"Live 8"，在字面上分别以"Live"开头，而"Aid"和"8"在音标上只有一个辅音的区分，而发音几乎一样。这是因为"Live 8"试图延续并开拓"Live Aid"音乐会开创的慈善实践，因此音乐会的命名体现了二者的继承/超越关系，详见本章的分析。中文译名无法完全体现这样一种谐音关系，只能通过相同的字眼，并结合字面意思进行翻译。为了体现这种连续性，并结合两场音乐会的特色，译者分别将它们翻译成"现场支援"和"八方支援"。

迷。但同时它也引发了人们的质疑：这种力量在催生新的世界主义的过程中扮演了什么样的角色？这种夹在欢迎与怀疑立场之间的矛盾态度，在过去这25年里一直内在于团结的摇滚音乐表演中，这也是本章试图讨论的话题。

我认为"现场支援"和"八方支援"是人道主义想象的重要表演，因为它们利用摇滚的全球魅力来传播和合法化社会团结的道德要求（moral imperative），即为弱势他者行动起来但却不期待回报。这些事件具备的能量来源于它们作为"媒介事件"的特质，它们以世界为舞台，将摇滚作为一种"仪式政治"把人们聚集到共同事业中来（Dayan & Katz，1992：viii）。虽然媒介事件经常被批评为政治的审美化，因为它们将奇观置于论证之上，但从我的角度来看，摇滚音乐的仪式政治突出了人道主义作为一种道德教育场所具备的深刻戏剧性，正如戴扬（Dayan）和卡茨（Katz）所说的，"这些事展现的是理想化的社会，引发公众去设想社会应该是什么样子的，而非提醒公众现实如何"（Dayan & Katz，1992：ix）[1]。

因此，在社会团结的美学与道德观之间产生了富有生产性的张力，这种张力深处人道主义想象的中心，这也是我论证的起点。我把"现场支援"和"八方支援"这两个媒介事件当作仪式人道主义的两个最重要的时刻。我认为这种人道主义在表演"社会团结"时依赖的是戴扬和卡茨所说的"征服"事件的交际脚本[2]。"征服"事件指的是一种十分罕见并极具影响力的媒介事件，它利用具备超凡个人魅力的人物（或者说"新兴英雄"）的在场来动员群众，并设立行动的新范式（Dayan & Katz，1992：26）。在摇滚音乐会的例子里，超凡魅力具体来自音乐明星盖尔多夫和波诺两人。他们把浪漫主义的自我表达与商业化的企业精神融合在一起，试图在全球公共场景中将摇滚文化认证为一种真正关于社会团结的启发式表演。

---

① 参见麻争旗译本："这些事件往往描绘的是理想化的社会形态，向社会唤起的是希冀而不是现实。"下文如无特别指出，则相关翻译都参考了麻争旗译本。具体见：戴扬，卡茨. 媒介事件：历史的现场直播. 麻争旗，译. 北京：北京广播学院出版社，2000：3.

② "script"一词在麻争旗译本中被翻译为"脚本"，鉴于这个版本流行广泛，下文将统一将它翻译为"脚本"。

在这里，这种表演拥有媒介事件的道德影响力，可以把西方世界塑造成一个想象的"我们"，即西方将自己视为一个共同体，并认为自己可以为无法触及的弱势他者行动。因此，这种仪式人道主义的道德主体不是预先存在的、一直休眠等待行动召唤的公众。相反，其道德主体本身就是仪式人道主义的产物，在摇滚音乐的仪式化表演中出现，并且通过调用特定的传播策略来"维持或者动员集体情感和联合"（Cottle，2006a：415）。在这个意义上，媒介事件的仪式功能就是述行性的：或是通过调用语言和画面的话语资源来建立政治共同体的边界，以此确认我们现存的归属感；或是通过延展我们的共同体以包含遥远的受难区域[2]。

因此，述行性再次成为我分析仪式人道主义的重要视角。在这里，本真性的述行性指的是话语策略是如何被调动起来认证摇滚明星的超凡魅力的；共同体的述行性则聚焦于在摇滚事件中道德化策略如何被调用，从而把远方的苦难变成社会团结的缘由。以这种双重焦点为基础，本章通过对比"现场支援"和"八方支援"两场音乐会来探讨仪式人道主义的历史变迁。

在"'现场支援'音乐会：共同体还是愤世嫉俗?"[①] 这一节里，我首先讨论围绕仪式人道主义的激烈辩论。它们被分裂为两个阵营：一个阵营将媒介事件当成仪式，拥抱（celebrating）共同体；另一个阵营则将媒介事件当成奇观，谴责其被商品化。如今这些争议又再现了理论话语的僵局，每一阵营都纯粹是在确认自己的规范性立场。相反，我建议对仪式人道主义采取一种分析路径，悬置理论论证，以便探讨在 1985—2005 年，特定媒介事件是如何调用交际实践来暂时地解决人道主义悖论的。因此，在"仪式人道主义的真实效应"一节中，我将重点考察这两个不同的"时刻"所使用的本真性和道德化策略如何不同。这些音乐会的本真性主张的变化反映的是仪式人道主义日益被祛魅为奇观的趋势，而其道德主张的变化反映的则是从拯救的普世

108

[①]　英文原文是"Aid Concerts：Communitas or Cynicism"，包括"communitas"和"cynicism"这两个以"c"开头的词，中文翻译无法体现。

道德观向名人外交的实用道德观的转变。我已经将这种趋势定义为"后人道主义"的行动主义，它把为善与新媒体消费主义带来的快感结合起来。

从表面上来看，和安吉丽娜·朱莉的案例一样，当代摇滚音乐的后人道主义特征体现为对正义词汇的清晰调用，但实际上它们却从属于本真性的话语。也就是说，它们突出西方自我的快感，而淡化了与远方他者之间的互动。这就是我在"仪式人道主义的真实效应"这一节中试图得出的结论。虽然这两个历史性"时刻"看起来都依赖于媒介景观/奇观，但是"八方支援"正在破坏事件的戏剧性，从而把它的道德含义转化为自恋的自我表达。最后，这种仪式化的后人道主义生产的是消费主义式摇滚粉丝团体，而不是一个追求正义、渴求社会团结的世界主义共同体。

"现场支援"音乐会：共同体还是愤世嫉俗？[3]

以团结为诉求的摇滚音乐会①引发的辩论反映的是仪式人道主义核心深处的矛盾，即其整合力量与商品化效应之间的矛盾。前者被认可，因为它可以构建社会团结的共同体，后者则被批评为将社会团结去政治化。而正如接下来我所展示的那样，处在这种矛盾中心的是对本真性概念相互对立的理解，其主导了关于仪式人道主义的辩论。一方面，积极话语强调摇滚音乐会能够动员全世界的经济力量并真正实现承诺，从而实实在在地改变弱势他者的境况。另一方面，怀疑话语则认为像"现场支援"和"八方支援"这些媒介事件有着根深蒂固的不真实性。它们商业化了而非增强了社会团结的承诺，它们再生产了而非挑战了殖民者对弱势他者的刻板印象。

关于本真性的辩论并非只针对摇滚音乐这一类型。正如我们所知，它与人道主义想象本身的戏剧结构是一并出现的，并反映了更为广泛的历史性矛盾，即戏剧化景观/观看"本质"上究竟是道德教育的方式，还是道德腐化的

①　英文原文为"solidarity-related rock concerts"，后文简称"团结音乐会"。

手段。但是，当涉及仪式人道主义的媒介事件时，本真性争论在这里有自己的特征。我对这些特征的讨论基于这样的假设：评估这种人道主义扮演的道德化角色都应该超越对本真性的泛化讨论，去比较分析不同历史时期中的特定表演。在这些表演中，每一种人道主义表演的类型在本真性和社会团结上都会有不一样的主张。在进入这种分析之前，让我们首先从积极立场开始梳理一下这场理论争论。

团结音乐会开始于 1985 年的"现场支援"，随后出现了一大波类似的活动。积极话语假定这种音乐会的出现标志着流行文化具有挪用和刺激政治事业的力量[4]，因为它们具有潜力，可以把消费者重塑为积极的世界公民。这个论证包含两个不同但是相互关联的维度：第一个维度是将团结音乐会看作一种世界主义共同体的催化剂；第二个维度则是认为这些音乐会确实可以改变弱势他者的生活。

积极立场的第一个维度，即塑造世界主义公众，被视作媒介事件整合功能的直接成果。这两场音乐会各自吸引了超过二十亿的观众（见下文，本书边码 118 页）。很明显，这个数据足以说明摇滚音乐会是卓越的媒介事件，达到了"社会最高秩序的统一"（Dayan & Katz，1992：15）。因此，"现场支援"和"八方支援"作为一种音乐仪式，跨越了国家边界，在人道主义事业的高尚旗帜之下将全世界联合起来。正如"现场支援"音乐会的参与者本内特（Bennett）所言，"这个事件的主要成就是，它利用了人们的休闲和生活方式的一个关键因素，虽短暂但却把人们的注意力聚焦到世界性问题上来"（A. Bennett，2001：2，强调部分为作者所示）。

实现世界主义式联结需要具备两个不同的核心条件：摇滚音乐文化本身以及媒介技术①。前者在其仪式化的表演中清晰地表达了关于抗议和抵抗的普遍情绪（Auslander，1998），后者则让这种普遍情绪超越音乐现场的特定时空限制，让世界各地观众为之着迷。这两个属于文化和技术层面的条件打　*110*

---

①　英文原文为"technologies of mediation"，如果直译，便是"中介化的技术"。

开了一个潜在的全球性象征空间。在这里，摇滚文化被明确地赋予了道德意义，被视为一种真实表达，能体现公众对弱势群体的承诺。《卫报》的特里·科尔曼（Terry Coleman）写道："我已经看了 10 个小时的'现场支援'音乐会在温布利体育场的狂欢，当你感受到音乐会传达出来的那种纯粹、甜美、天真、充满希望、几乎不可能的利他主义，看到在体育场里成千上万的人时，你一定会感到震撼。虽然基督教传教士早已过时了，但我相信那里有些人对完美世界抱有同样的希望。"[5]

这种"纯粹、甜美、天真"的承诺有一个关键特征，即它是通过情感经济来实现的，而非被理性地表达出来，且这种情感经济是建立在"观众与流行歌星的亲近和亲密关系"上的（Marshall，2006：205）。例如，在评论"现场支援"音乐会的这种显著的政治化效果时，加罗福洛（Garofalo）肯定地认为，"到 20 世纪 80 年代末，在筹款音乐会上或流行歌曲里，你几乎能找到所有社会问题，简单地举几个例子，如环境问题、无家可归问题、虐童问题、种族主义问题和艾滋病问题"（Garofalo，2005：326）。虽然这种政治化不一定最终会培养出具备世界主义观的观众，但重点是仪式人道主义确实有可能动员真正的全球同情，也即詹金斯（Jenkins）所称的"在流行文化世界主义（pop cosmopolitanism）中的全球意识"（Jenkins，2006：156）。

积极立场的第二个维度，即摇滚音乐会改变全球南方的力量，与康普顿（Compton）和科莫尔（Comor）所定义的仪式人道主义的"融合景观"相关联。这种"融合景观"并不是指把公众整合进超越民族的世界性共同体，而是指摇滚明星圈子与政治经济领域的战略联盟。这种联盟可以把人道主义政治推向公众视野，并将摇滚明星变成能对全球决策产生影响力的参与者（A. F. Cooper，2007）。因此，盖尔多夫、波诺以及 G8 的领导者并不是在相互对立的领域中活动的，相反，他们之间的互动不仅增加了传统政治家的责任感，更重要的是形塑了政治的发展（Bishop & Green，2008）。正如盖尔多夫在描述名人外交实践时所说的："你必须照现有的方式，而不是你想象的方式、你可能期望的方式，或者你觉得它应有的方式去参与政治。你必须同这

样的权力，以及那些掌握权力的人和机构，以它们的方式来打交道。"（《卫报》，2005 年 12 月 28 日）

　　这种参与政治的务实原则是由摇滚名人推动的。在库珀对"八方支援"的描述中，这些摇滚名人"在具备变革能力的同时又以结果为导向，因为他们将对社会正义问题的批判性感知力与用工具主义方式解决问题的愿望结合起来"（A. F. Cooper，2007：5，强调部分为作者所标示）。团结音乐会坚持"解决问题"的立场，而不重复空话，因此持积极立场的理论认为它是人道主义的真实表现。这种实用精神反映的是一种反官僚主义文化，用盖尔多夫的话来说，就是挑战充斥着"空洞承诺"的旧式政治，并导向真正的、即时的社会变革。同时，它还可以为摇滚工业和政治精英带来好处。之前的批评认为摇滚明星被政治精英笼络了，盖尔多夫对此的回应再次指出了道德论证的真实效应："是的，但人们还活着……当工作室里一群人努力的最终结果是毫无疑问地帮助了数万人维持生命时，批评还有什么意义？"（《滚石》，1985 年 12 月 5 日。引自：Hague，Street，& Savigny，2008：12，强调部分为原文所有）

　　总之，对仪式人道主义保持积极立场的观点认为，团结音乐会的愿景是致力于建设真正的世界主义，并承诺要产生真正的影响力，这二者一起成为其本真性策略的核心要素。一方面，摇滚音乐的情感经济似乎成为催化剂，刺激西方成为一个真正坚定的、充分在场的社会团结的主体。另一方面，摇滚音乐与政治的融合景观表明了一种务实观念，即把政治代理人当成真正的行动者，因为他们能够改变那些需要帮助的人的生活。

　　相反，批判性立场则对仪式人道主义的崛起保持怀疑态度。这种观点认为，摇滚音乐会并不能表明流行文化的转化力量，即以新的方式把公众转化为政治主体的力量。相反，它标志着消费文化的简化力量，即把人道主义事业简化为去政治化的商品，剥夺其政治和历史内涵。这种立场也有两个主要的论点：首先，它把团结音乐会看作消费主义粉丝文化的催化剂（见对奇观的批判）；其次，它把团结音乐会看作与霸权议程的合作，认为其会侵蚀而非促进人道主义政治（见对帝国主义的批判）。

这种立场认为，在人道主义领域被彻底商品化的背景下，摇滚音乐会培养的是消费型公众，把人类的苦难变为奇观，并将人道主义事业附属于摇滚明星的超凡魅力表演。这种立场属于一个更广泛的质疑话语谱系，是对文化产业及其异化效果讨论的一部分。它起源于法兰克福学派对流行文化的分析，即认为流行文化其实是个人表达的幻觉，实际上，它把公众能动性驯服在被动或"倒退的倾听"等一些实践之中（Adorno，1938/1991：270）。然而，对奇观的当代批评从两个方面深化了早期的批判。

首先，它指出全球摇滚文化在其塑造的远方苦难的意象中维持和合法化殖民统治的连续性。批评者说，仪式人道主义不是要建立一个真正的世界性社区，而是要维持一种非常不平等的世界秩序，这种秩序建立在文明的"我们"与劣等的"他者"之间的文化分隔上。这就是被 2001 年英国海外志愿服务报告（VSO）称为"来自'现场支援'的遗产"：极端剥夺和贫困的刻板印象，以及西方援助的强大形象，都在强化非洲作为无助的受害者，应该得到和要求西方援助以获得生存。

其次，对商品化的批评指出了团结音乐会与市场之间有着密切联系，并不是摇滚文化的激进主义促使"现场支援"和"八方支援"出现，实际上，它们是为强调工具性和效率的市场精神所驱动的。这就使得关于权力的系统性问题被置于即时效果的逻辑之下，强调"把事情做完"而不是解决发展问题的复杂性（Hague，Street，& Savigny，2008）。让政治从属于市场的一个严重后果就是将音乐会的观众重塑为盲从的粉丝群。他们参与此类活动仅限于"发短信和观看，至于积极参与的事情则留给精英"（Crouch，2004：49）。这种消费主义式的参与并不是在履行全球公民身份，而是作为"新自由主义议程的合法化剧场，一种舞台式的模拟民主'在运作'"（Biccum，2007：1112）。

因此，对仪式人道主义的第一个批判性论点揭示了"流行文化的世界主义"的不真实性，认为它是一种不完整的集体行动形式。它不仅通过"他者化"的图像学拒绝了远方受难者的合法性，又把西方的公众简化为消费粉丝，将他们参与媒介事件的行为商品化。

对仪式人道主义的第二个批判性论点，则从批评世界性公众（*publics*）的不真实性转向谴责摇滚音乐会的政治代理人（*agents*），认为他们同样是一种不真实①的表达，依然是一种西方霸权。与积极立场相反，批评者认为摇滚乐与市场的融合在这里非但不是人道主义的成功，反而是人道主义未能对贫穷的根源做出激进回应的原因。尤其在"八方支援"音乐会的案例中，音乐会被指责屈服于名人奇观的诱惑。事实上，早已有人批评"现场支援"音乐会是一场共谋。那场音乐会是为了高尚事业而进行的第一次"营销"："'现场支援'所代表的是盖尔多夫赋予音乐的一个价值，即吸引人群和赚钱的价值。"（Hague，Street，& Savigny，2008：10）这种批评的核心思想是仪式人道主义被视为一种政治合法化的形式，可以不再依赖于集体行动主义，而是依靠包括摇滚明星在内的精英人士在幕后运筹帷幄。在这个意义上，摇滚音乐会的超凡魅力代表着一种新的符号资本，通过名人的文化政治被注入全球治理的传统结构中，但最终并没有设法使人道主义领域民主化。并且只要它在这个"后民主"框架内发挥作用，人道主义就无法回避这样的风险："这些组织用快乐和幸福来装点门面，但却在如何营销自己以及如何开展国际关系方面存在严重缺陷。"（Alleyne，2005：183）

因此，不真实性成为批判性立场的核心主题，它质疑了仪式人道主义塑造世界性公民和使全球政治民主化的能力。对奇观的批判突出了奇观的"他者化"效应以及将西方公众降格为消费者的过程，对帝国主义的批判则说明了名人扮演着一种霸权角色，在延续而非挑战发展领域中的权力关系。

总之，关于仪式人道主义的现有研究围绕着"本真性"这个概念而展开，或是肯定或是批评摇滚音乐会在促进共同体的生成和合法化社会团结中扮演

---

① 作者在邮件里进一步解释了"inauthentic"。"不真实"主要来自左翼激进分子对大型慈善音乐会的批评。批评者认为它们之所以不符合它们所声称的目的，即带来社会变革（结束贫困或创造历史），恰恰是因为这些音乐会是由利润驱动的新自由主义项目。

的角色。积极立场认为摇滚音乐会的文化政治是一种情感经济，可以唤起真正的承诺；而持怀疑立场的观点则质疑摇滚音乐会作为道德话语的本真性，其理由是它最终会和人道主义的权力结构联系在一起：奇观与帝国。

尽管不同立场都在自己的前提下提出了令人信服的理由，但是整场辩论并没有定论，因为它最终只是在不断地重复两个看似可信但实际上无法相容的主张，耗尽了辩论的意义。与其在这种辩论中采取先验的立场，冒着进一步重现理论僵局的风险，我建议我们暂时悬置理论争论，转向经验性研究。我认为这种分析过程不应该把本真性视为理所当然，去质问人道主义的仪式化表演是否真实，而应该把本真性这个概念本身问题化，认为它是所有戏剧化表演必备的一个真实-主张——它并不先于交际实践而存在，相反，它是在特定的历史"时刻"通过这些实践而被建构出来的。

114   之前本真性被作为评估仪式人道主义的道德影响力的标准，如今我将它当作分析对象，剖析它如何生产道德影响力。于是，现在我们就可能转向一个解释学框架，来解释摇滚音乐会是如何生产关于社会团结的意义，以及如何把特定的共同体放置在其他形式之上的。在这样的分析框架下，我接着讨论仪式人道主义的两个关键"时刻"："现场支援"和"八方支援"音乐会。

对仪式述行性的分析："现场支援"和"八方支援"音乐会

摇滚音乐是如何通过美学实践来表演社会团结的？将这个问题作为研究对象就是我们所说的仪式表演分析法。"分析"这个概念来自福柯。他对权力本质的理论和分析论证做了一个亚里士多德式区分①，从而有助于我们看到这样的事实，即摇滚音乐会作为人道主义实践其实是一种权力的手段。这并不是说它强加了一种关于团结的同质化意识形态，而是说它通过提供规范性话语巧妙地规制了表演者与观看者之间的社会关系（Chouliaraki，2006）。从

---

① "亚里士多德式区分"指的是亚里士多德将世界分为"不可变的事物"和"可变的事物"。

这个角度来看，"征服"是这种类型的媒介事件的主要脚本，但是对摇滚音乐会的视觉、听觉和语言方面的关注并不是说简单地去描述这个主题的美学，而是要试图去探讨这种美学如何生产关于社会团结的真相，从而通过告诉观看者应该关心什么和为什么要关心来形塑他们的道德行为。

所以，对仪式人道主义的分析包含了对摇滚音乐会表演方面的双重关注：人道主义的具体表演（performance）以及其述行性（perfomativity）。前者分析这些音乐会如何通过语言、声画的审美选择来把自己变成对人道主义事业"真正的"承诺。后者试图验明这些选择的话语效应，是如何把西方的观众变成社会团结的道德主体的。

这种分析语言受巴特勒（Butler，1993）启发，坚持后结构主义的意义理论立场，避免了用决定论来理解述行性，不会过分夸大话语对主体进行全方位规制的权力效应。相反，它强调在述行性与具体表演之间富有生产性的张力。但正如我在第二章和第四章里所提到的，述行性指的是仪式人道主义的规范性维度，也就是"对那些规范的重复，它产生于表演者之外，是对表演者的约束，不能被视为表演者本身的'意志'或'选择'"①（Butler，1993：234），而表演指的是在每一次仪式化事件中对这些规范的独特、不一样的调用，由此带来了变化的可能性，并可能会在重复这些规范的同时颠覆它们。正是这种富有生产性的张力使得我们可以对"现场支援"和"八方支援"音乐会进行比较历史性分析，就是通过探索变化的表演美学来说明述行性的转变，也即探索其道德话语的规范是如何转变的。 *115*

虽然述行对名人公益的逻辑也十分重要，但仪式人道主义属于另一种独特的交际实践，它的组织不依赖于单个电影明星的形象，像奥黛丽·赫本或者安吉丽娜·朱莉，而依赖于摇滚英雄的集体形象。这里的集体主义表明这种形象是作为"真理的拥有者"而起作用的，即他们是摇滚音乐文化及其独

---

① 此处参考了李钧鹏的译文。具体参见：巴特勒. 身体之重：论"性别"的话语界限. 李钧鹏，译. 上海：上海三联书店，2011.

特的公共仪式的合法代表者，因此在这些启发式表演中，他们既有责任重复一些惯例，也要为他们的公众清晰地展示每次演出的独特性（Eyerman & Jamison，1998：24）。从理论意义上说，仪式人道主义与好莱坞的名人一样具有戏剧结构，并且调用了一种独特的戏剧逻辑，因而它也需要一种不一样的分析语言来描述它的关键人物是如何表演社会团结的。

我认为，这种分析框架首先要承认摇滚音乐是一种情感经济，通过把快感转化为一系列道德和政治承诺来规制观众。正如格罗斯伯格（Grossberg）所说的，"快感的文化生产决定了流行文化最常见的关系"，因而产生了"要事地图。这个地图决定我们在世界的投资，……决定我们自我认同的潜在位置"（Grossberg，2006：584-585）。

这种情感道德经济的核心是具有超凡魅力的表演。根据韦伯（Weber，1978）的说法，这是一种公共权威的形式，通过仰慕和依恋的情感——"忠诚于异乎寻常的神圣、英雄主义或典型人格，以及他所展示或命令的规范性模式或秩序"——来调节整合社会（Kronman，1983：67）。的确，超凡魅力的初始定义具有宗教色彩，但今天它已经包含了世俗意义的权威。然而尽管如此，这些权威仍然强调了权力行使中的情感或非理性层面。正如我之前所说的，一个典型的例子是"征服"这种罕见的媒体事件，其交际脚本正是由"单枪匹马克服各种苦难的钢骨虎胆英雄们"[①] 来推动的（Dayan & Katz，1992：31）。

如果"现场支援"音乐会可以被定义为以征服为主题的媒介事件，那么这不仅仅是因为它是广播历史中的一个独特时刻，被盛赞为慈善事业筹集资金的"转折点"（Edkins，2000：106），更是因为它和"八方支援"音乐会一起，与独一无二的人物——盖尔多夫和波诺——的非凡主体性绑定在一起。在这个语境下，超凡魅力不是指上帝赋予这些个人的与生俱来的权威，而是指他们通过传播交流引发行动的可能性，即它可以动员公众情感，从而代表

---

① 引自麻争旗的中文译本，第 36 页。

诸如独特、非凡和"克服各种苦难"的行动（Dayan & Katz，1992）。因此，这种世俗意义上的权威并不仅仅体现为摇滚明星的个人能动性，更进一步体现为"我们"作为一个集体的形成——摇滚英雄人物号召观看的公众来"见证不可能的使命"（Dayan & Katz，1992：31）。正是这种见证超凡魅力的魔法通过媒介技术把音乐会（"现场支援""八方支援"）的观众变成了粉丝公众，即"超越民族边界……变成既是民族的又是国际的公众"（Hall & Jacques，1989：11）。

在这个语境下，赋魅指的是超凡魅力表演中的情感力量，它可以把全球公众聚集在统一的集体身份下，"通过分享感受和想法……加入共同感兴趣的粉丝'社区'"（Jenkins，2006：41）。一方面，可以把这种见证的行为解读为阿多诺意义上的"退化"行为的诱惑；另一方面，也可以把这种通过见证而赋魅的行为解读为一种赋权，即它可以使一大群摇滚粉丝与魅力巨星联合起来，表达他们作为"一个整体（as one）"的集体意愿。我不会过早地在这两个阵营——退化还是赋权——间站队，我倾向于把赋魅当作仪式人道主义的话语效应，它会随着时间的改变而改变。

超凡魅力是指摇滚明星的超凡能动性，而赋魅是指把西方转化为超凡魅力见证者的神奇链接力。这两个分析范畴被用来探讨本真性是如何通过仪式人道主义被表演出来的，以及摇滚音乐是如何传达其事业有着真诚的意图或者有着真正的效果，从而可以在这个事业中最大化地利用格罗斯伯格所说的"投资力量"的（Grossberg，2006：585）。

但是这些传播策略并不是在真空中运行的，而是体现了在不同历史时刻对弱势群体采取集体行动的本真性。社会团结是通过苦难的言语和画面来表现的，其形塑了每一场音乐会、每一个宣传活动、每一场艺术家演讲、第一次视频放映，或者每一段幸存者证言。正是这种社会团结的表演最终把对音乐会的观看变成一种道德化的体验。在这里，社会团结的表演再一次使得见证行为成为可能。但这不仅是戴扬和卡茨意义上的音乐媒介事件，还是对远方苦难的观看，是把摇滚公众聚集在一起的见证行动，这就是格罗斯伯格所

117

定义的"关注的本质"（Grossberg，2006：585）。

在一个令人着迷的摇滚音乐会上见证他者的脆弱性，这种见证行为的双重性把"现场支援"和"八方支援"音乐会的全球观众建构成一个暧昧、矛盾的集体——他们既可以是潜在的世界主义公众，同时也可以是商品化的音乐粉丝群。仪式人道主义的这种暧昧的述行性，在摇滚粉丝活动与道德承诺之间摇摆不定。而这就是我对这些音乐会的道德策略分析的核心焦点。如今，人道主义日益工具化和技术化。以此为起点，我假设从1985年的"现场支援"到2005年的"八方支援"，摇滚音乐会在美学品质上发生变化的同时也在重构观众的道德能动性，使粉丝实践越来越企业化。而正如我提到的，至于这些实践能否赋权或者在何种程度上赋权，并不是一个理论性问题，而是一个亟待解决的经验性问题，至少需要通过分析音乐会的具体表演实践来解决。

总之，我将分析焦点放在这个双重性上，以此将摇滚音乐会作为一种情感的道德经济来讨论，并分成两个维度：第一个维度聚焦于每场摇滚音乐会的本真性策略，展示每场音乐会的两个关键美学选择是如何将事件构造为真实的行动，从而加强其歌迷对慈善事业的承诺的。这个分析强调（i）超凡魅力的表演，它将人道主义摇滚明星塑造成"英雄"的形象，以及（ii）激发赋魅（evocation of enchantment），它通过技术带来的无所不在和现场感把音乐会的粉丝塑造成一起见证的公众。第二个维度则聚焦于道德策略。每一场音乐会的美学选择都为它的公众提供了特定的团结品质。这里最重要的一个概念就是苦难的见证。它指的是人类的脆弱性如何进入音乐会并成为集体承诺的缘由。让我从对"现场支援"音乐会的分析开始。

"现场支援"音乐会

"现场支援"音乐会（见图5-1），是"喂养世界（Feed the World）"运动的一部分，于1985年7月15日举行，由阵容强大的摇滚巨星加入其中为慈善事业演唱歌曲，包括现状乐队（Status Quo）、皇后乐队（Queen）、恐怖海峡（Dire Straits）、大卫·鲍伊（David Bowie）、菲尔·科林斯（Phil Collins）、U2 乐队，以及乔治·迈克尔（George Michael）。他们同时在世界上的两个角落一起演唱了鲍勃·盖尔多夫和米奇·尤尔（Midge Ure）共同写的歌曲《他们知道现在是圣诞节吗？》（*Do They Know It's Christmas?*）。它的两个现场分别是伦敦的温布利体育场和费城的肯尼迪体育场。"现场支援"被称作"20世纪80年代的伍德斯托克音乐节"，组织者是当时来自朋克/摇滚乐队新城之鼠（Boomtown Rats）的歌手鲍勃·盖尔多夫，旨在为埃塞俄比亚的饥荒筹集善款[6]。这场双城音乐会持续了16个小时，一共募集到了3 000万英镑的善款，以及后续1.2亿英镑的物资。当天分别有7.2万和9万名观众在温布利和肯尼迪体育场现场观看了音乐会。此外，该活动被150个国家的卫星电视同时转播，成为全球观看历史中的一个分水岭时刻——其电视观众估计有19亿，这是有史以来观众数量最多的媒介事件之一[7]。这场音乐会如何将"喂养世界"运动认证为合法的行动，并且说服人数众多的全球公众参与进来？我认为它是通过摇滚明星的超凡魅力和对大众赋魅合力达成的。前者主要通过鲍勃·盖尔多夫来表现，后者则通过传奇式的现场表演形成前所未有的、全球级别的链接。

图 5-1　"现场支援"音乐会（1985，格蒂·伊马哲斯）

"现场支援"的表演

摇滚浪漫主义的超凡魅力

盖尔多夫举办"现场支援"音乐会的念头产生于 1984 年 10 月 23 日他在英国广播电视公司看到的一则令人震撼的新闻[8]，新闻报道了埃塞俄比亚科伦难民营正在遭遇饥荒问题。这则新闻被盖尔多夫描述为"人性大暴露"，它促使盖尔多夫利用他最熟悉的资源——音乐——行动起来："所以我想，我该怎么办？我有一个平台。我可以写曲子，但是我们的乐队不够热门。这让人很难堪……很明显，我必须聚集一些人。"[9]盖尔多夫凭一己之力开始的倡议以及后来的成功都表现了他的超凡魅力——一种非同凡响的行动力，可以利用音乐产业召集到一个可以集体行动的共同体。尽管社会团结的浪漫主义与音乐行业的商业主义表面上看起来并不兼容，但我认为这二者都是盖尔多夫超凡魅力的构成要素，这二者共同将"现场支援"音乐会打造成为仪式人道主义的历史时刻。

浪漫主义是摇滚文化的一个重要特征。它将摇滚理解为一种真实、原初的自我象征，对抗着社会束缚——一种"真正表现艺术家的灵魂和精神，并始终保持与政治和文化对立"的音乐（Auslander，1998：5）。在这个话语中，摇滚象征的音乐文化与一个更广泛的浪漫主义运动产生了共鸣，它们都歌颂个人英雄主义，并以不对等的力量来对抗权力机构。在这个意义上，浪漫主义是本真性的一个关键标志，让摇滚风格化，并成为社会抗议和群众动员的大众历史的一部分。盖尔多夫说："我做的所有事情都通过音乐。音乐给我机会去表达：滚蛋①，事情不应该像现在这个样子……这一切想法从我 11 岁，听约翰（John）、保罗（Paul）、米克（Mick）、鲍勃（Bob）和皮特（Pete）开始。"[10]

"我做的所有事情都通过音乐。"在盖尔多夫的这句话中，自我表达以及

---

① "滚蛋"的英文原文是"fuck off"，是一句脏话。

反建制的感情都表现得很明显，它们是浪漫主义的两个特征。而"这一切想法从我 11 岁，听约翰、保罗……"这句话用反叛音乐家的声音强调他接受的是非体制内教育。在这里，盖尔多夫的超凡魅力的能动性是一种非循规蹈矩的自然性情，他把摇滚作为一种自发反对现状的手段。而且，在很多地方他都习惯性地使用攻击性语言，比如"滚蛋，事情不应该像现在这个样子"。加上他在过去的 25 年里一直保持着愤怒、不修边幅的艺术家的公众形象，这进一步地证实了他的这种真性情。

但是盖尔多夫的超凡魅力并不是纯粹的浪漫主义。它同时包含着浪漫主义的对立面——商业主义的话语。后者把摇滚音乐看作一种"挣大钱"的符号，并反映在盖尔多夫为"现场支援"音乐会制定的招募策略上。他邀请了许多超级摇滚巨星，并认为"拥有百万销量的明星越多越好。因为人们会来观看他们最喜爱的明星表演，并且做出贡献来"（Geldof，1986：264）。这种商业化话语与"把事情搞定"的逻辑紧密相关。正如我们已经看到的，这使得"现场支援"音乐会变成主要用来筹款募捐的企业活动。这在盖尔多夫戏剧化但充满争议的呼吁中体现得尤为明显。他在音乐会进行到一半的时候，对英国广播公司的观众喊道："把你们该死的钱都给我们！"这种反建制的工具主义混杂了上述两种话语元素——浪漫主义和商业主义。这种混合的能动性使用了一种"废话少说（no-nonsense）"的脚本，既挑战又利用了现有的系统来满足自己的利益。

在这里，盖尔多夫的超凡魅力不仅体现在不因循守旧的能动性上，还体现在他策略性地把这种能动性与一种带有攻击性的工具主义结合起来。他的摇滚音乐人设带有强烈的个人主义色彩，因此其超凡魅力可以被概括为通过社团手段（corporate means）来反对社团主义①（anti-corporatism）。正如他曾说过的："我需要钱，因为它帮我买到了个人自由。这个社会限制着我，阻碍着我，我不喜欢这样。我真的需要逃离这个社会，而我能看到的唯一出路

_120_

---

① 又可译成"反对法团主义"。

是，比别人拥有更多的钱，这样我才有选择，才能选择自由……"[11]

如上所述，"现场支援"音乐会的筹款策略体现的是一种社团式的反社团主义。这种做法的确使得音乐会远离了政治和"旧式政客提供的空洞承诺"（Hall & Jacques，1989：11），转而依赖无中介的捐赠，试图最小化艺术家需要付出的成本。比如，通过直接捐赠和社团企业的赞助可以最小化艺术家的版权成本。"我们的想法是没有录音，没有录影，没有视频，只有15分钟的热门歌曲，然后各回各家。"[12]这种做法对人道主义领域产生了深远的影响，因为它支持一种"公共参与的交易模式"，并单单强调"赠予的力量"，而不再需要做其他事情，但是正如我们即将看到的，它也把埃塞俄比亚的饥荒政治边缘化了[13]。

技术的赋魅

"在这个演唱会上，有些东西是独一无二的，"现状乐队的主唱在描述这个事件时说，"我甚至不确定从那时起我是否再有过类似的感觉。"[14]正是这种难以形容的独特性可以被定义为赋魅——一种"令人兴奋的境况"，"积极地卷入特定对象的感官体验……一种互动式着迷的状态"（J. Bennett，2001：5）。虽然赋魅最初指宗教仪式激发信仰共同体的功能，但是现在这个词与名人文化联系在一起，因为"名人和粉丝文化为现代和世俗形式的崇拜与偶像迷恋提供了一个祭坛"（Hjarvard，2008：2）。我的讨论与"现场支援"音乐会的赋魅过程中的两个维度相关：一是无所不在的感觉，即与他人一起见证；二是现场感，即见证此时此刻正在发生的事情。

121　　当时最尖端的卫星设备让这种无所不在的感觉成为可能。在整个16小时的直播中，这些基础设施让大西洋两岸的观众们深化了集体见证的意识。它们由当地主要的广播公司提供[15]，但为了保证演出可以跨时区同步，组织者对音乐会时间进行了安排，这样大西洋两岸可以步调一致。菲尔·科林斯更是通过乘坐协和式客机，在两地都进行了演出，这在摇滚音乐会的历史上是独一无二的。米克·贾格尔（Mick Jagger）和大卫·鲍伊也试图分别在温布利和肯尼迪体育场进行跨大西洋协同表演，但这个同样雄心勃勃的想法却因为技术原因被放弃。

　　此外，这种前所未有的全球关注度也被挂在嘴边。这包括，英国广播公司主持人理查德·斯金纳（Richard Skinner）在致开幕辞时说道："现在是伦敦中午 12 点，费城早上 7 点，全世界都变成了'现场支援'的时间。"在温布利体育场的第一场表演就是现状乐队的《全世界摇滚起来》（Rockin' All Over the World）。而观看的人数也时不时被提及，比如在演唱闭幕歌曲《他们知道现在是圣诞节吗?》的时候，盖尔多夫提到技术难题时说道："我们要振作雄起，我们将和 20 亿正在观看演出的人一起雄起!"这句话激起了体育场观众的热烈掌声。

　　如果说电子媒介带来的同时性如同一种仪式，让我们重温了那种集体聆听的部落体验，那么霸占了人们注意力的"现场支援"音乐会则试图用摇滚音乐的共同经验把它的观众们变成全球共同体。用一个参加者的话来讲："我观看了在温布利的整场表演，并且熬夜看完了在费城的表演，因为我想看菲尔·科林斯能否跨越大西洋及时地赶赴演出。没有其他任何演出可以比得上'现场支援'音乐会在温布利的现场演出了。"[16]所以，就算卫星在技术上把观看重塑为一种全球共振的体验，这场部落音乐会的重要催化剂仍是现场感，它使得全球公众以仪式的形式被整合到一个感情共同体中来。

　　"现场支援"音乐会请到业界最闪亮的明星来表演，并且得到有史以来规模最庞大的音响技术设备的支持，这使得它被誉为史上最伟大的音乐盛事。一个参加者在回忆温布利音乐会的"感觉"时说："我记得现状乐队上台了，人群的欢呼声越来越大，以至于你几乎都听不到音乐开始了，然后便听见《全世界摇滚起来》那绝对不会被认错的歌声。我感到整个国家都在欢呼。"[17]这种赋魅的经验是一种"互动式着迷"，其触发点是现状乐队的歌曲在现场的演唱。"《全世界摇滚起来》那绝对不会被认错的歌声"不仅仅在体育场内引发了一种"在一起"的感官体验，同时"人群的欢呼声越来越大"，最后超越了体育场的边界，让"整个国家都在欢呼"。现场乐队的主唱讲到这

122 个时刻的时候也回想起相似的情感共鸣。这种非比寻常的共鸣模糊了他作为表演者与他的粉丝之间的界限："我们为这群人演唱，他们也是演出的一部分。他们才不是仅仅为了出现在这儿而掏钱的，他们是这个盛事的一部分。"[18]

赋魅在这里通过音乐仪式实现，它不仅可以跨越空间，而且正如"现场支援"音乐会的名字所暗示的那样，它也能统一时间。现场时间是同时见证的神奇时刻，正如戴扬和卡茨所说，"悬置怀疑，压制玩世不恭的态度，进入'虚拟语气'的文化模式"（Dayan，2010：28）①。现场感唤起这种乌托邦式的"在一起"的感觉，而恰恰是这种唤起使得它可以进一步被当成对摇滚音乐本真性的最有力保证。正如格罗斯伯格所说，与录音相反，"它就在这里——在它的视觉呈现中，摇滚经常最明确地表现出对主流文化的抵制，同时表达对娱乐事业的支持"（Grossberg，1993：204）。

尽管将这种集体力量视为抵抗的意识理所当然是人道主义社会团结想象的一部分，但是格罗斯伯格提到的"娱乐事业"同时也让我们注意到现场直播的矛盾性：它既是赋魅的过程又是商品化的过程。这种论点表达了对仪式人道主义的深深怀疑。让我们回忆一下，这种观点认为"现场支援"音乐会只不过是道德观被市场异化的又一个例子。因此我们的问题依然是，超凡魅力和赋魅作为认证的两个策略是如何设法生产出音乐会对社会团结的道德承诺的。这就是我接下来要讨论的问题。

"现场支援"的述行性

"现场支援"音乐会让人们看到了一则英国广播公司对科伦难民营饥荒和死亡的报道，再也没有其他东西比这一则报道更能体现这场音乐会的道德化策略了。在温布利和肯尼迪体育场的大屏幕上，"在特写镜头下，一个婴儿小

---

① 此处原著的注释有误。应为：Dayan, D. (2010) 'Beyond media events: Disenchantment, derailment, disruption', in A. Hepp et al. (eds), *Media Events in a Global Age*. Routledge, pp. 23 - 31.

小的身体上顶着一个大大的脑袋，他嘴巴张开，无声地哭泣着"，埃德金斯接着描述这最引人瞩目的一幕："婴儿紧贴着妈妈的脸。妈妈用遮着两人的布挡住了婴儿，把婴儿拉过来，低下头看。婴儿虽痛苦但依然沉默，眼睛紧闭着，张着嘴巴，继续无声地哭泣。"（Edkins，2000：107）这画面产生了直接的影响力，捐赠率在其放映之后显著地上升。而更深层次的影响则体现在对人类苦难的见证成为音乐会最重要的情感力量。

　　苦难的升华

　　这则新闻让我们见证了科伦的苦难，并触动了我们的情感，但是却没有提供让我们可以实际行动起来的方式。正如埃德金斯所说的："我们看着，但却十分无助，既无法阻止这样的事情又心里牵挂着。"（Edkins，2000：115）而我认为，"现场支援"音乐会的仪式人道主义正是解决面临苦难无法行动的一种努力。科伦已经被"升华"为无法忍受的苦难象征，而在西方历史里，"升华"是一个关键的象征性比喻，以此来驯化远方的苦难。"升华"的重点是将人类的不幸作为一种景观来展示，让观众在能以审美的方式对其规模之大进行深思的同时避免受到强烈的情感冲击。

　　"现场支援"音乐会的两个特性使这一切成为可能：将科伦的画面嵌入音乐会庞大的美学装置中，同时呼吁慈善捐赠。科伦的这一系列令人难以忘怀、关于脆弱人类的画面一开始通过大卫·鲍伊介绍，后被"汽车乐队"用作《行驶在路上》（Drive）这段表演的背景。这里不仅没有图像的语言框架，因此没有关于这个场景的解释性叙述，并且歌词本身也把这个场景从历史背景中分离出来，并把它插入一个泛泛的但是生动流畅、忧郁的语言世界中：

　　　　谁会告诉你什么时候为时已晚？谁会告诉你什么事糟糕透了？你不能一直认为所有事情都没出问题。

　　在这里，"你不能一直认为所有事情都没出问题"被多次提起，这是一种反浪漫式话语，暗含着对现状的抵制。同时，画面图像把人类的脆弱性表征为殖民式的"赤裸生命"。因此，其在身体层面（面黄肌瘦的身体、瘦削的脸颊、无声的哭泣）凸显并具体/客体化（objectify）饥荒。这个过程忽略了受难者是在经济和政治条件的广泛制约下行动的历史主体（Edkins，2000）。

在这个意义上，升华是一个有着双重步骤的象征效应。首先，科伦奇观通过对受难身体的特写镜头，以最悲惨的方式提供了关于人类不幸的证据，同时汽车乐队的舞台表演和歌词又把这种奇观从历史背景中摘出，以此保护观看者不受这种创伤的冲击。虽然苦难被净化了，摇滚表演带来的部落式安慰消除了人们面对脆弱之躯时的恐惧，但是如果音乐会放弃把苦难当成一种纯粹的美学考虑，"只是轻轻触及便迅速转移到其他话题"（Boltanski，1999：129），那么它只能保持其道德合法性（而无法引发行动）。恰恰是盖尔多夫频繁的请求让行动成为可能。"今晚请不要去酒吧。请留下来把钱捐给我们。此时此刻有人正在死去！"[19] 他的这些呼吁提出了行动的要求，在"现场支援"音乐会上成为一个互补的表征修辞。

124 　　恰恰是这种苦难净化的标准含义可悲地变成了"现场支援"的遗产（VSO Report，2002），即把净化了的苦难当作我们仁慈捐赠的对象，让非西方苦难的背景脱离了历史，把"他人"变成缺乏尊严的肉体存在，并继续再生产发达的西方与不发达的全球南方之间的权力关系。

援助的普世道德

"'现场支援'的遗产"是一种规范性道德观，其必要因素是"不要再等什么政治分析，立即行动起来挽救生命"（Edkins，2000：120）。这种道德观对埃塞俄比亚饥荒做了一种政治化的解释，指出其背后是系统性的落差。例如盖尔多夫声明："我们看到的事情显然是不应该发生的，在我看来这是一种犯罪：3 000 万人正在死亡，与此同时，在欧洲，我们上缴的税款却被用来种植我们不需要的食物。"（2011 年 1 月 4 日）但是，这里所调用的不是关于正义的话语，并不将饥荒视作全球不公正和地方冲突的政治性后果，而是调用拯救式道德观，将饥荒视为对生命本身的直接威胁，因而可以免于政治争论。正如盖尔多夫所说的那样，"我可以做任何事情来实现这种承诺"，"因为这种特殊实践所附带的一个奢侈权力就是，你可以确定你所做的任何事情在道德上都是正当的"（Geldof，1986：224）。

　　这种道德观锚定在被净化/升华的饥饿肉体之上。它之所以具有普世性，不仅是因为它把人类的身体作为道德优越性的证据，也是因为它压制了其他的道德主张，包括对正义的主张，从而把自己展示为人道主义唯一合法的道德观。而这种普世性，即"任何人都不能否定这样的事实，'我们'都反对饥荒"（Hague，Street & Savigny，2008：18），已经成为"现场支援"音乐会被严厉批评的一个方面。批评家认为，对共同人性的强调首先遮蔽了造成暴力和贫穷的社会条件，而当捐赠政治代替了更为激进的方式来应对苦难的时候，它是无法挑战这些生产苦难的历史境况，也无法承诺一个更为公平的世界的（Edkins，2000）。这些批评家认为，"现场支援"音乐会形成的集体行动和联结并不是一个普世的应对方式，而只是对科伦劫难的一个具体的、去政治化的回应。但是这种回应方式定义了西方如何理解非洲，以及讨论关于发展的政治问题。正如英国海外志愿服务报告（VSO，2002：5）所总结的，"16年过去了，'现场支援'，乐队援助（Band Aid），以及埃塞俄比亚饥荒依然强烈阻碍着我们对发展中世界的理解"。20年之后，"八方支援"这个继承者在关于苦难的表征实践和社会团结的规范上又做出了什么样的改变？

"八方支援"音乐会

125

　　恰逢"现场支援"音乐会20周年之际，"八方支援"音乐会（见图5-2）在2005年7月6日至8日举行，赶在同年7月2日G8会议之前。音乐会的地点选择了G8国家、南非和爱丁堡。在盖尔多夫和波诺的领导下，这些音乐会以政治议程为框架，与一个主要的非政府组织联盟——全球消除贫困联盟［the Global Call to Action Against Poverty，在英国为"让贫困成为历史（Make Poverty History）"，在美国为"一体行动（ONE campaign）"］合作。

因此，"八方支援"音乐会不像"现场支援"音乐会，不仅涉及捐赠，还包括公众请愿以及改变政策等议程，为此，它邀请到了许多重要的公众人物，如科菲·安南和比尔·盖茨（参加了伦敦音乐会），以及纳尔逊·曼德拉（在南非现场）。这些活动汇集了1 000多位音乐家，在182个电视网和2 000个广播网播出。其也利用了融媒体技术，有意使全世界的视听人数达到前所未有的高度。据说视听人数高达55亿，不过这个数字并未得到证实[20]。

图5-2 "八方支援"音乐会（2005，埃里克·范德维尔/加马-拉蓬/格蒂·伊马哲斯）

"八方支援"音乐会的表演

职业化的超凡魅力

"现场支援"音乐会最开始是因为盖尔多夫被科伦的新闻触动而自发组织起来的。但是"八方支援"音乐会就不一样了，它是在两位专业的名人外交家的合力精心策划下开始的：一位是盖尔多夫，现在他已经成为经验丰富的全球活动者；另一位是波诺，他则是游走在"联合国千年发展目标"行动计划领域的一位娴熟说客。盖尔多夫树立起"挑衅的反外交家"的自我形象，波诺则依靠他的"迷人且具有说服力的方式"来进行精明的外交游戏

（A. F. Cooper，2007：8－11）。

　　盖尔多夫和波诺各有各的超凡魅力，分属两种不同的版本，但都是专业化的，并且不再像在"现场支援"音乐会上那样对精英保持愤怒、鄙视的态度。相反，他们都以一种明智且现实的方式参与到全球治理中。他们行动成功与否取决于精英政治的内部斗争，而非外部斗争。尽管盖尔多夫招牌性的声明带着对抗的风格，"如果他们（G8 领导人）都不愿来我们的聚会，那么相信我，我们将会有一个超级厉害（a hell of）的聚会，他们爱来不来（fuck off）"[21]，但"八方支援"音乐会事实上是由专业主义精神所主导的，这主要依赖于波诺圆滑的外交技巧和关于决策的知识储备（Traub，2005）。波诺绝对不是一个未经训练的幻想家。在"八方支援"音乐会长达一年的筹备中，他是最为有能力的公共推广员之一。他的战术智慧让他成为库珀口中的"全球政治的主力操盘手"（A. F. Cooper，2007：7）。

　　与这种职业精神相伴的是对正义的呼声。波诺在开场白中清晰地表明："这是我们站出来做正确事情的机会。我们不是在寻求慈善机会，而是在寻求正义。虽然我们无法解决所有问题，但我们必须解决那些我们能解决的问题。"波诺这段对"八方支援"观看者的致辞不再传达像"现场支援"那样的慈善信息，转而强调要以"正确事情"和"正义"为导向，并且体现了参与政治的一种务实方法："虽然我们无法解决所有问题，但我们必须解决那些我们能解决的问题。"这种对正义的要求包含了增加援助、取消债务和公平贸易三方面议程，因此，它并不仅仅是一场民众抗议活动，而是更宏大的公共游说策略的一部分，与联合国千年发展目标相关（这个我之前提到的行动计划从 2004 年开始，于 2005 年在格伦伊格尔斯达到高潮）。波诺继续说道："世界上最有权力的 8 个人正聚在苏格兰的高尔夫球场上。现在有很多事情处在成败关头。而我们给他们的信息是，这也是你们的时刻。创造历史，让贫困成为历史。"

　　与"现场支援"音乐会的去政治化处理不同，"让贫困成为历史"虽然只是一种战略性的语言表达，但却试图将贫困问题作为全球不公正历史关系的一部分。然而，该运动也被当作一个强大的慈善资本主义品牌来推广，高度依赖企业社团部门的融资和技术结构的支撑（Biccum，2007）。与"现场支援"音乐会不同的是，"八方支援"音乐会现在不仅包括星光熠熠的阵容，还包括全球消除贫困联盟的一整套推广实践。其重新定义了音乐会应有的含义，如使用了"一体行动"中名人主导的"一键点击"广告预告片、"让贫困成为历史"腕带的量贩式销售、免费在线直播的媒体宣传，以及更重要的是，拉拢名人政治家作为音乐会的支持者。比如，波诺把布莱尔和布朗这对工党搭档类比为"政治上的列侬和麦卡特尼"，散发着"八方支援"音乐会作为"融合景观"的精神气质[22]。

总之，"八方支援"音乐会以新的方式表现着超凡魅力，它偏爱实用主义胜过浪漫主义，用具体的政策变化来取代拯救生命的诉求。这些都把"八方支援"音乐会嵌入了更为广阔的框架中，用促销策略在音乐会中引发集体行动，促进超出音乐会本身的社会团结，以此增强社团主义。而与"现场支援"音乐会的反社团式社团主义不同，"八方支援"音乐会体现了娱乐事业的政治效应。后者虽然并不是一个筹款活动，但却设法为非营利部门创造了 1 600万美元的盈余[23]。

祛魅式赋魅

两个摇滚明星通过他们的双重超凡魅力树立了专业行动主义的品牌形象，以此来保证"八方支援"音乐会的本真性。它将人道主义与政治和市场完美地结合起来，同时也将音乐会与一种祛魅式赋魅过程结合起来，即承认承诺的部落效应。它敏锐地意识到了自身作为社会团结表演的局限性。这种意识很明显地存在于"八方支援"音乐会赋魅过程的两个方面：无所不在和现场感。

首先，尽管大量观众被吸引到了直播"八方支援"音乐会的屏幕前和音乐会现场，但是自从"现场支援"音乐会以来，团结音乐会长达 20 年的历史使得这种全球"聚会"的魅力不再神秘。正如《卫报》所指出的："长达 20

年的慈善唱片、音乐会和名人代言活动（使得人们已经习以为常），毫无疑问让盖尔多夫组织起来的一流的豪华阵容也变得黯淡。"[24]同时，数字观看从电视到移动屏幕的转移，已经把那种无所不在的体验转变为一种更加个体和碎片化的观看行为（Deuze，2006）。至少在某种程度上，为实现同一个目标而形成的全球共振活动被分解成了更加多样且孤立的参与行为。"那种浪漫的共鸣并不存在，"盖尔多夫说道，"'现场支援'有那种'把你该死的钱给我'的时刻，在鲍伊介绍关于饥荒的视频的时候……但是在'八方支援'音乐会上，人们的脑子里从来没有被塞进这样的事实：我所需要你做的是……在那里。"[25]

"八方支援"音乐会之所以缺乏那种"浪漫的共振"，也与其商业和政治选择有关系。这些选择把整个活动的性质变得十分矛盾：一方面号称全面覆盖，却唯独少了非洲艺术家的声音；另一方面试图上演大规模的现场抗议，却允许强国影响议程。　　128

为何只和"国内和国际上最受欢迎的艺术家合作"？对这个问题，"八方支援"音乐会延续了支撑"现场支援"音乐会的社团主义，提供了一个强有力的理由。正如盖尔多夫所坦白的："非洲所有艺术家都有着伟大的音乐才能，但是他们的表演卖不出去。人们不会去看。电视网络也不会待见这种音乐会。"[26]对活动的市场价值的强烈关注正是理解"八方支援"音乐会的主导性框架。它就是一场大型生意，吸引着顶级的媒体平台，如路透社-美国在线网站（Reuters AOL music.com）、时代华纳（Time Warner）和美国有线电视新闻网（CNN），因此，它不仅仅是全球南方的，更是当时刚刚出现的数字市场的关键赞助人。比科姆（Biccum）说道，"八方支援"音乐会作为数字转播历史的重要一章，帮助美国在线（AOL）进入了广播电视版图，为其新服务赢得了数以万计的新客户。此外，"八方支援"音乐会成为自由市场经济中的一个成功故事，通过新技术在消费层面实现了选择的自由（Biccum，2007：1121）。"八方支援"音乐会把来自非洲的艺术家拒于门外，把成功建立在西方音乐工业品牌之上，以及为该工业提供了大量的利润，这些都严重地损害了其"发展正义"事业的魅力。

虽然"八方支援"音乐会的确展现了现场表演的魔力，但是另一边的爱丁堡音乐会却以"巨大的不协调性"结束。一方面，"它请到了詹姆斯·布朗（James Brown），他让整个人群因为'我抓到你了（我感觉良好）'而疯狂起来"（Traub，2005）[27]。但另一方面，也有证据表明直播的本真性被 G8 领导人强加的政治议程进一步破坏。蒙比尔特（Monbiot）在《卫报》上宣称："鲍勃·盖尔多夫告诉艺术家们不要在舞台上批评小布什。我认为这大大束缚住了他们的手脚。"[28]在全球消除贫困联盟里的一些非政府组织中，也广泛地存在着对这种"笼络"关系的质疑，在"八方支援"音乐会中，人道主义与政治机构之间的这种紧密合作使得它不再被看作对主流政策的挑战（而正是这些政策导致了当前全球的分化），反而试图合法化这些带不来任何真正改变的政策。

波诺号召参加"八方支援"的人群自愿地"联合起来对付他们（G8 领导人）"，因为"他们正焦虑着并想要做正确的事情"[29]。批评家在回应这样的召唤的时候提到，强国绝对不会做出妥协，不可能变革国际贸易来最终伤害它们自己的福祉。纳什（Nash）认为这种双重约束是这个运动的"结构性的

129 缺陷"，他的论证充满说服力："指望现有的国际组织把手中掌握的权力让给贫穷国家，这本身就是很幼稚的想法"，而这种良好的期待"说明了对贫富国家之间的社会关系理解不足"（Nash，2008：177）。

总而言之，祛魅式赋魅体现了观众们的集体意识。他们虽仍然能为摇滚界的团结召唤所吸引，但却充分意识到了实现社会团结受到各种系统性的限制。因此"八方支援"音乐会以政治实用主义为特征，不仅放弃了"现场支援"音乐会的浪漫主义，加强了商业精神，而且进一步加强了演艺界与全球精英之间的联系。"八方支援"音乐会是当代媒介事件的典型代表。正如戴扬所说的，虽然这类媒介事件"仍然可以动员大量的观众，但它们失去了很大一部分魅力。在官僚式管理下，在注意力的政治经济中，它们成为一种被开发的资源。它们的魔力消失了。它们已成为战略场所"（Dayan，2008：396）。

"八方支援" 的述行性

"现场支援"音乐会以科伦的画面作为见证苦难的时刻。与此不同的是，"八方支援"音乐会十分克制，并没有将脆弱的血肉之躯放置在大屏幕上供人观看。不论是在音乐会的舞台上，还是在"让贫困成为历史"或"一体行动"的呼吁中，都不再呈现苦难的形象。正是这种缺席将"八方支援"音乐会的团结表演定性为一种策略化的而非普遍的道德观。

苦难的缺席

"八方支援"音乐会只在口头上提到非洲的苦难。比如波诺的开场白："每天都有 3 000 名非洲人——主要是孩子——死于蚊虫叮咬。我们可以解决这个问题……每天都有 9 000 名非洲人死于一些可以预防和治疗的疾病，比如艾滋病……我们可以帮助他们。"音乐会上几乎没有任何关于人类脆弱性的可视化材料。关于苦难的唯一画面是重播了英国广播公司对科伦的视频报道——还是用之前的《行驶在路上》的配乐，最后定格在一个女孩身上，她昏迷在父亲的怀抱中。但是与"现场支援"音乐会的方式不同，图像如今不再被用来见证苦难，而是被视为记忆的一部分。盖尔多夫说道："看看这个小女孩，她本只剩下 20 分钟可以活了。但是因为我们的行动，她上周刚获得了农学学位……我展示给大家的是这条走向正义的漫长道路的开端。我之所以想展示，是为了防止你们忘了我们为什么要拍这段视频。"[30]

在伦敦音乐会上，来自科伦的幸存者比尔涵·乌尔都（Birhan Woldu）在舞台亮相的那一刻，引发了大众的一个情绪上的高潮。这是一个"阈限"时刻。"八方支援"仪式通过这个时刻再次强有力地确认了自己作为捐助者共同体的连续性。它出色地把苦难的现实与其做出改变的愿景融合在一起，产生了戴扬和卡茨所称的"虚拟语气下的文化模式"（Dayan，2010：28）①。比

130

---

①　此处原著的注释有误。应为：Dayan，D. (2010) 'Beyond media events: Disenchantment, derailment，disruption'，in A. Hepp et al. (eds)，*Media Events in a Global Age*. Routledge，pp. 23 - 31.

尔涵·乌尔都待在舞台上，和麦当娜（Madonna）一起跟着《宛如祈祷者》（Like A Prayer）的节奏劲歌热舞。这个幸存者有着漂亮、健康的身体和微笑的脸庞，与音乐会的美学和社会逻辑是内在吻合的。它覆盖了之前可怜兮兮的苦难形象，放大了"赋魅"效应，并且肯定了"八方支援"音乐会试图"做出改变"的精神气质。正如第三章讨论过的，这种苦难的缺席也嵌入了当代人道主义的表征逻辑之中，试图从公共视野中抹掉苦难奇观。

我们可以十分明显地在"让贫困成为历史"以及"一体行动"的交际实践中看到这种转变。其特点首先是将"赤裸生命"式的标志性意象替换为正派迷人的好莱坞名人图像（Nash，2008），其次是让那些可以被同化为"我们"社区"一分子"的幸存者发声（乌尔都是作为一个农学院毕业生被介绍给大家的，她即将开始第一份工作）。这两种传播策略其实是在反思并回应对"现场支援"音乐会的批评——为了与帝国主义撇清关系，它们或者消除弱势他者的存在（比如"一体行动"），或者人性化幸存者的在场（如音乐会本身）。但是同时，它们也指向了人道主义在述行性方面的一个重要转变，即在对脆弱性的表征上，从以他者为导向转向了以自我为导向。我待会儿会接着讨论这个后人道主义的转变。现在，我们先来讨论在"八方支援"音乐会上苦难的缺席是如何合法化启发式团结表演的。

企业家的策略性道德观

"现场支援"音乐会以拯救生命为焦点。相反，"八方支援"音乐会认为最重要的是纠正社会不公，它才是导致伤亡的罪魁祸首。正如纳什所说的，"需要做的是重建国际机构和社会经济关系，而不仅仅是让西方国家的个人直接把钱捐给那些正在遭受不公平后果的受难者"（Nash，2008：169）。正是为了实现这个目的，"八方支援"音乐会采用一种务实的行动原则，优先考虑游说那些有权有势的人，而不是选择自下而上地施压。波诺说道："有时候与其直接攀越障碍，不如绕道而行。有时候你会发现真正的敌人并不像你所想象的那样。"[31] 所以，我将它称为策略性道德观，指的正是通过强调政治经济影响力来精心重组关于正义的说辞。在这里，精英比"障碍"更可取，强大的西方不再是"敌人"，而变成了社会变革的盟友，以期最大化全球政治的外交红利。

然而，这套说辞并不是真的渴望在政治上有效地解决全球不平等问题，例如，改变国际贸易条款。事实上，正如众多评论家所指出的那样，自格伦伊格尔斯峰会以来形势几乎没有发生什么变化。五年后，埃塞俄比亚、苏丹、肯尼亚边境地区再次发生重大人道主义灾难。正如瓦莱利（Vallely）所指出的，G8 会议的承诺，包括 2009 年在拉奎拉做出的承诺，尚未兑现。他说："如果没有西方的承诺，贫困循环（destructive cycle）就不会被打破。饥饿的牧民被迫出售他们的生产资料——牲畜——作为短期生存策略。如果饥荒再次攻陷非洲干旱的土地，那就不应该再归咎于自然，而应该归咎于非洲的军阀和自鸣得意、富裕的西方。"（Vallely，2011）

摒弃真正的改变，"八方支援"音乐会关于正义的说辞转而把政治效能与正义的仪式表达结合起来，比如"让贫困成为历史"这样的口号。政治进程本身只在特定的"条件"下才愿意实施公平贸易的措施，即"贫穷国家必须做一些事情才能有资格获得债务减免，而这些事情与债务本身一样具有义务性，与债务本身一样繁重"[32]。

尽管"八方支援"音乐会的道德观反思并超越了"现场支援"音乐会的拯救式道德观，但它依然有着结构性缺陷，即没有捕捉到西方在延续不平等的国际关系中扮演的共谋角色，并且教给仪式中的公众一种企业家式的轻松温和的行动主义，比如在网上签名、佩戴腕带或者在线观看心仪乐队的表演。这种导向被称为"八方支援"音乐会的"媒体赤字"（Nash，2008：178），它朝着一个"感觉良好"的大型仪式的方向发展，所依赖的策略是"通过奉承有权有势的人，让他们在手持利剑的同时变得稍微仁慈一些，并且提供更多的茶水和同情"[33]。而这背后的代价是使得关键辩论边缘化，不再讨论取消债务和公平贸易对西方国家本身来说意味着什么。那么，从"现场支援"到"八方支援"的轨迹能够告诉我们供西方公众选择的团结秉性发生了什么变化吗？

仪式人道主义的真实效应

将摇滚音乐当作一种仪式化述行的类型可以让我们看清人道主义的另一个关键的交际实践。它创建了人道主义的戏剧空间，让社会团结的表演得以展开。摇滚音乐会被当作对人道主义事业的真正承诺，在其表演中则通过超凡魅力和赋魅的策略来实现社会团结，并让公众见证远方他者的苦难。

在最后这一节中，我将探讨过去 20 年来在人道主义述行性上的两个重要转变。在"务实的社会团结"部分，我将梳理仪式化事件与人道主义组织环境之间不断变化的关系。通过扩展对奇观的批评，我试图论证这种转变将人道主义与市场之间的关系重新阐述为企业家的社团主义——我之前称之为"资本主义的新精神"（Boltanski & Chiapello，2005）。在"后人道主义公众"部分，我将详细阐述仪式人道主义与西方公众之间关系的转变。通过扩展对帝国主义的批评，我认为这种转变改变了人道主义与政治之间的关系，在"现场支援"音乐会的科伦图像中与弱势他者的那种令人不安的遭遇被用自我表达的声音——我们自己或我们的偶像——取代了。

务实的社会团结

有两种转变共同界定了今天仪式人道主义的社会团结方案：一是从浪漫主义式社团主义转向企业家式社团主义，加强了音乐媒体产业联合体与人道主义领域之间的市场联系；二是从普世的道德话语转向策略性的道德话语。前者把音乐会定义为人道主义事务，后者则把音乐会定义为发展政治职业化过程的一部分。

与超凡魅力的美学相关联，社会团结向企业家式社团主义的转变不仅仅体现为"八方支援"音乐会开启了超级摇滚品牌的全球奇观时代，实际上"现场支援"音乐会也做过类似的事情，但关键是，"八方支援"音乐会将这一奇观融入了更广泛的企业家式社团议程中。与"现场支援"音乐会通过音乐会获取捐赠的简单结构不同，正如比科姆所说的那样，"八方支援"音乐会发展了一种更为复杂的筹款机制，并依赖于非政府组织与媒体之间关系的专业化，以及与其私人赞助者之间更紧密的绑定（Biccum，2007）。比科姆认为，在全球援助和发展市场日益激烈的竞争条件下，全球消除贫困联盟的"部分经费来自比尔和梅琳达·盖茨基金会 300 万美元的赠款。并且它得到了布拉德·皮特（Brad Pitt）、波诺，以及基督教福音派领袖帕特·罗伯逊（Pat Robertson）和里克·沃伦（Rick Warren）的背书"（Biccum，2007：1112）。这种企业家式社团主义可以被看作支持慈善资本主义的另一个好例子。慈善资本主义把私人资本引入发展项目的投资中，不仅可以为企业和人道主义，也可以为魅力非凡的名人重新带来合法性，但是在带来好处的同时也存在着风险。

马克斯（Marks）和菲舍尔（Fischer）声称"名人活动家的影响不在于他们的信息内容，而在于他们的政治参与形式和公众对此的反应"（Marks & Fischer，2002：393）。与此观点相一致，"八方支援"音乐会上的摇滚明星魅力非凡的领导角色确实起到了作用，促使公众认可后民粹主义的全球治理模式。这种模式把民间社会（包括"让贫困成为历史"等多元非政府组织在内）的声音边缘化，支持以精英政治为主导的意愿。正如佩恩（Payne）所说："公共卫生组织已经受到名人的过度影响，并且同布莱尔和布朗这类政治人物走得太近了。"同时他引用非政府组织"聚焦全球南方（the Focus on Global South）"的主任说的话："公共卫生组织的领导组织并没有选择激进改造（格伦伊格尔斯会议），而是选择'让我们与八国集团一起合作'，气氛相当温和。而其他动员方式则更具对抗性。"（Payne，2006：8）正如我所展示的，这种务实的团结政治学所产生的后果就是弱小穷国与那些重要国家之间依然存在严重的鸿沟。前者与世界贸易组织的"绿色壁垒"一起努力挣扎着试图产生影响，而后者如八国集团或二十国集团等，则私自强制推行其核心的国家利益（Payne，2006：21）。

如果企业家式社团主义指向的是人道主义与资本共生的风险，那么从普世道德观到策略性道德观的转变则表明人道主义与政治之间产生了新的共生关系（Payne，2006）。在这里，拯救生命的紧迫性被"八方支援"音乐会的"温和"的同意取代，这标志着务实的社会团结观的出现——这种社会团结观将发展理解为善政，主张在让当前主导的金融制度保持完整的情况下，有条件地减免债务。而正是这种金融制度主导着西方与全球南方之间的关系（Fine，2009；Schuurman，2009）。事实上，八国集团版本的发展模式被指责在人道主义领域强行推行新自由主义霸权，从而自由市场规则界定了当前发展领域的政治。它既不涉及结构性的变革，也不建立国际经济新秩序。正如佩恩所说：

> 虽然格伦伊格尔斯会议以最佳的公共形象展示了八国集团的真实力量，但是它不能掩盖的是持续严峻的现实：那些需要援助的国家本质上依然是核心谈判桌上的哀求者，高负债贫穷国家（HIPCS）依然被国际货币基金组织和世界银行严密监控着。而富裕国家的政策很少会以慷慨之心作为驱动力。（Payne，2006：18）

在这个意义上，策略性道德观有效地阻断了人们在更为广泛的语境下对社会团结意义的仔细讨论。这种讨论不仅应包括制定反对贫困的政策，而且应包括对资本主义的批判。这些审慎的讨论不应该去迎合格伦伊格尔斯议程，而应去挑战这些议程。"八方支援"音乐会的技术奇观导致了道德赤字，把赋魅当作集体承诺的独特时刻，并从"合法性的争议领域"中排除了发展问题。在这个领域里，关键的辩论被日常化和实际化了，发展问题被放置在特殊的"共识领域"中，排除了任何会挑战常识和正统的观点（Dayan，2009：29）。即使是"八方支援"音乐会中务实的联结，最好也不过是改善造成苦难的社会不公平关系，而绝不可能挑战社会不公。但即使如此，这场音乐会的主要目的还是在它庞大的观众群里激发世界主义的集体意识，用纳什的话说，就是去创造"个体与群体之间的一种新的关系"（Nash，2008：168）。它能在多大程度上实现这一目标呢？

后人道主义公众

"现场支援"音乐会通过苦难的升华式表演超越了社群主义意识，而"八方支援"音乐会则依赖一种不同的交际实践——最大化地使用新技术，并将受难他者排除在公众视野之外。和对募捐倡议的分析相呼应，我认为正是这种双重实践把"八方支援"音乐会的观众们塑造成了后人道主义公众。这种公众对弱势他者的态度是通过以自我为中心、组织快感的技术来表达的。

这种述行性的第一个关键特征是通过市场化的技术网络来促成集体行动，这些多样化技术包括数字播放、线上请愿、塑料腕带和来自顶级名人的呼吁。正如我们所知，技术手段的激增有利于人道主义的本真性主张，即它寻求一个真正尽责的西方，能够真正改变弱势他者的生活。技术的使用的确强化了公共承诺，大规模的观众不仅参与到音乐会的现场直播中（估计总共有 30 亿观众），还参与到线上请愿中（总共收到 2 600 万份签名）。

这些实践不仅展示了网络动员和道德消费的巨大辐射力，同时也展示了社会团结的"技术化"。这我之前已经讨论过，社会团结通过各种连接技术来实现，比如线上请愿或者"让贫困成为历史"腕带，它将我们对他人的善行与自我感觉良好的即时满足结合起来。与其像麦克盖根那样把这种实践简单地指责为是社会团结的商品化，并把它与'酷炫'资本主义联系起来（请参见我第三章关于募捐倡议的分析），不如说这种技术化指向了仪式人道主义的矛盾性。它以社会团结的名义动员起庞大的力量，但同时却削弱了社会团结的道德内涵。一名公民在回想"八方支援"音乐会的时候，非常简明地评论道："腕带的佩戴让人们既可以表达对人道主义事业的支持，同时又不用真正做什么。腕带无所不在，却又毫无意义，大大减弱了现实议题的真正急迫性。"[34]在这个意义上，仪式人道主义的矛盾性不单单来自技术化本身，主要还是关联着更广泛的名人文化逻辑：处于摇滚音乐会核心的是超凡魅力和赋魅的逻辑，并内嵌着即时满足式团结。

因此，社会团结的关键特征让我们看到了"八方支援"述行性的第二个关键特征，即名人比弱势他者优先可见。这种选择明显是一种新的反思结果，"八方支援"音乐会把脆弱性边缘化，以致消除了我们与远方他者可能相遇的道德空间。换句话说，它消除了戏剧舞台，本来人类苦难可能在这里作为一种主体性的现实要求我们投入情感、反思和行动。和当代的募捐倡议以及名人公益一样，"八方支援"音乐会虽然在"舞台"上举办，但最后提供给我们的却是一面"镜子"。在这里，我们不再因直面脆弱的血肉之躯而感到不安，相反，我们可以和与"我们"一样的人愉快地互动。在这个意义上，我们与魅力非凡的人（如波诺和盖尔多夫）相遇，是一种具有教育意义的邂逅，即遇见具有远大志向的我们自己。而在名人自白的时代，这些巨星们一方面是英雄般的人物，被人远远地崇拜着，另一方面又被我们内化为像"我们"一样的人，帮我们界定我们是谁以及我们如何与我们之外的世界相联系这些问题的意义（Thompson，1995；Marshall，1997）。

同时，"八方支援"音乐会并没有提供关于苦难的视觉资料，在这种情况下，我们和人类脆弱性的唯一一次相遇是科伦幸存者比尔涵·乌尔都。尽管乌尔都的出现暗示了这是个戏剧式空间，但我们需要记住的是，她的出现意味着我们以凯旋的姿态来记忆苦难，她的在场说明邪恶已经被打倒，而不是将正义问题作为当代要求提出来。以此，在"八方支援"音乐会中露面的幸存者促成了庆祝成就的喜悦气氛，而不是那些关于当代发展和正义等的令人不安的问题的提出（更多关于幸存者的表征问题，参见：Orgad，2009）。

因此，仪式人道主义的后人道主义公众面临着成为自恋公众的风险，因为其没有承认弱势群体的人性，而是依靠自我认可，依靠与魅力十足的摇滚明星的互动，依靠技术化的"酷炫"文化，依靠在线请愿、佩戴腕带和音乐会门票的即时满足。尽管关于正义的说辞充斥在后人道主义秉性中，但最终界定社会团结内涵的还是对本真性或赋魅的追求以及名人的策略性道德观。因此，今天的仪式人道主义使西方道德化是通过广撒网来实现的，但其道德内涵却被摊薄了。这虽然可能赋权公众，让其成为"酷炫"的共同体，但却不能使他们直面潜藏在脆弱之躯中的他者性，并将它们与社会变革的愿景联系起来。

结论：走向策略性道德观的社会团结

仪式人道主义是人道主义想象中最强大的类型。它的能力如此不寻常，可以将数十亿人整合到社会团结的情感经济中来。我将两场具有里程碑意义的摇滚音乐会——"现场支援"和"八方支援"——作为个案，考察了它们的仪式美学如何与"征服"型媒介事件的脚本相一致，并产生超凡魅力和赋魅的效果，从而使西方卷入社会团结的表演中来。

这两场摇滚音乐会的发展轨迹可以被描绘成事关人道主义想象的两个历史性转变：一是从普世主义到策略性道德观的转变；二是从富含同情心到后人道主义公众的转变。这种向策略性道德观的转变表明了共同的人性如今已经让位给讲究政治效率的道德观。它把人道主义的本真性问题置于一个后民粹主义的"现实主义政治（realpolitik）"框架中。而向后人道主义公众的转变也表明了社会团结日益被技术化，即它依赖"酷炫"的筹码，比如腕带、数字屏幕或者音乐会门票，同时让对人类脆弱性的见证与社会团结愈发不相关。

这两个转变反过来指向一种取代了戏剧性的人道主义想象。戏剧结构让政治问题和他者性问题可以出现在观看的社会空间中，并为集体反思和行动提供可能性。而如今它为自恋的快感所取代，西方的自我同时是集体赋魅的主体和客体。在回归自我所提供的想象中，公共性与粉丝文化融合成一种激进但矛盾的主体性：一方面，它确实具有赋权能力，毕竟单从它动员起来的数字来看，它便已经是关于社会团结的响亮声明；但另一方面，它也是压制性力量，这样的一种行动主义先祛魅再赋魅地内嵌在当代奇观之中，反映的

137

不是一种身体政治，而是一种寻求快感又自知的粉丝群体。这样一种公众——用西尔弗斯通的话讲——乐于分享私人激情却拒绝公共承诺。

后人道主义不加批判地接受资本主义结构作为其行动主义的先决条件，因此它也具有歌颂和重新合法化这些结构的政治风险。它并没有将弱势群体置入西方的世界主义视野中，因此也存在道德风险，忘了社会团结之所以为远方他者采取行动，并不是因为他们像"我们"，而是因为他们并不符合我们关于"人性"的定义。

第六章　灾难新闻报道

导论：新闻报道的道德呼吁

我最后要探讨的人道主义想象的类型是新闻报道。它与之前类型的不同之处在于，它通常不会直接呼吁社会团结，因此在援助和发展领域的交际实践中，它处于相对边缘的位置。然而，新闻报道却提供了最重要的舞台，让西方世界可以看见人类的脆弱性，而且由于新闻报道经常呼吁紧急行动，因此这一类型充分参与到人道主义想象实践中，其分散的传播结构有助于在日常生活中培养西方与远方他者联合起来的秉性，并形成习惯。

因此，作为一个展示远方苦难的舞台，新闻报道不可避免地要和内嵌在人道主义想象中的美学和道德悖论纠缠，虽然这些悖论往往在不同的问题中表现出来，并且从一系列独特的新闻话语选择中找到解决方案。这里产生了一个关键问题，它体现了新闻职业道德与生命伦理之间紧张的关系，即：记者是应该继续报道不幸事件还是应该转而帮助那些受伤的人？[1]

虽然这些道德立场之间经常相互竞争，且其矛盾经常被描述为不可调和，但它们最终在记者式见证中得到了和解。普利策奖获得者、摄影师凯文·卡特（Kevin Carter）坦白，当他在南非第一次拍到公共处决的照片时，"我有点憎恶自己正在做的事情……但是后来人们开始讨论这些照片……也许我的行为并没有那么糟糕。作为一件可怕的事情的见证者并不必然是一件坏事"

（引自：Evans，2004：41）。新闻报道有能力把远方的苦难带回家，并邀请我们做出反应。这就是我在这一章要讨论的能力，它让新闻实践成为提升西方道德感的最重要力量之一（Muhlmann，2008）。

见证的力量确实是促成新闻实践道德合法化的一个重要缘由。但因为新媒体的使用以及新闻专业主义文化的变化，如今，见证本身已经发生了巨大的转变（Allan & Zelizer，2002；Deuze，2004，2006）。对一些人而言，新媒体的确促进了与远方苦难的联系和行动，但是对其他人而言，它们同时砸碎了全球连通性，创造了多个相互绝缘的"我们自己"的社区。结果，见证失去了它的道德力量，无法把人类的苦难变成社会团结的缘由。正如贝克特（Beckett）和曼塞尔（Mansell）所说，"新涌现的新闻形式可能……让关于远方他者的故事可以被讲述、更容易被理解"，但是他们也注意到，"虽然融媒体平台为新的交流创造出种种机会，但是人们仍有理由质疑这种潜力能否被实现"（Beckett & Mansell，2008：92）。

本着怀疑但乐观主义的精神，在本章，我将记者式见证作为人道主义表演空间，探讨其在性质上的变化，以及其如何影响西方观众的道德培养。我把新闻实践作为传播的"仪式"（Carey，1989），以此为起点去谈论见证如何从电视类型转变为后电视类型，以及这个转变带来了什么新颖的新闻叙事和与弱势他者新的联合方式。

为此，我收集了英国广播公司过去 35 年中关于重大灾难（地震）的报道，并将它们分为电视新闻（唐山大地震，1976 年；墨西哥城大地震，1985 年；土耳其大地震，1999 年）和后电视新闻。后电视新闻如今又被分为聚合新闻（克什米尔大地震，2005 年；海地地震，2010 年）和实况博客（海地地震，2010 年）。我将会比较、分析这些新闻在叙事上的述行性，以此显示在不同时间阶段新闻报道这个类型向其公众提供的见证模式中存在着显著的不连续性。虽然所有类别的新闻都可以被识别为"新闻组织对新闻事件的记录和解释"（Tuchman，1973：112），但是得益于我们文化的高度技术化，从电视新闻到后电视新闻的类型转变还是标志着一种叙事方式的转变，即从专业见证到路人①目击，因此也是从混合叙事转向超文本式证词——前者混杂了专业和非专业的证词，后者则来自"普通"见证者的输入。

因此，后电视类型向我们提出了一个挑战：我们要如何理解它们的叙事特征，以及它们如何影响在西方世界中的团结表演。特别是——但不仅仅是——在年轻人群体中，这种类型日益成为我们新闻消费模式的重心（Deuze，2001），我们有必要将分析焦点转向它们新涌现的特质，把它们的转变视为反映了在更为广阔的人道主义想象领域中的美学和道德转向。

新闻报道的戏剧性

140

> 在新闻领域里，好的新闻报道是见证其他人可能希望隐瞒或者有所忽略的事情；或者对大多数人来说，就是那些仅仅因为遥不可及而关心不到的事情。
>
> ——英国广播公司新闻学院网站[2]

见证和新闻报道

在英国广播公司的描述中，好的新闻报道被视为一种"见证"。它提醒人们新闻的一个重要的功能——不仅要报道事件，还要引起人们的关心。同时，英国广播公司还进一步把见证确定为一种揭示的行为，揭示那些其他人"可能希望隐瞒"的或者"遥不可及"的事情，以此英国广播公司把新闻报道当作一个"显现空间"，并将其放置在戏剧式公共性的概念里（更多讨论见本书第七章）。

虽然戏剧式的公共性与商议式（deliberative）的公共性概念并不是完全

---

① "路人"的英文原文是"ordinary"，可以做形容词，指的是"普通的"，也可以做名词，指的是"普通老百姓"。在这里它指的是与受过专业训练的新闻记者相区别的事件目击、参与或者受影响的人，后文直接把这些人描述为"person on the street"，直译过来的意思是"路上的人们"。因此，为了突出这种"普通"，"ordinary"在这里和后文等一些适当的地方都被翻译为"路人"。

分开的，但是二者有着非常明显的区别。后者强调新闻实践的角色是告知阅听人或者塑造公共舆论，前者则让人们注意区分在苦难前线行动的人群和在远方旁观的人群。因此，这种观念说明了新闻报道是需要依赖表演的，即需要借助关于苦难的画面和故事来将事件置于情感和行动的管辖区中，从而可以对它们的公众提出特定的要求：表态或者行动。在新闻报道创建的这个戏剧空间里，正是提出行动的迫切性让新闻可以参与到西方的人道主义想象中来。在这里，新闻成为一种独特的"传播仪式"，这是一种包含着"戏剧化行动的叙事，读者作为戏剧的观察者加入了这一权力纷争的世界"（Carey，1989：21）[①]。注意，凯瑞（Carey）在这里用"戏剧"来比喻新闻是分离的安排，将"戏剧化行动"与"观察者"分开。

然而，这些新闻叙事可不是随意发挥的胡编乱造，而是严格受制于各种制度化的管理规范，使得这个类型可以经受住真相的考验。这就意味着对苦难采取的"戏剧化行动"既要在回应中包含道德主张，同时也要呈现为客观的信息，让观看者能够判断这些苦难是否值得我们回应。这种双重要求反映在见证这个概念本身，即看见这一行为本身既是作为苦难事实的证据（见证的客观维度），又是面对"难以言说"的可怕灾难的情感证据（见证的反思维度）（Oliver，2001）。

141 新闻帝国主义

在新闻的交际实践中，这些要求——客观性和反思性——的并存以多样的方式表现出来。也正是这种并存在不同的戏剧化行动表演中形构了远方的苦难。一方面，客观性要求我们聚焦于在见证行为中如何保证真实性；另一方面，反思性则要求我们注意见证行为试图引发的情感和行动机制。新闻或者展示迫害者，引导公众对苦难背后的不公平进行谴责，或者展示捐助者，

---

① 该段译文参考了丁未的翻译："在这种戏剧化行为中，读者作为戏剧的旁观者加入了这一权力纷争的世界。"见：凯瑞. 作为文化的传播："媒介与社会"论文集. 丁未，译. 北京：华夏出版社，2005：9.

邀请公众体现出关怀和仁慈的情感（Boltanski，1999）。

在像地震等自然灾难中，新闻故事关注在场的捐助者——在现场行动的国际非政府组织和救灾志愿者——以便满足灾后的急需。因此，国际非政府组织，比如国际红十字会，在这些新闻故事里既是认证者也是反思者。这其实在某种程度上反映了新闻报道与人道主义机构之间一直是一种相互依赖的共生关系（Benthall，1993；G. Cooper，2007）。这是因为在危机时刻，身处苦难地区的人道主义行动者和新闻记者一样，都承担着独特的责任，都既是事实的见证者，同时也是让西方知晓这些不幸的告知者。但是这种共生关系可能会发生冲突，因为最后报道的权力还是归属于记者。这使得国际非政府组织被迫妥协，或者常常得以特定的方式"打包"他们的故事，从而获得被报道的可能性。二者之间的关系绝对不是简单明确的，而是富含张力的（Cottle，2009：146–153）。

也就是说，在不同的见证者之间存在着紧张的权力关系。而这种紧张反映了在人类苦难的媒介化中存在着一个更为根本的问题。西方新闻报道具有把苦难等级化的力量，即根据不同地区及人类生活的等级，将苦难分成三六九等。它赋予一些灾难特权，使之能赢取西方世界的关注和行动，同时让其他灾难完全不可见（Galtung & Ruge，1965）。在前面，我已经把这种力量概念化为对帝国主义的批判。有些不幸的事件可能永远不会被视为值得报道的事件，这就是茹瓦（Joye，2010）所称的"被忽视的新闻"，而那些被报道的事件也会受制于独特的、"病态（pathologies）"的目击方式：灾难报道聚焦于见证这一纯粹的事实行为本身，这会削弱新闻的情感能力，"消灭"受难者的人性特征；或者将目击当成一种恐怖故事，将那些与我们一样具有人性的受难者"挪用"为消费客体，导向一种情感的商品化，将见证行为变成对别人的痛苦的刺探与偷窥（Silverstone，2007）。

记者式的见证既是人道主义想象的一个重要维度，同时也是遭受严厉批评的对象。这不仅因为它能够把远方的苦难带到可见空间，还因为它具备仪式的述行力量，能够把西方塑造成公众。这种公众是带有行动意愿的集体，*142*

能够在他们声称要解决问题的那一刻行动起来。在这个意义上，"病态"的见证并不是个别事故，而是一种系统性的偏见，试图强化一种只关乎"我们"自己本土世界的归属感，建构"社群主义"而不是"世界主义"的公众（Chouliaraki，2006；2008a，b）。

新媒体，新型新闻报道？

与这种对电视帝国主义的批评声音至少部分针锋相对的是另一种观点，它将新闻界对新媒体的使用誉为一种革命性的举动。相关研究尤其关注公民新闻的"去中心化"潜力，即公民新闻可以绕过新闻把关人并挑战西方主流媒体（Reese，2009）。

但是今天传统的媒体人也宣称拥有这种革命性的潜力，比如英国广播公司，他们迅速地把这种新媒体囊括在自己的道德愿景里。在谈到"世界广播日"时，英国广播公司全球新闻部主任理查德·桑布鲁克（Richard Sambrook）展示了新媒体是如何成为世界主义的工具的："我们的一名记者带着一台笔记本电脑和一部卫星电话来到一个叫 Asad Khyl 的村庄"，让英国广播公司的网络用户们与阿富汗的村民进行互动。最后他总结道："这些对话链接创建了一种独特的文化联结。"（Sambrook，2005）[3] 虽然这些融媒体技术以新的方式拓展了全球传播的范围，但依然是作为记者的"我"在他们"独特的文化联结"中作为中介。

正如我们所见，记者垄断着讲述故事的权力，真正将这种垄断撕开口子的是将公民的贡献纳入主流新闻的制作。这使得新闻这个类型越来越被定义为协作产品（collaborative product）。比如在 2004 年的海啸和 2005 年伦敦的恐怖袭击等重大的人类灾难事件中，英国广播公司等电视网络从中学会的一课是："当重大事件发生时，公众能够向我们提供的消息同我们向他们播报的一样多。从现在开始，新闻报道就是一种伙伴关系。"[4]

德兹（Deuze）试图把博客和推特的在线报道与体制化的新闻报道区别开来。后者在它们的消息结构中使用了博主和推特用户的声音，被德兹定义为

"多媒体"或"融媒体"新闻，即"新闻故事包"的线上版。它包含了不止一 143
种媒体形式，有"口头和书面文字、音乐、动态和静态图、图形动画，以及
交互式和超文本元素"（Deuze，2004：140）。这种新闻形式的兴起受技术-商
业（technocommercial）和职业利益的驱动，主要受益于让公众"发声"的
伦理政治话语（Beckett，2008）。新闻业搭建的这个新"舞台"已经受到了
人道主义行动者的欢迎，因为他们现在可以不用依赖在现场的记者来向西方
发布自己的紧急呼吁。但是也有人担心这个舞台不仅变得越来越丰富，风险
也在变大，或用特纳的话说，不仅变得"民主（democratic）"，也变得更加
"大众化（demotic）"。

这种风险与本真性的戏剧悖论密切相关，因为新声音的引入引发了关于
真相的新问题：如果现在是由人道主义工作者或普通人来讲述弱势他者的故
事，那么我们怎么能知道他们的故事是不是真实的？这种悖论源于新闻生产
的控制机制发生了转变，从"索引"型新闻报道转变为事件驱动型新闻报道。
前者将新闻与官方信息源进行绑定；后者则将新闻"停靠"在任何碰巧提供
证词的来源上，因此，很难通过编辑审查来控制（Bennett，Lawrence &
Livingston，2007）。正是这种对内容控制的放松对新闻网络构成了重大挑
战，因为它提出了新兴新闻类型如何受到"真相考验"这一关键问题，也就
是说，它们应该如何呈现为客观信息，并尊重新闻机构的价值观，以及如何
成为反思性记录，让公众采取行动（Sambrook，2005）。

这一圈理论讨论从本章的导论开始。在本章中我关心的问题是，这种在
新闻中新涌现的见证实践是如何在保证苦难的本真性的同时在人道主义想象
中作为一种道德化力量的。我会先在"争议旋涡中的电视见证"这一节中回
顾新闻业关于真实主张的历史性争议，然后会在"叙事美学的分析"这一节
里提出一种分析视角，聚焦新闻类型叙事的美学，并在"新闻叙事：见证的
分类"这一节里比较分析过去35年中重要的地震报道。我认为对新闻美学的
分析对研究见证是非常重要的，因为"戏剧化行动"向融合叙事风格的转变
不仅改变了之前新闻对本真性的主张，还对今天新闻中的团结表演产生了深

刻的影响。这就是我在"新闻报道的真实效应：从叙事到数据库"一节中所探讨的，即它是如何改变"我们理解和想象对方以及我们周遭世界的方式"的（Manovich，2001：13－14）。

144

争议旋涡中的电视见证

在历史上，关于新闻真实性的争议围绕着见证的三种关键的述行实践。我在下文将这三种类型命名为"超然独立""全方位"和"尽心尽责"①。同时，我将通过讨论不同的真相主张，展示在人道主义想象中针对远方苦难提供道德能动性的不同方案。

电视新闻中的见证

本概述将从对技术由来已久的怀疑开始。人们总是怀疑技术能否保证苦难的真实性。这也是对奇观的批判的特有观点。让我们回想一下，新闻的真实主张的前提是摄像头被当成一种透明的媒介，可以传递真相，远离操纵。但是根据对奇观的批判，这种真相并不能免除质疑，因为正是摄像头本身操纵了它所描绘的景观（McQuire，1998；Zelizer，2005）。因此，从新闻行业化早期开始，记者的声音就成为摄像头不撒谎的保证。这使得记者成为人道主义想象中的一个重要戏剧角色。这个角色必须利用个人证词的权威性，将充满不确定性的"我看到"变成令人信服的"我说过"，从而完成对"真相"的展示（Peters，2009：26）。

---

① 这三种见证的英文分别为"detached""omnipresent"和"committed"。正如下文分析所展示的，第一种见证强调的是一种超然的立场，记者作为一种独立的声音，不带感情，只呈现事实。第二种见证则承认记者的情感，强调尽可能全方位地展示灾难：除了事实，还有记者自己的感受。"omnipresent"在英文里还有宗教含义，指上帝无处不在。后面作者引述的新闻报道里就使用了带宗教色彩的形容词。第三种见证则进一步强化记者在灾难报道中的角色："不仅可以表达自己的情感，还可以表明立场。记者可以带着特定信念参与到灾难报道中，他/她不再是一个客观中立的观察者，而是一个介入者、行动者。因此根据这个区分，这三种见证分别被翻译为"超然独立""全方位"和"尽心尽责"。

见证表演

然而，这并非无懈可击。这个言说的"我"本身就会引发怀疑，让人不禁质疑记者的声音究竟能否保证苦难的真实性（Frosh & Pinchevski，2009）。正是为了回应这样的质疑，电视新闻发展出三种不一样的见证类型，每一种都把记者的"我"置入不同的新闻叙事中，从而试图建构出一个集体的"我们"，与弱势他者形成联结。这三种不同的表演分别是"超然独立""全方位"和"尽心尽责"。

"超然独立"的见证把记者的"我"替换为一种去实体（身体）化的凝视，只呈现事实。第一次世界大战之后，战争期间的宣传鼓动破坏了人们对新闻价值的信念，这就是李普曼（Lippman）所说的"现代新闻的问题"。这种超然的立场就是对这种批评的回应，它通过使用第三人称的证词来保证真相远离各种立场，从而可以不调用情感就联合公众。这种第三人称权威（the third person authority）可以让人一眼就识别出广电新闻播报的框架。它的本真性来自一种中立的传播理念，即认为传播得剥离任何评价内容，"只传达信息和监视当前事件"（Cottle & Rai，2006：171）。英国广播公司关于唐山大地震的报道就是一个这样的例子："中国发生 7.8 级地震，二十几万人已死亡。"

"全方位"的见证则承认作为新闻作者的"我"的道德价值，因此，它以记者的主观经验为出发点，但依然追求以事实世界为基础的真相。它试图通过忠实地重建事实和观点领域来使苦难成为情感和行动的缘由（Mulhmann，2008）。在调查性新闻的叙事中，全方位的见证有着举足轻重的地位（Cottle & Rai，2006）。一个值得注意的例子是 1984 年英国广播公司记者迈克尔·比尔克（Michael Buerk）对埃塞俄比亚饥荒的报道。这种叙事的一个关键特征在于，它把事实性与虚构的类型混杂在一起。它呼唤的公众并不是已经统一在共同的真相背后的联合体，而是中立的观众——让他们自发地去回应那些关于苦难的道德诉求。比如，比尔克关于埃塞俄比亚饥荒的报道的开场白是这

145

样的："黎明到来了。当阳光穿破科勒姆城外平原那刺骨的黑夜，它在 20 世纪点燃了一场只在《圣经》中出现过的饥荒浩劫。"

"尽心尽责"的见证同样基于事实领域，却着重强调作为记者的"我"的道德责任不仅在于描述，还在于评判，不仅在于报道，还在于站队。人权观察组织的欧洲新闻编辑让-保罗·马尔霍兹（Jean-Paul Marthoz）说道："尽心尽责的新闻报道并不意味着有偏见的报道或篡改事实。但它的确认识到，只有用亮眼的方式来展示各种争议才能找到真相，而不是像外交官和政府那样经常使用过分谨慎的表述。"[5]这种形式的见证兴起于战争和冲突报道的背景，并引发了"投入性新闻（journalism of attachment）"运动（Bell，1998：7）。它与一种较为少见的竞选新闻框架有所关联，这种框架"旨在激发同情和支持其干预行为"（Cottle & Rai，2006：175）。这种见证把苦难当作一种激情参与的行动而非中立报道的缘由，试图通过真诚信念而非客观事实的力量来联合新闻公众（Tester，2001）。

对客观性的怀疑

这三种见证类型表演的核心都是将新闻的本真性理解为客观性。这是一种有影响力但却脆弱的真实主张，把见证的道德力量置于"事实的内在价值之上……这些事实必须被提供给公众，以促使他们努力参与解决当今紧迫的难题"（Allan，2009：61）。客观性这个词不能等同于超然独立的见证这一类型里的理性经验主义，它其实指向一个更具弹性的真实主张领域，在这里，新闻故事以事实世界为基础，但同时也依靠记者的声音来动员、促进一个积极的"我们"联合体的形成（Muhlmann，2008）。

然而在这三种类型中，见证的道德力量都无法免于被批评，即对新闻帝国主义的批判。针对桑布鲁克对"全球连通性"的庆祝，第一种批评严厉谴责媒体企业将灾难新闻置于一个等级化的矩阵中，并根据西方的优先权来排列灾难新闻的新闻价值。而在新闻网络中，媒体企业采取的"合理化"（简称"减少"）国外报道服务的策略，进一步强化了这种趋势（Utley，1997；

Hafez，2007；Harding，2009）。批评家认为，报道的等级制度显示了，"超然独立"的见证作为电视新闻的合法真实性主张是充满缺陷的。这种看似"超然独立"的主张其实已经嵌入一种有选择性的新闻文化中。它只鼓励人们为某些远方的受难者行动，同时又限制其他行动方案。坎贝尔（Campbell）称之为"'失明'，这是品味的社会经济学（social economy of taste）[①] 和自我审查的媒体系统相结合产生的后果，在我们对他者命运的集体认知中造成了一种极大的不公正"（Campbell，2004：71）。

第二种批评则认为，新闻报道的高度市场化对国际非政府组织也有破坏性的影响（Cottle，2009）。正如迈克尔·比尔克的例子所表明的那样，国际非政府组织作为全球利他主义的使者，它们发布的信息出现在新闻报道中是灾难得到认可和获得回应的"唯一决定性因素"，因此也决定着受难者的命运（Benthall，1993：12）。然而，电视直播市场越来越激烈的竞争往往意味着这种可见性经常缺席。媒体的市场化不是以全方位的见证理念来报道人道主义危机，而是倾向于采用商业的、片段化的方式来解决苦难，从而将非政府组织领域变成"一个达尔文式的集市，大批绝望的群体在其中争夺稀缺的关注、同情和金钱"（Bob，2002：37；Cottle & Nolan，2007）。

第三种批评认为，"尽心尽责"的见证与鼓吹煽动[②]之间的界限十分脆弱，因为前者很容易变异为后者。一个典型的例子就是 2003 年伊拉克战争出现的"嵌入式新闻报道"，对新闻信念的道德责任让位于"随军记者"的信息娱乐形式。这种形式牺牲了对语境的解释性说明和批判性分析，以此为代价来换取记录军事成就的特权（Lewis，2004）。

总之，尽管电视新闻致力于追求客观性，但所有见证类型——从"超然 *147*

---

① 社会学认为，品味不仅仅是个体主观的、生理的反应，它其实内嵌在社会经济结构之中，是阶级区隔和分层的具体表达。这里的"品味的社会经济学"指的是，西方社会对远方苦难可见性特有的偏好是具有等级性的，并成为社会经济生产结构的一部分。

② 该词的英文原文为"propaganda"，这个词在英文里含有贬义，指的是带有偏见和误导性质的鼓吹煽动，而中文的"宣传"一词则更为中立。

独立"到"尽心尽责"——最终都无法抵御市场效应的侵蚀，都把远方的苦难变成耸人听闻的奇观。这是一种"巴甫洛夫式的同情心练习"，因为我们每天都要被"一天份额的倒塌建筑、大火、洪水和恐怖活动一遍遍（freshly）地撕裂"（Peters，2005：227）。

后电视新闻时代的见证

后电视新闻承诺解决媒体帝国主义和奇观问题，从而让新闻重新成为人道主义想象中的道德化力量。它通过用公民取代记者来保证见证的本真性。在海啸灾难（Gillmor，2004）、伦敦爆炸事件（Allan，2007）或缅甸抗议活动（G. Cooper，2007）中出现的非专业视频正是这种承诺的展示。它们所传递的新闻是由"对其他公民怀有忠诚感的公民"制作而成的（Harcup，2002：103）。虽然在后电视新闻时代，见证的性质尚未得到充分研究，但人们对普通人的声音在后电视新闻叙事中占据中心地位一直存在争论（Pavlik，2001；Matheson，2004；Deuze，2004，2006）。

路人目击

记者式见证优先考虑的是"事实的内在价值"，而公民式见证与此相反，建立在第一手记录和个人观点之上。公民式见证就是我们所说的路人目击。这种表演意味着可以打破专业见证的垄断，消除鼓吹煽动或市场化的危险，从而肯定路人的价值，视其为讲述苦难故事的最合适的声音。比如，再次引用桑布鲁克的话："当重大事件发生时，公众能够向我们提供的消息和我们向他们播报的一样多。"

这种对路人目击价值的肯定在新闻报道中引进了一个不同的本真性主张。它把事实和情感的经验主义并排放置，从而将事实的经验主义相对化。情感具有首要性并不是暗示事实性新闻现在已经退位，而是表明专业人士和公民对事实理解的差距已经模糊：新闻不再是对来源的核实和分析，而是经验的即时性（Matheson，2004；Turner，2010）。

如在缅甸抗议活动（2007 年）和伊朗骚乱（2009 年）中，秘密用户[1]生成的内容清楚地表明了路人目击对后电视新闻的教化力量。它们都设法在全 *148* 球传递当地暴力的即时图像和故事，不仅设定了西方新闻议程，还动员了全球的团结行动。在这个意义上，路人目击使显现空间民主化，打破了电视新闻的垄断，增加了人道主义想象可调用的交际工具。正如 G. 库珀（G. Cooper）所说的："先前由主流媒体和援助机构主导着特许信息的共享领域，如今随着新的行动者进入这块领域，就有更多的可能让更多元的故事被讲述，让更多元的声音被听到。"（G. Cooper，2007：16；另见 Chouliaraki，2008b）

路人目击的融合新闻虽与尽心尽责的见证或者有立场的新闻相呼应，但还是与它们背道而驰，因为它并不是通过事实细核来"激发"出道德承诺的权威性，而是完全由信念的力量来认证权威性（Atton，2002：122）。因此，尽管电视的见证试图通过让各种版本的"我"用一个联合的"我们"的"名义"发声从而建构其公众，但后电视新闻的见证建构其公众则确确实实是通过"我们"的发声来完成的：路人的见证来自"那些自己代表自己"的人（Atton，2002：122）。

对证词的怀疑

尽管这一做法倾向于使用主观证词，但后电视新闻仍然无法逃脱真实性争议的旋涡。对融合新闻持怀疑态度的论点认为这不是在庆祝言论的民主化，而是把新媒体的流行与主观主义联系起来。新媒体作为自我表达的工具，在广电新闻面临阅听量下滑的情形下，被用来重新合法化主流新闻（Deuze，2001；Beckett，2008）。

批评者认为，融合新闻并不像它所承诺的那样反映出信息和意见的多元，反而随着类似的新闻文本在不同的多媒体格式中被重新语境化，在内容上显

---

[1]　"秘密用户"的英文原文为"clandestine user-generated content"。这里把"clandestine"翻译成"秘密"，不仅是因为这些内容是匿名用户产生的，还有暗中进行的含义。

著地同质化（Scott，2005；Manovich，2001）。虽然用户生成内容的本真性被誉为有助于全球团结，并且最终也得到了证明，但是批评家依然认为其既无力取代专业新闻（Turner，2010），也无法填补海外新闻机构撤退留下的质量赤字（Halavais，2002）。同时，随着用户生成的内容被大公司用于市场目的，融合新闻被置于泛娱乐化的逻辑中，大公司优先考虑煽动性而非深入分析，把新闻变成商品。正如斯科特（Scott）所说的，"新闻中的融合"并不是信息技术传播的进步，而是关于"信息生产和分配的经济管理新战略"，它"存在的理由是利润"（Scott，2005：101）。

149

总而言之，原先电视新闻强调的是客观性的公共价值，反映了"我们"超越立场联合起来的可能性，而这在后电视新闻里则被自我情感表达的市场价值代替，它让"私人的、普通的、日常的"处于主导地位（Turner，2010：22）。正如我在第一章所说的，虽然在这种趋势下出现了技术化的新团结形式，但批评者依然认为这种团结起来的"我们"倾向于建构孤立的"话语公众"——定位在自己的社群关注中，而不是发展出面对远方他者的世界主义情感。

叙事美学的分析

关于记者式见证的讨论暴露了新闻中的真相概念的不稳定性。这是因为本真性的戏剧悖论本身就具有不稳定性，在事实本身与对奇观以及帝国主义的持续怀疑之间摇摆不定。这种理论化的讨论悬置在客观主义与主观主义之间，可能会质问见证表演，但却没有将本真性本身当成见证的一个"既有"属性的问题，不管这种本真性是"归属于"一个专业人士还是一个普通的"我"。这种讨论预先设定本真性"归属于"客观性或者主观性见证范畴，从而未能认识到本真性作为一种特定真相主张，其实是在新闻故事本身展开的过程中展现、表演出来的。因此，关于新闻实践的理论化讨论未能进一步批判性地分析从电视新闻到后电视新闻的转变如何表演新兴的本真性主张，以及这些主张如何影响新闻公众的形构。为了更好地介入这种批评性分析，我接下来将新闻作为一种叙事，讨论其述行性。

作为叙事的见证

以叙事分析的方式来考察见证，首先要将新闻当作一种述行概念。新闻作为"戏剧化行动"的仪式，涉及那些在灾难现场行动的人和从远处观看的人。尽管在宽泛的意义上，它是想象戏剧结构的一部分，但新闻并不像之前提到的人道主义实践类型那样试图通过人格化或超凡魅力来证实其真实性，而是通过其自身独特的交际实践将苦难作为行动或反应的缘由。正如我所提到的那样，正是见证的实践把无偏见的观看与情绪化的反应结合起来。博尔坦斯基说过："在地的苦难必须以不歪曲的方式被传达，以便任何人都可以审视它……发现他们自己被深刻地影响而变得坚定，并将这些苦难作为行动的缘由。"（Boltanski，1999：31）

承认新闻的戏剧化呈现表明社会团结并不是对苦难"事实"的自发反应，而是在新闻报道过程中产生的。也就是说，新闻报道既是一种叙事，也是一种表演，既要诉诸客观性，传递"不歪曲"的事实，同时也要提供情感方案，让公众"被深刻地影响"，从而可以引发行动。这种双重要求并不意味着记者总是有意识地在新闻报道中把新闻的这两个维度结合起来。相反它表明，在公开展示苦难的历史上，将见证苦难当成一种"行动缘由"的要求只是某些阶段的特征。因此，在这两个叙事要求上的变化可以被看作敏感的晴雨表，可以测量在不同阶段中新闻报道的见证表演的变化。

接下来，本真性不能被一劳永逸地视为单一的、去历史的新闻叙事中的真相主张，不管是客观性还是证词，都必须被视作具有历史性、偶然性的真相主张。反过来，它界定了不同的条件，使得见证可以被执行。同时，它又引起了以下问题，即：在人道主义想象中，这些主张召唤出什么类型的公众？

作为历史的新闻

本着这种精神，我从历史的角度来研究新闻（Rantanen，2009），重点关注英国广播公司过去 35 年的大地震新闻报道的档案资料[6]。为此，如前文所阐述的那样，我以电视/后电视的区别为基础，依次讨论：(i) 电视叙事（中国唐山大地震，1976 年；墨西哥城大地震，1985 年；土耳其大地震，1999年）；(ii) 后电视/融合式叙事（巴基斯坦克什米尔大地震，2005 年；海地地震，2010 年）；(iii) 后电视/实况博客（海地地震，2010 年)[7]。

虽然这样的区分试图指出由技术带来的电视新闻与后电视新闻的差异，但是分析的重点很明显被放在后电视时代上，并进一步区分融合新闻与实况博客的差异。之所以有这样的分析偏重，是因为电视新闻，如前卫星和卫星时代的新闻，已经得到详尽的研究。但是后电视新闻，如新媒体对自我表达的影响，直到最近才成为新闻研究中的一个分析热点。因而，将它们并置的意义在于识别两种新闻领域的叙事特征，从而审视从一种到另一种的转换如何反映在提供给新闻公众的见证表演中，以及如何反映其更广泛的变化。

鉴于这些经验材料都是来自英国广播公司网站的档案资料，因而对见证的分析并不是要确定新闻故事发生时所具有的含义，这在新闻的历史研究中必然不可能实现。这里关注的是这些含义如何在这些叙事中被编码为那段时间的历史记录。英国广播公司的档案资料包含了从英国广播公司"就是今天（This Day）"网站上的 1976 年唐山大地震报道到"正在发生（As It Happened）"① 网站上的 2010 年海地地震报道。这些叙事都作为"新闻（as news）"被呈现出来，用的是现在时态，所以可以将它们视为在录制的那一刻所呈现的记者式见证[8]。与此同时，电视新闻现在都以在线格式呈现，对电视新闻所做的历史分析不是关注过往新闻播报的网络复制版，而是关注这

①　"As It Happened" 又可译为"事件的原原本本"，在后文的分析中，作者提到这个网站旨在精确地记录事件发生的过程，具有如档案一样的功能。

些新闻播报如何以在线格式被重新文本化。尤其是 1999 年关于土耳其大地震的卫星新闻，其中"直播"的元素是通过一个简短嵌入式的"现场"视频来展现的，其内容是当时电视的画面。

可见，电视新闻在网络上被重新文本化。这在新闻的历史分析中进一步提出了一个重要的分析主题，即：如电视等"旧"媒体在后电视新闻语境里是如何被挪用和重新利用的？对这个问题的回答可以让分析避免一种技术决定论，从而不把新闻报道中的叙事不连续性视为对比平台之间的根本断裂。相反，我们要采取一种话语路径，聚焦于这些多元平台的融合，探讨它是如何以不同的方式重新勾连不同新闻报道的叙事模式的（关于这个论断，参见 Peters，2009：22）。通过这种方式，这里将记者式的见证视为一种表演，所讨论的是其叙事在时间和环境的渐变中是如何保持相对稳定性的。

叙事美学

将新闻理解为一种叙事、一种现实的"创作"，不可避免要涉及发声的立场。这一切并不新鲜。正如塔奇曼（Tuchman）所说的，"说新闻是故事，并 *152* 不是要贬低它，也不是要谴责它是虚构的。相反，它提醒我们注意，像所有公共文档一样，新闻也是一个构建的现实，拥有其内在的有效性"（Tuch-man，1976：96）。"构建"这个概念并不是简单断言新闻就是故事，虽然它受到特定的真相主张的束缚，但是同时它也含有一种不可简化的美学维度。这是因为新闻是由各种具有述行性的美学选择构成的，也就说，它是通过语言、图像和声音的特定组合形成的。它并不是简单地反映了外部的世界，而是使这个世界成为参与其中的人们可以感知并充满意义的现实。这种美学观念并不是指向高雅艺术，而是一种具有道德效应的叙事表演。它突出了见证行为在观众面前作为一种戏剧呈现的重要性，在这里，每种选择都是十分重要的：是在报道中使用第三人称，还是使用激情澎湃的"我"，会让这些相似的"事实"产生非常不同的情感和道德现实。

本着这种精神，我提出了一个研究新闻见证的框架——曾在其他地方被我称为"媒介分析（analytics of mediaton）"，即将新闻报道概念化为具有伦理政治含义的美学实践（Chouliaraki，2006，2008a）。考虑到美学品质和道德能动性不可分割，这个框架能够有效地在分析层面上区分这些新闻故事的不同范畴。一方面，这样区分可以让我们识别见证产生的过程，它本身不是新闻内在的属性，而是通过画面和语言的选择表演展现出来的。另一方面，这样区分也有利于探索美学选择如何构建西方受众与弱势群体之间特定的社会团结关系。

"美学品质"这个概念可以帮我们关注到新闻叙事的两个特征：（i）多媒介性，即在叙事中不同形式的媒介形式被组合或者"重新"利用。（ii）叙事结构，即探索多媒介性对衔接结构或者叙事信息架构的影响（Cottle，2006b）；从句结构①或者新闻中的权威表征（the representation of authority）；过程结构，即探索对苦难采取的行动是如何被表征的，以及谁以什么样的身份在为谁行动。新闻中这些叙事维度的多样形构可以带来本真性的不同效果，产生不同形式的叙事现实：事实性、证言式或者参与式。

"道德能动性"这个概念则让我们注意到新闻叙事美学呈现给公众的见证表演。延续对帝国主义的批评，那些缺乏多媒介性的新闻提供的是超然独立的见证，把苦难描述为一种缺乏道德感染力的事实信息；其他的新闻则通过互动方式增强多媒介性，促进情感和行动的传递，从而使得见证转化为承诺。对道德能动性的分析探索见证的不同表演方式如何规制我们对远方苦难的反应，并以此来识别新闻实践力图形塑的公众类型：或者将我们导向已有的情感和行动集体，成为社群式公众，或者把我们引向西方以外的弱势群体，成为世界主义公众。

153

---

① 这里"从句结构"的英文原文为"clause struture"，指的是英文中的一种句型。从下文的分析中可以看出，在这里它指的是新闻报道中对各种信息源加以引用的一种叙事结构，因此也是呈现（represent）各种权威声音的方式。

新闻叙事：见证的分类

我从电视新闻开始讨论，然后转向后电视新闻，分别从以下几个方面进行考察：

（i）美学品质，聚焦其叙事结构的关键特性（衔接性、从句和过程结构）及其产生的现实主义形式。

（ii）道德能动性，聚焦每种现实主义形式提供的道德上可接受的见证模式。

电视叙事

6.1　英国广播公司新闻

1976 年：中国地震造成二十几万人死亡

中国发生 7.8 级地震，二十几万人已死亡。地震几乎摧毁了位于北京东北部的唐山市①。据消息人士援引中国官员的话说，地震摧毁了该市最大的医院，造成大约 2 000 人死亡。

这座工业城市总人口为 160 万，人们担心许多矿工被活埋在煤炭工厂中。外交观察员说，在该自然灾害的第一次冲击中，多达 8 万人死亡。根据该市的初步报告，将近 16.4 万人受了重伤。唐山是地震的震中，天津也严重受损，北京也有震感②。北京居民被要求住在街道上和待在空旷的

154

①　唐山大地震发生于 1976 年 7 月 28 日凌晨 3 时 42 分。"是时，人正酣睡，万籁俱寂。突然，地光闪射，地声轰鸣，房倒屋塌，地裂山崩。数秒之内，百年城市建设夷为墟土。二十四万城乡居民殁于瓦砾，十六万多人顿成伤残，七千多家庭断门绝烟……"矗立在河北省唐山市中心的抗震纪念碑，碑文这样记述那场 7.8 级大地震。"奋发图强，自力更生，发展生产，重建家园"，大地震发生后，中共中央向灾区人民发出慰问电，电文刊登于 1976 年 7 月 29 日《人民日报》头版头条。

②　这里的英文原文是 "Tremors were also felt in Beijing"，如果直译的话应该是"地震在北京也被感受到"。在英文里，这是一种被动语态，即不知道动作执行者或强调动作承受者的一种语态，它可以让新闻报道避免人称的建构，减少陈述的主观意味，增加描述的客观性，详见后文分析。但是它和中文的语感有些违和，故在这里译者将它翻译为"北京也有震感"，将北京这个地名作为主语，既符合中文习惯，同时也不偏离客观描述的整体特性。

地方，因为现在回到家中并不安全。

这次地震释放的能量巨大。据报道，道路、桥梁、火车站、住宅和工厂几乎被完全摧毁，人们被抛向空中。地震还摧毁了整座城市的电力供应，使得救援工作变得困难。地震发生在当地时间 3 时 42 分，当时有 100 多万人正躺在床上睡觉。整个地震持续了大约 14 到 16 秒，随后伴随着 7.1 级余震。幸存者们一直在废墟中挖掘，以回应求救的呼声，并寻找失踪的亲人。农民心中深信"龙年"（每 12 年出现一次）预示着疾病。根据新华社的报道，唐山地震的幸存者先住在帐篷里，后面将会搬到避寒所。飞机和卡车一直在运送大量的救援物资以帮助救援工作。政府希望在随后到来的冬天之前将人民转移到简易房里，它们不仅可以抵御余震，而且温暖、防雨。

美学品质

在这一类型的三条新闻中（墨西哥城大地震和土耳其大地震的报道链接见本章注释 [7]），信息配置愈发具有多媒介特性，这反映出广电发展历史的内在变化。1976 年关于唐山大地震的报道只有文字，缺乏现场图像。它唯一的视觉元素是一面中国国旗，被用来当作民族的象征。1985 年关于墨西哥城大地震的报道则是程度最低的多媒体文本，出现了震后的图像。而 1999 年关于土耳其大地震的报道则进一步添加了视频录像的超链接。在新闻报道中，图像和声音的结合越来越复杂。这种趋势捕捉了多媒介的发展轨迹——从前卫星时代到卫星新闻时代。前者在传统上依赖外交办事处在当地的机构（1976 年），后者则依赖即时传输技术（1999 年），因此也越来越多地出现了"实况直播"。

如同土耳其大地震的案例一样，实况直播提出了"反身认同"的可能性，景观的即时性与同时观看的行为相结合，产生了与远方其他人的"全球联通"的意识（Chouliaraki，2006：178）。但是，所有电视叙事的创作权最终还是掌握在记者手中。记者的这种创作权清晰地反映在作品的叙事结构中。

在衔接结构方面，叙述遵循"倒金字塔"结构，即每条新闻的前三个句子传达基本信息：关于地震的"内容、地点、时间和方式"。其余部分详细阐述破坏和救灾情况。倒金字塔结构作为新闻类型的历史主题（trope），有助于追求具有客观性的真相，因为它反映了我们对事件的理解可以简化为基本的可知事实（Schudson，1995）。

在从句结构方面，这些新闻的特点是使用明确直接或"非情态化（unmodalized）"的语言、被动语态以及间接引语。明确直接的语言呈现的是毫无疑问的事实，比如在对中国唐山大地震的报道中，"唐山是地震的震中"，"地震发生……当时有 100 多万人正躺在床上睡觉"；在对墨西哥城大地震的报道中，"地震袭击了阿卡普尔科……附近的西海岸"，"它持续了 50 秒"；在对土耳其大地震的报道中，"地震重击了工业城市伊兹米特"，"整个地区崩溃了"。被动语态的使用或非人称的建构抹除了叙事中的主观能动性，如在对中国唐山大地震的报道中，"二十几万人已死亡"；在对墨西哥城大地震的报道中，"死亡人数恐会上升"；在对土耳其大地震的报道中，"地震已经导致至少 1 000 人死亡"。最后请注意，没有一个例子将记者的"我"作为个人证词的记录者；相反，间接引语看重外部信息源的信息价值。比如"官方称至少 170 人"，"电视报道称百余人"（土耳其）；"中尉说：'山体一部分刚刚滑落，砸在农民身上……'"（墨西哥）。直接引语很少被使用，并且主要使用官方声明，而不是引用普通人的体验。比如土耳其总统埃杰维特（Ecevit）的"愿上帝保佑我们的国家和人民"。

叙事的过程结构则用过去式来表示。过去式将事件解释为既成事实，如在对中国唐山大地震的报道中，"已死；……受了重伤……受损……也有震感（was felt）"；在对墨西哥城大地震的报道中，"已袭击……被置于……切断了……乱扔掉了……崩溃了"，或者在对土耳其大地震的报道中，"睡着了……失去了任何机会……崩溃了"。而这些报道使用的现在时和完成时都指向正在行动的当地救援者、政府和人道主义服务。比如在中国的例子里，"政

156 府希望（hope to）在随后到来的冬天之前将人民转移到"或者"飞机和卡车一直在运送（have been taking）大量的救援物资以帮助救援工作"；在墨西哥的例子里，"救援人员挖掘（digging through）废墟狂找幸存者"；以及在土耳其的例子中，"救援队伍已经发现（have found）一些人在废墟中依然活着"。虽然卫星新闻（土耳其的例子）逐渐在视频链接中融入了同期的时间性，但是新闻叙事依然牢固地掌握在记者的手里，并且即使现场直播元素在这里已经被置入视频的超链接中，它的时间性依然要服从于语言的过去时态。

综上所述，电视新闻通过"求实主义（factual realism）"美学来讲述远方的苦难。这种美学遵循的是一种"本质优先"的非经验化逻辑，诉诸事实的本真性。从这三个案例可以看出，在地震大小和深度的表征上有个明显的层级区分。比如在中国的例子里，"这次地震释放的能量巨大……人们被抛向空中"[9]；或者在墨西哥的例子里，"很多人聚到街头角落里，有些人哭泣或者昏厥"；又或者在土耳其的例子里，现场链接引入了全方位式见证的元素，在报道的概要中，我们看到了普通人的体验被提及。但是，这些作品的情感感染力相当有限，因为它们要服从于记者的作者权威，并且关于灾难现场的视觉材料或者缺席，或者十分有限。

道德能动性

求实美学中的见证表演就是超然独立的见证类型，它依赖的是：（i）通过使用倒金字塔结构（衔接结构）和第三人称证词（从句结构）来追求无立场的客观性，从而树立真相主张；（ii）通过使用官方信息源边缘化普通人的叙述，以及尽量少地使用图像（从句结构）来使声音去个体化；（iii）利用过去式的有限时间性和嵌入"实时"链接（过程结构）来最小化事件动态的时间性。

这些超然独立见证的新闻叙事表演体现了两层含义。第一，对灾区的"他者化"，让它处在我们无法触及的地方。第二，对该区域与西方安全区之间关系的"去情绪化"。尽管新闻故事加入了一些普通人的体验以及日益增加的卫星视觉材料，让人在故事里感受到一些平常的味道，但这些新闻依然强有力地维持着苦难区域与安全区域之间的边界。

后电视叙事：融合新闻

157

> #### 6.2　英国广播公司新闻
>
> #### **2005 年 10 月 8 日南亚地震导致数百人死亡**
>
> 巴基斯坦说，印度北部和阿富汗发生了强烈地震，可能导致 1 000 多人死亡。
>
> 这场 7.6 级地震的震中位于伊斯兰堡东北 80 公里（50 英里），摧毁了几个村庄。
>
> 在巴基斯坦西北边境省份至少有 500 人死亡。在有争议的克什米尔地区，超过 450 人丧生。在伊斯兰堡，一栋公寓楼倒塌了，人们急忙赤手空拳地挖掘废墟，营救被困人员。
>
> 正在访问该地区的巴基斯坦总统佩尔韦兹·穆沙拉夫（Pervez Mush-arraf）表示，这次地震是"对国家的一次考验"。
>
> 有几个国家已经提出紧急援助。
>
> 印度总理曼莫汉·辛格（Manmohan Singh）致电穆沙拉夫："虽然印度的部分地区也遭受了这场意外的自然灾害，但我们准备提供你们认为适当的救援和帮助。"
>
> **断腿**
>
> 地震发生在格林尼治标准时间 3 时 50 分，远至阿富汗首都喀布尔和印度首都德里都有震感，紧接着又发生了几次余震。
>
> 穆沙拉夫总统的发言人肖卡特·苏丹（Shaukat Sultan）少将告诉英国广播公司："我想说，巨大的破坏已经造成了。依我看，伤亡人数可能不是几百人，而是更多。"

内政部长阿夫塔卜·谢尔帕奥（Aftab Sherpao）对当地电视台说："我们接到报告，有几个村庄被摧毁了。"

西北边境省的警察局长告诉法新社说，"有 550 到 600 人"死亡，这个数字还有可能继续上升。

在巴基斯坦控制的克什米尔区，一名官员告诉英国广播公司，在该省省会穆扎法拉巴德（Muzaffarabad），已有 250 具尸体被发现，超过 2 000 人恐已死亡。

他说："所有办公楼都倒塌了。"

山体滑坡堵塞了通往穆扎法拉巴德的所有通道，电力和电话全部中断。

伊斯兰堡崩溃

在伊斯兰堡马尔加拉大厦（Margala Towers），部分高档住宅楼倒塌。

一个名叫雷马图拉（Rehmatullah）的救援人员说："我冲到废墟下面。有段时间你因为灰尘什么也看不见……我们砍掉了一个人的腿才把他拉出来。"

伊斯兰堡警察局 28 岁的副巡视员卡拉姆·奥斯马尼（Karam Usmani）对英国广播公司说："我听到废墟中人们的哭声，我徒手开始挖掘，挖出了一具尸体。

"但我还是设法救了另一个 35 岁的人，把他扛在我的肩膀上，送到了救护车上。"

在印度管理的克什米尔地区，有 200 人被证实死亡，其中包括 15 名士兵，另外有 600 人受伤。

乌里（Uri）镇靠近克什米尔分割控制线，受灾最严重，已有 104 人死亡。

英国广播公司驻斯利那加（Srinagar）的阿尔塔夫·侯赛因（Altaf Hussain）说，政府正加班加点以恢复因地震中断的电力和水等的基本供应。

援助会谈

乐施会的本·菲利普斯（Ben Phillips）对英国广播公司说，救援组织的会议正在进行中，机构正在与联合国和巴基斯坦政府就提供援助进行接洽。

菲利普斯表示，最初的需求将是帐篷、毯子、食品和医疗用品援助。

在该地区的其他报道中：

印度总理在北部城市昌迪加尔（Chandigarh）出席的会议因其保镖在震后下令立即撤离而停止。

在印第安纳州克什米尔邦奇地区（Poonch district, Indian administered Kashmir），有200年历史的莫蒂·马哈尔要塞（Moti Mahal fort）已经倒塌。

巴基斯坦信息部长说，拉瓦尔品第（Rawalpindi）一所学校倒塌，1名儿童死亡，6人受伤。

美学品质

与前一类新闻相比，2005年的克什米尔大地震和2010年的海地地震的新闻具有丰富的多媒介特征，反映了新闻类型日益复杂，已经跨越了广播电视向融媒体发展。多媒介性，即网络新闻页面上共存着多种媒介平台，有利于在故事中插入复杂的视觉和听觉材料，包括受影响区域的交互式地图，由路人的视频组成的"目击者链接"，以及幸存者的"音频记录"（有一些在网页上被转录为文字并被突出显示）、历史信息和实况博客（鉴于英国广播公司的版权限制，这些超链接仅可在线浏览，见本章注释［7］）。

因此，新闻的衔接结构变成了"超文本"格式，交互设计大大提高了语言故事的流畅性。这些交互设计的选项虽然并不总是立即可用，但却可以让读者通过链接与多种信息源进行互动。同时，超文本性与倒金字塔这个传统新闻的衔接标示结合了起来，毕竟倒金字塔结构仍然主导着叙事的语言组织。这样的结合产生了一种混合结构：看起来像传统新闻，但却将其叙事去同质化，将各种信息源呈现在各种引文或声明中，相互之间不怎么相关，其逻辑并不遵照严格的顺序来组织，并且允许用户用多样的方式和文本互动——阅读、点击、浏览，或者快速翻图。

因此，从句结构仍然以明确清晰的语言为主，以此传达事实，但直接引语已经被广泛使用，取代之前新闻中的间接引语和被动语态。这包括官方声音，如当地政府（在克什米尔的例子中，"巴基斯坦总统……说这次地震是'对国家的一次考验'"）和国际政要（如在海地的例子中，美国总统奥巴马说他的"想法和祈祷"）。这不仅在叙事中注入了一种即时感，而且进一步体现了行动领域的"全球化"。重要的是，现在的叙事包括援助机构和普通民众的故事。如在巴基斯坦的例子里，一个名叫雷马图拉的救援者说"我冲到废墟下面"；或者在海地的例子里，拉赫玛尼·多默桑特（Rachmani Domersant）——一位为穷人提供食物的慈善机构运营经理——告诉路透社，"你看到成千上万的人坐在街上，无处可逃……乱跑，号哭，尖叫"。

过程结构突出了在灾难现场采取的不同行动方案。与之前新闻的有限性相比，这些报道通过目击证人持续不断的记录保留了紧迫的"现场感"。比如在巴基斯坦的例子中，"困在废墟中的人们的哭声一直萦绕在我耳旁。还有好多人被困在里面"；或者在海地由普通人提供的录音和视频链接中，"现在外面很黑，没有电，所有电话网络都中断了"。在事件发生后的第一时间，英国广播公司网页上就出现了交互设计，比如询问信息（"您是否受到了地震的影响？"），同时还出现了相关链接，介绍受影响国家的地质和政治历史。这些行动形成了多元的时间线，不仅被编码在语言叙事的语法中，而且在它提供的多文本链接中进一步展现出一种结构的可能性。

160　　这些叙事特征形构了两个案例的"证言式现实主义（testimonial realism）"美学。这种叙事美学围绕记者权威组织而成，但同时把事实的现实主义和个人见证的情感结合起来。因此，这类新闻在苦难地区与安全地区之间形成了一条松散的边界。两个因素对此有所贡献：（i）包括幸存者和非政府组织等在内的目击者的记录以及记录视频的出现，它增加了苦难的可见性；（ii）叙事的超文本性，它将事件置于历史的视角下，更重要的是提供了一个互动的选项，邀请西方世界扮演一个潜在的捐助者的角色——传达其观点或者向救援机构捐赠。

道德能动性

证言式现实主义的道德能动性源于全方位式见证表演。它依赖于：（i）真相主张的混合，即无立场的客观性（倒金字塔的权威性结构）混杂着主观的故事讲述（直接引用和超链接）；（ii）声音的混合，即既邀请观众聆听来自个体受难者的独特讲述，同时也让观众感受到这些国际援助对象遭受灾难的普遍背景；（iii）行动的多重时间性，允许观众知晓过去的情况，感知现在和未来救援行动的紧迫性。

在全方位式见证中，"道德能动性"的表演具有两个含义：第一，受灾地区被建构为一个在远方却又可以触摸到的地方；相应地，第二，受灾地区与西方观众之间的关系被"情感化"，这为捐助行动提供了出口。但是，两个案例还是有所区别的。海地的案例设法将西方当作一个有着全面利他行动的对象，试图充分发挥其道德想象力，但是克什米尔的案例却没有（Franks，2006）。虽然报道中的这种不对称自有其历史和政治原因，但是新媒体的使用不足也被认为是克什米尔大地震报道贫乏单薄的一个重要原因。正如塞尔沃尔（Thelwall）和斯图尔特（Stuart）所说的，"新闻报道贫乏单薄是因为报道巴基斯坦的西方记者人数要少得多……以及，来自目击者的一手数字图像数量也很少，这导致了'亮点'很少"（Thelwall & Stuart，2007）。相反，海地地震发生在一个媒介饱和的环境里，为开放、即时的信息和行动准备好了基础设施，这在灾难新闻报道中是史无前例的。正如福克斯新闻（Fox News）评论道："在周二袭击海地海岸的大地震发生之后，推特将目击者转变为现场记者，这种力量引人注目。海地人被埋在碎石堆里的各种生动的照片在推特上迅速发布，远远领先于传统的新闻通信服务（2010 年 1 月 14 日）。"

接下来，我将转而讨论作为杰出新闻平台的"实况博客"。它汇集了公民的贡献，因此大大提高了苦难的可见性。我并不是要就此论证在海地的案例中新闻公众主要通过实况博客而非电视广播媒体来获取信息，相反，我认为新闻公众以不同的方式、不同的目的在这些媒体上传播信息。因此，虽然电视广播仍然是一个重要的信息源，但实况博客充当了信息更新和互动的平台（通过英国广播公司互动中心实现人际传播）。

实况博客

6.3 英国广播公司

2010 年 1 月 13 日，"正在发生"

11：32 联合国世界粮食计划署（WFP）的卡罗琳·赫福德（Caroline Hurford）表示，该机构在太子港的大楼仍然坚挺，所有工作人员都在岗位上。联合国世界粮食计划署正向海地邻国多米尼加共和国空运 90 吨高能量饼干，足以供 3 万人食用一周。

11：24 据报道，海地首都太子港在地震发生后约 20 分钟内被覆盖在尘土中。

［地震后的手机画面］

11：22 英国援助机构乐施会的发言人路易斯·贝朗格（Louis Belanger）表示，由于海地的主要机场已经瘫痪，英国广播公司的援助部门将利用多米尼加共和国首都圣多明各作为枢纽来引入援助。

11：17 特洛伊·利夫赛（Troy Livesay）的推文称："在整座城市里，教堂里的人整夜地唱诗祈祷。这种美妙的声音穿透了可怕的悲剧。"

11：13 教皇本笃十六世（Pope Benedict XVI）呼吁人们"联合起来一起为地震受难者祈祷"。

> 11：08 联合国儿童基金会（UNICEF）的帕特里克·麦考密克（Patrick McCormick）告诉英国广播公司："这将是一次规模庞大的人道主义行动，毫无疑问。"

美学品质

实况博客与之前几种新闻类型的区别在于它的叙事结构如今完全由多媒介，即承载新信息的媒介配置驱动。无论通过哪个技术平台（电子邮件、推特、视频或博客），任何到达英国广播公司互动新闻编辑室的可呈现的信息都会成为被报道的内容（新闻链接见本章注释［7］）。*162*

普通人的声音因此急剧增加：115 条条目中有 50 条落在对灾难的见证上。无论是通过业余录音还是通过口头叙述，普通人的声音都十分抢镜，这让海地的苦难成为一种治疗实践（therapeutic practice）——一种高度情绪化的表演，让受影响者说出他们的创伤。比如在太子港的特洛伊·利夫赛（18：49）在推文中写道："目前数千人被困。猜测这个人数就如同猜测海洋中的水滴。珍贵的生命悬于一线……"再如，美国佛罗里达州的托马斯·查德威克（Thomas Chadwick）发来的电子邮件中写道："我在雅克梅勒（Jacmel）有一家孤儿院，里面有 13 个小孩。我的妻子在那里，但是从地震前一个小时开始，我就无法联系上他们中的任何一个人。我觉得自己好没用。"

由于高度的多媒介性，实况博客的叙事结构与融合新闻的大不相同。特别是它的衔接结构如今是通过时间线来组织的，即一个按照时间顺序汇合而成的集合，每一条独立条目都是"最新"的信息。例如："10：53 国际红十字会称……""11：01 法新社援引前海地总统的话……"之前通过倒金字塔结构的客观主义逻辑串联起来的是连贯流畅的故事，而这里不是。这种实况博客的经验性叙事是一种完全去中心化的叙事，一种"拼贴"或"持续的，或多或少自主的组装、拆卸和再组装的媒介化现实"（Deuze，2006：66）。

叙事碎片化的另一个特征是一个异质的从句结构，包含互不关联的信息。但这些信息又有一个共同特征，即它们都提到了信息源的身份，比如"11：17 特洛伊·利夫赛的推文"，"19：10 英国红十字会在海地建立了一个雅虎网络图片分享相册（Flickr）"。这些信息序列引导我们去关注"谁说什么"而不是信息源的可信度，即"什么正在被述说"。与使用第一或第三人称的记者声音所具备的权威性相反，这种从句结构反映的是一种偏向"情境"和偶然性的真相主张。

过程结构通过在叙事中植入"危机传播"的维度，从而让用户直接置身于同时性领域中。危机传播指的是需要对苦难的紧迫性立即采取行动的传播活动（Fearn-Banks，2007）。超链接的广泛使用，让远距离行动有了新的选项。除了"您是否受到了地震的影响？"这种电子邮件邀请，现在还有一系列新的参与方案：照片、视频上传，推特网站，以及更重要的，捐赠。虽然捐赠的链接很明显把西方视为海地灾难的潜在捐助者，但是其他信息交互的环节主要还是邀请受影响的人作为主要的博客信息贡献源，比如"照片：发送电子邮件到 yourpics @bbc. co. uk""视频：上传你的视频""推特：HYS（Have You Say）在推特"。但是在 115 条推特条目（少于 140 个字的推文＋一个视频）中只有 7 条包含了这类（直接）受影响者的声音，大部分的见证记录来自国际非政府组织，约有 20 条。剩下的见证信息都来自间接受到地震影响的西方人，或者来自住在西方的海地人，还有一些来自邻国（比如多米尼加共和国）。

实况博客的一个关键特征是新闻的超时间性，比如"苦难的历史：海地和美国"链接提供了远方苦难的历史背景，或者比如"重建的挑战"链接展望了一个充满希望的未来。尽管如此，实况博客主要还是围绕实时互动组织起来的，倡导通过"点击鼠标"进行即时行动。

因此，实况博客的美学品质是一种"参与式现实主义（participatory realism）"。它通过分散但介入式的集体视角来和远方的苦难进行互动，积极地使用英国广播公司的交互选项（术语"参与式"参见：Nichols，2001）。以此，"交互式"现实主义挑战了作为记者的"我"，将其与单独的、作为业余用户的"我"放置在一起。比如，到达太子港的英国广播公司记者发的条目也只是众多信息中的一条："23：09 来自英国广播公司安迪·加拉赫（Andy Gallacher）：我刚刚抵达太子港，救援也刚刚进来，但确实十分缓慢。这里只有几支美国海岸警卫队和几架军用飞机……"

道德能动性

参与式现实主义的道德能动性来自路人目击的表演，它依赖于：（i）叙事的去同质化，即叙事包含着实时见证但缺乏连贯的故事情节；（ii）声音的去中心化，即平衡所有声音的贡献，并使新闻的真相主张更强调偶然性和情境；（iii）苦难的超时间性，即引入"危机传播"的互动共时性，但是西方的声音在灾难的声音中依然是主流。

总之，后电视新闻的参与式现实主义陷入了悖论式的发展困境。它似乎促进了新闻实践的仪式功能，也就是形构了一个潜在捐助者的社区。但前提是它对新闻叙事的转化，而这些新闻叙事是关于那些超出我们认知的灾难的，所以接下来我就要讨论这种转变对人道主义想象实践中的见证表演产生了什么样的影响。 *164*

新闻报道的真实效应：从叙事到数据库

从对参与式新闻的分析中可以看出，真实性一直是新闻的一部分，而只有后电视新闻才将真实性问题转化为美学问题。这和募捐倡议的方式十分不同，在那里，本真性被视为我们思考的对象。后电视新闻则用技术文本的逻辑取代了讲述故事的电视逻辑，因此用时间线、信息源和超链接这些传达脆弱性的新资源来取代戏剧化的行动。

虽然证言式叙事也在朝这个方向发展，但是倒金字塔结构以及记者的作者声音的使用都让它保留了同质化故事讲述的元素。实况博客则抛弃了这些元素，把新闻变成一个参与式过程的结果，并对我们现下可获得的见证表演产生了重要的影响。我要讨论的两种影响是：见证的技术化和后人道主义公众的形成。

见证的技术化

本真性的悖论一直内在于所有的见证表演中。迄今为止，它在我们讨论过的不同叙事中以不同的方式得到解决。正如我们所看到的，电视的超然独立的见证通过宣称超越立场的真实性来消除技术上的怀疑。而融合新闻中的全方位的见证则通过在报道中包含全部观点来消除怀疑。但是这两种表演都继续使用记者的声音作为本真性的最终保证，也就是说，能以此来为它们的公众缩小"看到"与"言说"的差距。

相反，参与式叙事放弃了作者的声音并转而依赖以路人目击为基础的真相。这种报道形式不仅以公众的名义发言，而且声称自己就是公众本身。即使这种见证表演避免了"言说"与它所代表的公众之间产生落差的风险，但它依然无法摆脱自身错位的风险。考虑到其已经被主要新闻网络机构挪用，*165* 路人目击必须处理另外一种在"看到"与"言说"之间的风险："看到"是在特定语境中的体验，而"言说"一旦到达英国广播公司的新闻编辑室，就变成了编辑监管的对象。

从这个角度来看，后电视新闻不应该仅仅被看作促进了普通人的表达，其实它在表达这些声音的时候也在规制它们。见证的技术化在这里指的就是对普通人声音的重新阐述。在将"看到"体制化为"言说"的过程中，新闻的认识论地位也被改变了——从"知识"变成了"信息"，之前附着于经验语境的声音从原有语境中被剥离出来，变成了可供检索和使用的声音。参与式新闻中的技术化见证得益于两个过程：可见的线上新闻劳动和可用的互动技术。我之前把它们视为新闻叙事美学的特征进行了讨论，现在我将讨论它们如何反映媒体机构在新闻规制上的变化。

新闻劳动的可见性反映的是新闻采集的市场变化，新闻实践从以信息源为导向转向为事件所驱动。前者还需确认信息，后者的材料则主要来自灾区。这个变化在时间轴上是显而易见的。重要性等级（事实是什么）为时间等级（什么先来）所取代。这在对信息源的标注中也很明显地体现了出来。地位的层级（官方所报告的内容）为行动的层级（谁先报告）所取代。同时，互动技术的可用性则反映了新闻作者身份的改变，新闻编辑室从单一创作向多技能创作转变。前者意味着单个报告的编撰，后者则需要监控跨媒体平台，并且重新调整（经常是）"协作"式新闻报道的内容（Deuze，2004）。

因为主要新闻网络提供的线上新闻面临着盈利能力下降的问题，所以这些发展不仅解决了公众对新闻的信任度下降的问题，也一并解决了盈利的问题。公民记者提供的无偿劳动被纳入公司战略，以低成本重塑更具吸引力的新闻模式（Scott，2005）。然而，批评者认为多技能的新闻编辑室并没有扩大公共的参与度，相反最终会导致新闻市场的重新集中化。新闻广播电视公司（network）试图以低成本吸引受众，在不同平台上重新利用和循环发布相似的内容。结果，它们在全球市场的地位得到巩固，其代价是生产的新闻日渐趋同而不是值得信赖（Turner，2010）。

毫无疑问，新闻模式从"从媒体机构到受众（从企业到消费者）①"向 *166* "点对点"的转变确实服从了新闻行业中市场优先这个规则。但是它仍然对新闻编辑室的权力关系产生了影响。民众的声音独立于媒体企业议程，对其开放确实赋予在线新闻一种不可简化的民主化维度（Gillmor，2004）。可能这个影响在灾难新闻报道中最为明显地体现在国际非政府组织的角色上。它们为在线新闻平台付出了"无偿劳动"，但同时也伴随着新的、前所未有的机会让它们的声音得到倾听。在海地地震发生后的第一个 24 小时，是国际非政府组织填补了英国广播公司实况直播的重要信息空白，其声音直到后来才被专业记者的声音覆盖。因此，国际非政府组织通过利用全球网络的多媒体支持，

---

① 这里的英文原文是"business-to-consumer"，直译为"从企业到消费者"。在西方媒体生态中，商业化的媒体占主流，它们与市场上其他提供商品或服务的企业一样，在提供新闻服务的基础上以盈利为目标，相对应地，其目标受众也是具有消费能力的消费者。

设法突破大部分电视新闻报道的选择性冷漠，并在传播灾难消息中获得对信息管理的一些控制权（Cottle，2009）。参与式新闻看似与詹金斯所说的融合的"文化经济"产生了积极的共鸣——这类新闻承诺为非专业人士提供机会，从而使专业人士获得对新闻议程某种程度的控制（Jenkins，2004）。然而，这与融合新闻的政治经济学一样可疑。

我们迫切需要重点关注这种新文化经济的一个重要影响，即自我表达的结构将新闻作为"数据库"，并用它取代新闻作为"戏剧化行动"的逻辑。新闻成为累积而成的条目仓库，条目之间缺乏内在的连贯性，只能用于存档（Manovich，2001）。从参与式叙事的分解中，可以明显看到新闻被重构为档案格式：拼凑化的衔接结构、信息碎片化的从句结构，以及嵌入式链接化的过程结构。这其实都是超媒介性的逻辑，把融媒体技术的基础设施当成新闻叙事美学明确和不可分割的组成部分。

在这个意义上，参与式叙事是一些自洽的"言语行为"的集合，它在拥抱目击者的声音的同时，也使这些声音可以在任何时间以任何顺序被即时消费或者被随后使用。实况博客被当作在线记录供公众访问，但正如其标题"英国广播公司：正在发生"所显示的，其作为技术化日志，事实上发挥着档案功能，提供了事件的年表，却"缺乏分析或阐释"（Rantanen，2009：6）。

这里见证的技术化指向的不仅仅是报道新闻的技术媒介的变化，更重要的是新闻公众道德教育上的转变，这就是福柯所说的自我技术。正如我在第一章所阐述的，自我技术不是通过直白道德说教来让人们团结起来，而是通过规范品质的日常表演来让我们学会应该如何感受和思考远方他者，并为他们行动起来。在这个意义上，参与式新闻叙事就是这样一种自我技术，在某种程度上，社会团结的道德观是通过累积的、多重的"我们"的声音表达出来的，从而用主观现实取代对世界客观主义的理解。客观主义，即世界原本的样子，本是传统新闻报道的特征，而主观现实则强调世界就是我们所看到的样子。远方苦难的故事让位给许多自我表达的小故事。正是这样的让位往往伤害了这种类型的戏剧性，使实况博客的公众成为后人道主义公众。

后人道主义公众

后人道主义指的是一种团结的公共秉性，依赖于在远方苦难的叙述中激增的个人见证，并邀请一种即时但不连续的"点击"行动主义①。这种团结结构的核心是新闻叙事结构的日益分散，并日益发展为证词式和参与式的见证表演。接下来，我将讨论这种在叙事上的分散如何影响参与式新闻所构成的后人道主义公众，即公众的"不可能性"和治疗话语的兴起。

"不可能性"并不意味着后电视叙事不能召集起自己的公众。相反，它讨论的是在这些叙事中，这些见证的公众（不）能被表现为一种能动的集体的方式。在这个方面，向融合新闻的转变并不必然意味着后电视公众很少注意到电视新闻的戏剧性故事和它们对知识的客观性主张（Deuze，2005）。但它确实告诉我们关于见证地位转变的一些重要的事情：如今见证是对知识持有的一种激进的情境式、开放式主张。它"不再主张这是读者想要的东西或者事件的含义"，而是成为"一个拥有多元知识和关于世界知识广度的网点"（Matheson，2004：461）。这种见证不仅具有"杂乱无章（aporetic）"的性质，也是一种（叙事层面上的）意识：知道远方的苦难永远无法被充分叙述并具有客观性和情感的双重主张。用博尔坦斯基的话来讲，客观性主张指的是"没有曲解"，情感主张则指的是找到人们能"发现自己被深刻地影响"的方式，但是即使如此，它依然会一直坚持讲述局部和具有偶然性的故事。正是这种性质让后电视新闻的公众表演中的"不可能性"变得清晰可见。

在后电视时代，见证从"戏剧化"转变为"杂乱无章"，取消了观看与表演之间的分离，变成一种潜在的共同表演，用户现在可以共同创作苦难的故事，从而打破了在新闻报道中表征痛苦的戏剧模式。这种公众就是后人道主义公众。后人道主义公众把自己想象为表演者/行动者，但并不是建立在"戏

168

---

① 英文原文为"'point-and-click' activism"，又称"'键盘'行动主义"。

剧化行动"的叙事基础之上，也不怎么可能同显现空间中的其他行动者进行互动，亦即不能进行穆尔曼（Mulhmann）所说的"联合的新闻实践（a journalism of unification）"。相反，它建立在不连贯的"小故事（petit narratives）"的基础之上，将每一个个体与新闻的互动技术联系起来，形成一种"去中心的新闻实践（journalism of decentring）"。

无疑，在后电视新闻中，作者身份的个体化很好地呼应了那种强调监督和自决的公民身份，不再主张"代表公众"，而是把公共参与视为真正的自我表达，其语境就是哈特利（Hartley，2010）所称的"谈话式民主（conversational democracy）"（这里借鉴了 Coleman，2005；另见 Schudson，1998）。但是这里让我感兴趣的问题是，面对远方苦难，这种形式的公共参与构建了什么样的对话。这个问题把我引向了后人道主义公众的第二个特征：治疗话语的兴起。

路人目击依赖于对灾难创伤的高度情绪化的言说。正如我早先的论述，这种创伤的言说在新闻中引入了一种治疗话语，要求获得泰勒（Taylor，1995）所说的"认可"，即受影响的人拥有让他们的苦难被看见的权利，因而，所有在想象的戏剧空间里的人都是合法的言说者。正如来自美国马萨诸塞州的乔维内尔·普雷西（Jovenel Presume）的电子邮件所展示的："地震发生后，我和我的家人失去了所有联系。我的妈妈还在那里。她本来计划今天飞回来……""20 点 57 分，海地电台大都会在它网站上的一份移动报道中描述了这场破坏：'太子港的街道只剩下一片废墟，尸体与房屋、商店的残骸纠缠在一起……'"

这些文本提到无能为力、绝望、身体和情感的痛苦，以及死亡，它们共同构成了一种主张，将后电视新闻观众召集起来，以此形成一个富有同情心的回应空间，让人道主义机构可以做出贡献、提供援助，同时请求公众回应。虽然新闻式记录可能表现为对人道主义想象中"谈话式民主"的回应，但这种要求认可的主张同时也让路人目击明显地超越了"谈话式"的言语行为，进而在一种共同人性的治疗话语中表演社会团结。这种话语以我们"共享的脆弱之躯"为主题。这种脆弱性跨越了地方和人类生命的各种等级，因而可以"跨越既成的社区边界来规划不同形式的社会团结"（Linklater，2007b：138）。以此，虽然电视新闻在安全的地方与苦难的地方之间设置了强大边界，但这个边界却在后电视新闻时代被问题化。后电视新闻因而促成了一种世界主义的想象，可以将西方公众的社会团结情感延展到其所归属的社区之外。

　　然而，尽管新闻中路人目击的情况激增，但绝大多数来自西方的受影响人群。只有 8 条推特条目来自海地的"普通人"（目前尚不清楚，这些人中有多少是海地籍的公民），而剩下的 42 条不是来自西方非政府组织，就是来自被地震间接影响的西方人。

　　见证声音中的这种不平等无疑与移动技术的分布和使用不均衡的模式相契合（Beckett & Mansell，2008）。但西方声音占主导地位这个现实引发了我对另一个不同但相关的观点的关注，即作为交流仪式的新闻实践的转变。它从构建电视的"观看"公众，通过关于远方苦难的"戏剧化行动"把观众联合起来，转向构建"多技能"的后电视公众，通过关于远方苦难的在线会话把用户联合起来。我并不是宣称电视已经不再作为新闻报道的信息源，而是认为电视如今只是西方公众参与灾难报道过程使用的众多媒体之一，他们使用的其他方式还有"浏览网页、搜索数据库、回复电子邮件、访问聊天室"（Lievrouw & Livingstone，2002：10）。

　　在这种对话式但不连续的参与过程中，当新闻公众彼此之间"讲述"远方苦难、公开他们的创伤、寻求认同的时候，安全的地方与苦难的地方之间的边界可能会重新出现，它们事实上重建和重现了西方领域的利他公共性。这种公共性并不是始于或者终于弱势他者，而是把那些他者当成交流的对象，同时把像"我们"这样的西方回应者置于交流仪式的中心。在这个意义上，参与式新闻的这种后人道主义公众可以被描述为自恋的公众，也就是这些公众意识到新闻式见证"不可能"作为道德行为，并将其转化为德兹所说的"对我们自己过分狂热的信任"，优待"我们"自己"创伤式公民身份"的个人表演，忽略在地震灾区中苦难、身份和公民之间的另类的、历史的和当下的关联。

在这个转化过程中缺失的一环是超越共时性所包含的时间紧迫感，去把握海地苦难的历史性，追问那些不可避免地受自然灾害影响的政治权力关系（其中包括这个国家的殖民和后殖民历史）。正如詹姆斯（James）清楚地表明的那样，这些历史不仅要对严峻的贫困负责，也要对这种治疗话语在国内外占主导地位负责。这种治疗话语成为公共传播的一种重要形式，持续地把海地解读为一直依赖西方的人道主义救援的永久客体（James，2004）[10]。

我们之前讨论过的"消灭"和"挪用"（病态见证模式）清晰地表明了电视新闻所具有的政治和伦理缺陷。后电视新闻在寻求弥补这些缺陷的过程中可能正在生产自己独特的"病态式"见证——回声①：受难者的创伤现在在显现空间可能成为一种强有力的合法道德主张，但前提是受难者的声音必须被放在西方的情境中，并在牢固的社群主义道德想象中表演。

结论：客观性或者治疗

我对见证表演的转变的分析基于这样的假设，即从电视到后电视的转变并不仅仅表明记者文化或者新闻报道的变化，更准确地说，这种述行行为也改变了当前人道主义想象中的团结秉性。这种转变的关键就是从求实转向参与式新闻叙事，进一步反映了从"超然独立"向"路人目击"类型的转变，苦难的戏剧表演形式也从客观式转向证词式。

这种转变依赖像"我们"这样的人的见证，承诺一个更具包容性的交际结构可以把西方变得更加世界主义。但是我的分析同时也提醒大家注意后电视新闻的一个重要风险。我认为，它重构了新闻业中的生产/消费关系，非但不一定会挑战不同地方和不同人类生活之间既有的等级关系，反而有可能会

---

① 此处英文原文为"ventrilocation"，因为很难在中文中找到对应的翻译，经由作者同意，改用"echo"替代。

在解决这些等级关系的过程中再生产这种不平等。这种对参与式新闻的批评的核心在于戏剧性在社会团结传播交流中的消退。

新闻的戏剧性观念基于一种分离的安排，即把在灾难现场行动的人与在远处观看的人区分开来，同时依赖创作者的声音在戏剧化行动的叙事里安排新闻报道的述行性。这就是电视新闻所坚持的戏剧模式。但是我已经向大家展示了，后电视新闻引进了一种治疗的新闻模式，让普通人对远方苦难的声音得到倾听，其贡献得到承认。激增的真相主张取代了客观性，并且任何一种主张在认识论上都不比其他的更具优先权。在新闻这个类别上，这种见证的不可能性恰恰缘于将苦难呈现为"他人的声音流……令人眼花缭乱的多重经验阐释，以此希望与暴力亲密接触"（Mulhmann，2008：233，235）。

于是客观性坍塌为"声音流"。正是这种坍塌成为后人道主义的道德想象的底色：以真实的普通人的名义，作为戏剧化行动的苦难叙事让位给自我反照、不连续、技术化的网络行动。它将西方公众视为个人创伤的表演者（关于自恋与客观性之间的联系，参见：Eagleton，2009）。

但是，后电视叙事不应被视为一个独立存在的新闻类型，而应被视为一个与电视新闻有着互补和紧张关系的新闻类型。每个新闻类型都为它们的公众提供不同的真相主张和行动方案——戏剧化和反戏剧化。只要这两个类别是人道主义想象及其固有的悖论的一部分，它们就将继续再生产它们自己独特的病理学，即目击、消灭、同化、回声，让新闻行业成为另外一个斗争场所——在这里，公共文化为传递脆弱性而持续地努力。

事实上，这几个章节已经通过经验性分析展示了4种不同类型的人道主义实践：募捐倡议、名人公益、慈善音乐会和灾难新闻报道。在表演人类脆弱性上，它们小心翼翼但确定无疑地从戏剧化转向反戏剧化，以此来和人道主义想象的悖论进行协商，并在此基础上产生了后人道主义式团结秉性。在现代人道主义背景下，我们可以从哪些方面来解释在美学和团结伦理上的这种转变？在后人道主义时代，我们能否重新在理论上讨论世界主义的可能性？这些就是本书的下一章——也是最后一章——所要讨论的问题。

第七章　戏剧性、反讽和社会团结

导论：人道主义的历史转变

人道主义想象是一种传播结构，传递对弱势他者采取行动的必要性。它包括一系列流行类型，从募捐倡议到灾难新闻报道，从名人公益到慈善音乐会。虽然人道主义是由全球治理机构——国际组织和国际非政府组织——的直接行动组织起来的，但这种传播结构是至关重要的，因为它系统性地将全球南方呈现给西方，邀请西方通过言说和捐款来为弱势他者行动起来。

人道主义的传播结构一直是我的研究对象。正是这种传播结构在西方世界中日常地培养了社会团结的秉性。这种结构通过流行文化的多种实践而呈现多样化特征，但是基本上仍然是戏剧性的，因为它依赖苦难景观，以此表演社会团结的理想秉性。我认为，募捐倡议，名人公益、慈善音乐会和灾难新闻报道都是同情戏剧的一部分，旨在让我们直面弱势他者，以激励我们对他们的状况采取行动。然而，正如我所表明的那样，团结传播的戏剧结构也存在问题。

苦难戏剧在这种传播结构中引入了对技术的怀疑，质疑媒介呈现的苦难是真实事实还是被操纵的假象（对奇观的批判）；观看引发同情则将能动性问题引入结构中，引发公共行动的目标是拯救生命还是改变社会的争论（对帝国主义的批评）。正是这些围绕着景观的本真性和社会团结的道德问题，持续不断地困扰着任何试图代表/表征人道主义事业的努力。这迫使我不仅将人道主义视为一系列信息，还将其作为一个充满传播悖论的动态领域，视为人道主义式的"想象"实践。

通过分析人道主义的四种主流类型，我试图表明在两个关键的历史"时刻"——初始阶段和当下状态——人道主义想象的悖论是如何被协商并暂时解决的。我的分析表明，随着时间的推移，苦难的本真性和与弱势群体团结起来的观念发生了实质性的变化。我现在也将这种变化理论化为一种范式转变——同情式团结转向反讽式团结。然而，这种转变不是断崖式的，而是人道主义领域中制度、技术和政治长期渐变的结果。正如第一章所讨论的那样，这些变化包括在冷战后"意识形态终结"背景下援助和发展领域的工具化倾向以及媒介化自我表达的兴起。

如今，在苦难的真相主张上可以明显看到这种转变。一开始强调苦难是一种外部现实，可以通过本真性的客观标准加以验证，后面转变为强调苦难是一种主观认知，可以通过基于心理真实的标准加以确认。这种转变也明显地体现在苦难的道德能动性中。一开始是一种导向远方他者的秉性，承认人类的脆弱性是我们行动的缘由，后面转变为一种自我导向的秉性，承认消费主义是我们人道主义参与的一个关键动机，这也就是我们前面所提到的后人道主义的秉性。

那么，我接下来要做的是，通过解决以下问题来理解和评估这种向后人道主义的范式转变：这种在苦难认证上的变化如何帮我们理解今天所栖息的公共生活的样子？在这个"感觉良好"的行动主义时代，世界主义式团结是否仍然可能？我们怎么能想象与弱势他者团结起来的其他方式？

我首先讨论后人道主义的范式转变——从同情到反讽。正如罗蒂对社会团结的阐述（Rorty，1989），后人道主义和反讽境况的基本特征相互呼应，但是我在"后人道主义：反讽式团结"一节里也指出了将反讽作为一种理想的团结文化具有重要的局限性。我认为，这是因为反讽不仅是我们时代文化的一个敏感特征，也是一个充满暧昧矛盾的政治项目。它牢固地建立在资本主义的新自由主义"精神"上，在寻求将想象实践的商业和技术效应最大化的过程中，有可能将我们与弱势他者的道德纽带转变为自恋的自我表达，而与世界主义式团结脱钩。这是在"作为新自由主义的后人道主义"一节中要讨论的。作为回应，我在"超越反讽：竞胜式团结"一节中论证竞胜式团结可以成为超越同情和反讽的一个方案。这种团结不再专注于我们自己对受难者痛苦的感受，而是创造了阿伦特所说的"一个共同的共享世界"，这样在西方世界里，改变苦难状况的集体行动变得既可以想象也有可能实现。

174

后人道主义：反讽式团结

鉴于其受复杂的经济、技术和政治维度的多重影响，后人道主义想象实践不可能被这些类型的单一属性界定。募捐倡议的后人道主义特征存在于文本的述行性中，邀请我们对比自己与弱势他者的生活方式并进行反思，而名人公益则体现在自白式的亲密关系的具体表现中，将受难者的声音移位到明星的情感世界中。灾难新闻报道的后人道主义放弃了新闻的客观性，转而依赖在推特上或者在手机快照中的那些个人见证的碎片，而慈善音乐会则用精英政治的实用主义取代了摇滚乐的对抗式浪漫主义。

这些类型所表现出来的道德倾向之所以具有后人道主义特征，并不是因为其与娱乐工业之间的联系，也不是因为它对新技术的依赖（关于这两者的讨论见本书边码第 182～186 页）。相反，后人道主义秉性的特征是体现在认识论基础上的深刻转变：从对远方苦难饱含的沉甸甸的道德感转向依赖"我们自己"的真相，以此保证苦难的本真性。这种道德倾向涌现在人道主义想象的不同类型中，既表现为同情式伦理的一种结果，又是对其的回应。同情式伦理表现为慈善捐赠或者谴责性批评，以无可置疑的道德真理，即拯救式或者革命式道德观作为前提。这就是我贯穿整本书的观点，正是这些道德真理（至少部分地）出现了问题，引发了对社会团结的怀疑，并导致了同情疲劳。国际组织和国际非政府组织从这种疲劳中吸取的教训似乎是，既然外在的真相现在遭到质疑，那么苦难景观最好把这种质疑转化为其行动的动力。

根据罗蒂的观点，位于当代伦理学核心的普世主义的衰退的确标志着一个重大的转变，团结理念从传统基于对"人性本身"的信仰转而明确地表现为"自我怀疑"："怀疑他们（人们）自己对他人所受痛苦和耻辱的感受力，怀疑当前制度安排是否足以应对这种痛苦和耻辱，好奇是否有可替代的方案。"（Rorty，1989：xvi）对这种自我怀疑的确认并没有成为后人道主义式团结的阻碍，反而成为其驱动力。认识论上的质疑把内置在同情戏剧结构中的本真性的悖论从问题变成资源，并将后人道主义伦理置于更广阔的历史境况中，也即罗蒂所说的"反讽文化"（Rorty，1989）。

尽管反讽文化可能基于自我怀疑，但它与后现代文化的激进相对主义不同，因为它认识到，在人类的苦难中，只要是主张团结的道德要求，那么哪怕是最微小的也是至关重要的，因而都不能被简化成任何一个语言游戏，因为它定义了我们文化中社会性的本质。在这个意义上，反讽式团结在一个充满情境意义的世界中蓬勃发展，如同相对主义哲学家可能支持的那样，它不以普世真理的形式，而是以苦难故事的形式，通过"情感教育"，日常地培养"善待他人"的美德，以此作为"唯一必需的社会纽带"（Rorty，1989：93，强调符号为本书作者所加）。

然而这种团结模式的讽刺之处在于，它深知当今实践社会团结具有不可避免的限制。虽然它宣称"你处在痛苦中吗？"这个问题是构成我们当今道德生活的"第一原则"，但是社会团结不可能成为对"大多数人类"的超然义务（Rorty，1989：164），而只能作为一种偶然的信念，就像它指导我们的日常生活一样，总是受到历史——社会和个人——的约束。这已经远离了坚定信念式团结，而转向了自我怀疑式团结。前者的前提是"一个依然……让人们认为值得为它奉献牺牲的信仰"，而后者——反讽式团结秉性——的核心思想是"某个信念只是由偶然的历史形势引起的"（Rorty，1989：189）。

脆弱性和演艺事业：人道主义想象的修辞学反讽

后人道主义在"内在气质（dispositional）"上具有的反讽特性反映在它

传播类型的美学特征上。相应地，我们可以把它称为"修辞学"反讽（相关
讨论参见 Szerszynski，2007：340 - 343）。迄今为止，唯一经我确认的修辞学
反讽的案例是募捐倡议，而事实上，反讽是当前所有想象实践中的一个构成
要素。

我们回想一下，募捐倡议的修辞学反讽依赖于各种形式的符号并置，让
176 我们和自己的特权位置拉开距离，促使我们反思全球南方的贫困问题。这种
反思并不是通过道德论证，而是通过距离的创建促成的情感陌生化而实现的。
在这种情况下，修辞学反讽就是一种省略式的交流方式。它避而不提弱势他
者的境况，以此向心照不宣的西方观众示意——这些观众都是聪明的客户，
经常与联合国和国际组织等超级品牌打交道，熟知这些品牌在媒体市场上用
于自我推销的广告主题。

除国际非政府组织在品牌营销中的战略互文性之外，修辞学反讽还存在
于募捐倡议和慈善音乐会的互文引用中。这两种类型的想象以不同的方式开
发利用名人的述行性，用朱莉或波诺的明星光环来推动人道主义事业。在募
捐倡议中，朱莉成为苦难的"化身"，把自己的公共形象融入她为苦难者境况
的发声中（或者将苦难的境况人格化）。和赫本的风格不同，朱莉这个"化
身"的独特之处在于，她将作为发言人的人道主义形象、没有言明的好莱坞
明星职业身份，以及拥有传奇般个人财富的私人地位三者有意地融合在一起。
在这里，修辞学反讽使用的并列方式，并不像募捐倡议那样在文本中表现出
来，而是通过明星本人表现出来的。她与全世界最贫困的人群的联合和她自
己作为最富有的人之一的非凡身份被放置在一起。

以类似的方式，慈善音乐会通过"超凡魅力"的表演，让波诺和盖尔多
夫这样的摇滚明星可以吸引来他们的公众：既是摇滚音乐的忠实粉丝，又是
表达与弱势群体联合的意愿的公民。在这里，反讽就存在于摇滚音乐的魅力
和音乐会的高度企业化的并置之间，进一步证实了慈善资本主义的主张，即
在富人和名人的实践中，人道主义是最有效的。这两个案例都产生了人道主
义系统性的悖论，即名人行动的影响力正是以绝对贫困与极端财富之间的分

化作为前提的，而正是他们的行动让我们聚焦于这种分化。这里再一次说明，人们对社会团结与演艺事业之间紧密联盟的敏锐认识并没有成为传播人道主义事业的障碍，而是成为其条件。

这种认识进一步影响了新闻业实践，在这里，新闻报道是由专业人士和媒体用户（包括人道主义国际非政府组织）共同创建的一种实践。正如我已经论证过的，融合新闻对主流新闻制作文化的影响就是打破了电视新闻的真相主张：新闻公众不再接受新闻客观性的权威地位，而是太清楚新闻行业中 *177* 机构的议程设置能力，并战略性地利用机构的平台来提供事件的替代性记录。在这个意义上，海地地震的实况博客的修辞学反讽就体现在大量路人目击出现在英国广播公司的新闻里。它们虽然可能宣称自己代表了普罗大众，代表了"大杂烩"式的灾难声音，但其实却是利用西方的技术资源来发出（西方）自己的声音。

以上讨论表明，修辞学反讽作为后人道主义的美学维度并不是简单地去吸引业已存在的公众——他们已经清楚地意识到社会团结中不稳定的真相。相反，正如想象实践的述行性所展示的那样，修辞学反讽正是通过它对苦难的表征生产出这种怀疑的态度和倾向的。在这个意义上，符号上的并置、非线性叙事以及互文性表演都是一些美学选择，通过这些选择，人道主义系统性的悖论变成了内在于当前人道主义想象中的反讽特质（dispositional irony）。

作为生活方式的社会团结：人道主义的反讽特质

然而，即使反讽特质无法脱离修辞表现而存在，这种表现也不可能凭空涌现出来。正是人道主义的历史状况与想象的历史性让反讽作为一种关键的美学主题涌现出来。这就是我在第三章提出的概念，将各种想象实践在述行性与历史选择之间的移动称为"变化的辩证法"。

让我们回想一下，在人道主义的三个关键变化中，工具化指的是人道主义用经营企业的思维来管理实践和知识，技术化指的是新媒体被用作自我表达的工具。它们和"宏大叙事"的退场一起构成、促进了反讽兴起并使之成为今天人道主义的关键范式。如前文所讨论的，在修辞学方面，这些转变明显地体现在人道主义实践的美学特征中，而接下来在道德和政治方面的转变则明显地体现在西方公众的各种个体化的团结表演方式上：在线筹款募捐运动、名人的后民粹主义倡议，以及在灾难新闻报道中激增的电子见证。

这种个体化的行动主义，经常被辩解为对同情疲劳的一种有效回应。它与 20 世纪六七十年代大规模抗议的激烈文化氛围形成反差，也经常被批评为公民社会萎缩，需要重新回到真正的政治实践（比如，Marks & Fischer，2002）。但是，现代行动主义所具有的反讽特性邀请我们对人道主义想象的变化采取一条更为复杂的研究路径。这是同情疲劳论断或者回归政治主张都无法提供的研究路径。为了更好地理解这些变化，现在我重新审视人道主义道德能动性的两个方面（按照它们在时间之河中发展的顺序）：在道德能动性上，从集体主义转向生活方式；在行动原因上，从弱势他者转向自我。

早前的人道主义都是以集体的方式来理解道德能动性的，这在同情式倡议中显而易见。它们的传播都集中在对"宏大情绪"的唤起上，即针对非正义的施害者的愤怒以及对受难者的同理心。第一种策略在一些国际组织带头的抗议示威中可以看到，第二种策略则在给独裁政府的大规模的请愿书中可以见到。虽然并不是所有类型都能引发形式类似的实践活动，但是它们无论如何都会把它们的公众看成作为一个集体的行动者。"现场支援"音乐会面向的是那些政治立场对立的公众，他们浪漫地希望能够联合起来以便"喂养世界"；联合国名人策略是以赫本所代表的组织身份向她的受众发声（赫本的大使式风格），召唤的不仅是一个跨国的治理秩序，还包括一个"全球公众"的角色，以及一个具有显著合法性的表演/行动者；最后，隶属于"联合的新闻实践"范畴的灾难新闻报道，利用客观性作为手段，围绕苦难的"唯一"真相来聚集其受众，试图超越不同立场，建立一个统一的西方世界。

相比之下，今天在各种倡议中涌现的是一种生活方式的能动性。它鼓励的是可以一键解决（light-touch）的行动主义。这里，在线请愿或者捐赠成为每日键盘生活中的多线任务之一，表现对弱势他者的关心可能只需要在推特上发一发自己的感受，成为名人的在线粉丝，或者购买"让贫困成为历史"的腕带。社会团结在这里已经内置在消费主义的公共文化以及以最少的努力实现互利的精神之中[1]。

　　这种公共精神指向道德能动性在时间推移中发生的另外一个重大转变。这个转变不仅将个体自我视为社会团结的源头，还进一步将自我——而不是弱势他者——合法化为行动的正当理由。我们回想一下，他者曾经是同情式呼吁的中心角色。无论是"消极否定"还是"积极正面"的表演都因未能人性化受难者而受到批评，而慈善音乐会也遇到了一样的质疑，它们升华了远方的苦难，去政治化处理灾荒的原因。募捐倡议和新闻业也以不同的方式将弱势他者设为主题，并将他们作为行动的缘由。赫本通过符合自己身份的冷静的见证让受难者的声音被听到；新闻记者则通过超然独立以及证言式的见证让地震受难者的现实得到关注。

　　相比之下，弱势他者在当代人道主义类型中日益缺席。募捐倡议转向关注"我们"而不是他者，或者以新媒体的虚构形式，如电脑游戏或者广告来表征他者。同样，慈善音乐会不再将脆弱性表征为西方后殖民地政治的一部分，反而聚焦在名人以及被美化的幸存者身上——后者代表着大获成功的意象。与此平行发展的是，募捐倡议采取了一种自白式的沟通方式，将受难者和明星的声音不加区分地融合在一起；融合新闻实践则用分散的公民声音取代了新闻的声音，将治疗话语置于苦难叙事的中心。

　　反讽特质摆脱了集体的、以他人为导向的能动性概念，进一步将"为什么"的问题边缘化。它并不是利用道德论证来合法化对苦难的行动，而是支持各种各样充满劝服术的捷径：组织机构的品牌、名人的口号、音乐会上的明星或者网络帖子的拼贴。这种作为生活方式团结的驱动力来自把自我怀疑最小化的野心，从而让它变成了日常生活的一种轻松延伸，回应着我们的个体消费需求，同时最小化我们和人类脆弱性的互动。

179

作为新自由主义的后人道主义

这种在后人道主义实践中出现的反讽呼应了罗蒂关于团结的规范性理论，是后者的经验性表现。反讽并不是一种只在哲学想象中蓬勃发展的乌托邦理想，而是如今涌现在各种流行实践中的实实在在的道德能动性方案。它定义了我们在西方世界中团结表演的例行方式。如果它们的本真性策略把对自我的怀疑变成了苦难真相的来源，那么它们的道德化策略则把自我的欲望转化为了对苦难采取行动的缘由。

我认为，这些后人道主义策略在西方公共文化中注入了功利主义理性。利他理性一直居于团结伦理的核心，但在这里，观念发生了转变，从不求回应地为善是一种可取和可能的观念转为当有所图的时候为善才是可取的。正如罗蒂以外的一些理论家所论证的那样，任何形式的团结都不可能完全脱离自我导向的成分，但是后人道主义的功利主义团结有着不一样的品质。

在同情式集体主义团结（collectivist solidarity of pity）中，个人利益被放置在以他人为导向的道德愿景之中，或者延缓到未来的时间轴上（拯救式和革命式团结）。而反讽式团结与此不同，它将个人利益置于自己的生活规划中，并要在此时此地得到满足。于是它支持一种即时互动，在募捐倡议、慈善音乐会、线上新闻或图形动画中通过电子行动主义来获得即刻满足。这并不是要宣称仅凭这些类型就完全可以预测并决定公众的反应，这是一个在经验性研究中有待解决的问题。相反，它们的修辞学模式表明了生活方式团结回应了同情疲劳的挑战，用更接近日常生活的利他主义取代了长期的承诺精神。伊格尔顿（Eagleton）开玩笑地称之为"善的平庸"（Eagleton，2009：273）。

尽管景观和商品一直是人道主义想象的组成部分，但我认为，后人道主义的功利主义团结反映并再生产了一种新自由主义的人道主义概念，即用消费取代信仰①（Rose，1999；Lemke，2001）。根据广义的定义，新自由主义指的是市场逻辑在商业交易之外领域的泛化，以"经济概念"重塑"非经济的领域和行为方式"，并将经济利润的逻辑置于其他政治或道德逻辑之上。在这里，后人道主义与新自由主义的两个具体特征尤其相关：实用主义，即将社会团结的传播转化为巧妙的故事讲述，而不是把它当作评判②脆弱性政治（politics of vulnerability）的资源；私人至上③，即把社会团结的行为放置在私领域内，旨在赋权消费者，而不是培养关怀他人的秉性。

实用主义：评判的边缘化

在人道主义故事中，饥荒的故事是通过我们自己的"禁食"体验来展开的，远方灾难的信息是通过来自伦敦的"我们为他们祈祷"的推文传播开来的，非洲完善卫生政策的必要性是通过名人对自己收养的孩子的担心而叙述出来的。这些故事告诉我们的不仅仅是它们试图传达的事由，更重要的是我们如何想象在我们之外的世界。这种务实的现象发源于自我怀疑的文化，同时又反过来确认这样的文化。它并不依赖必须采取行动的原则，反而依靠我们互相讲述的故事作为行动的最佳理由。如果正如罗蒂所说的那样，"没有比描述我们的文化如何设法达到现在的状态更能反映文化的概况了"（Rorty，2008：67），那么后人道主义的实用主义包括拒绝关于世界的普世话语，并庆祝自己作为唯一可能的道德源泉。 *181*

作为故事讲述的社会团结

19 世纪的实用主义哲学建立在这样一种信念上，即知识的来源不能位于个人经验之外。这也是它的一个关键前提。在此基础上，新实用主义激化了

---

　　① 这里"消费"和"信仰"的英文原文分别为"consumption"和"conviction"，它们都以"con"开头，通过押头韵来强化对比。但中文译文无法体现出来。

　　② "评判"的英文原文为"judgement"，指的是能够做出深思熟虑的决定，或得出合理结论，或对某事发表意见的能力。在本书中，作者把它作为与情感感受力不同并相互补充的一种能力。

　　③ 这里"私人至上"的英文原文为"privatism"，强调关于社会团结的相关实践都从公共领域退到私领域的行为模式。

这种主观主义的知识观，进一步宣称没有任何宏大的叙事可以在特定的文化范畴之外合法化道德行动，这些文化范畴帮助我们在自己所归属的社区中把自己想象为团结一致的行动者。

在庆祝所有知识的偶然性中，新实用主义与解构主义的激进政治实现了合流。虽然解构主义也挑战普遍真理，并将其置于其社会批判的中心，但是，它挑战哲学的普世性是为了最终批判新自由主义政治，揭露其利用这些普世性掩盖不平等的权力关系，但与解构主义不同，新实用主义反而捍卫了新自由主义的政治项目，认为它是我们的最佳选择（Geras，1995；Eagleton，1990）。

罗蒂提出的"自由主义反讽者（liberal ironist）"这个形象最能体现这种新实用主义精神（Rorty，1989：15）。许多后人道主义行动家在舒适的起居室中表达与远方他者的团结意愿。和他们一样，这些自由主义反讽者把罗蒂所说的"正义的词汇"放置在"典型的资产阶级自由"的语境中，使得他们既可以一直质疑任何关于他者现实的真相主张，同时又可以把对他者苦难采取的行动当成一种自我实现的私人项目。减少苦难的必要性是自由主义者对事关团结的公共事业的承诺，而这种道德上的必要性遇到了合法化的危机——它被视为公共领域内在的不可解决的问题，因而现在被归入反讽者的私领域里。罗蒂提出的"私人反讽、自由主义的希望"这个配方刻画了看似矛盾的道德主体性。它正主导着当今人道主义的想象：只要我们还可以对"你处在痛苦中吗？"给出利他式回应，就还能维持公众的希望，但是我们的这种回应是一种私人反讽，因为我们的团结行动并不是建立在我们对人性的坚定信念上，而是建立在触动我们感受的感性故事基础上（Rorty，1989：73-95）。

这带来了一个重大的影响。新实用主义将公共行动内置于私人怀疑的合理性之中，从而将社会团结的文化和政治维度分裂开来。社会团结的文化维度重点落在自我表达的故事上，这些故事讲述了我们对弱势他者的承诺。而政治维度则强调将人类的脆弱性理解为一个不公正的问题。正如我在第二章所论述的，人道主义想象的这两个维度总是相互关联在一起的，然而后人道主义将二者分开，重视文化维度，轻视政治维度。如果我们是通过苦难故事而不是通过论证正义的合法性来熟悉"正义的词汇"的，社会团结就会沦为仅仅是一个心性训练（training the soul）的问题，从而既不再寻求对苦难根源的理解，也不再针对我们对此的回应进行辩论。

正是这种把社会团结当成情感教育的观点主导了后人道主义想象。在技术化过程的催化下，人道主义交流如今已经既不再诉诸弱势他者的意象，也不再去合法化为这些人采取的行动，转而依靠媒介化的自我表达，将"巧妙"的故事兜售给私人反讽者。在这个意义上，向内转向的运动、名人的私密生活、音乐会上的祛魅式赋魅，以及灾难报道中的治疗话语，都不再借助先前饿殍遍地的真相或引用事实性话语来宣称本真性，反而把公共行动建立在自我真相的基础上。

然而，我们也许会问：这样的真相所提供的空间如何供我们承认弱势他者的人性？或者，从哪里我们可以批判性地反思我们自己的文化，以及这种文化在全球范围内一直延续的权力关系？新实用主义并不解决这些问题，相反它推崇辛格（Singer）所说的"自满"的文化观，让文化远离权力关系和社会冲突（Singer，1972/2008：1822-1842）。

作为艺术批评的社会团结

为了帮助我们更充分地把握这种自满精神对人道主义想象的影响，我们将罗蒂的新实用主义放置在工具化的轨迹上来理解。工具化是人道主义领域逐渐采用企业管理实践的历史过程，虽然经常被批评允许市场对援助和发展领域的殖民，但事实上它带来的影响不仅仅是企业力量对这个领域的单方面宰制。

正如我在第一章中提到的那样，工具化最好被视为一个复杂的过程，其驱动力来自过去对人道主义交际实践的激烈批评，旨在通过对传播工具的动态管理来超越这种批评（Boltanski & Chiapello，2005）。为了追求战略利益，即在全球市场树立更加强大的合法性，工具化过程反思式地挪用和重新开发对早期人道主义表演业已成型的批评性话语。这就是我在第二章讨论的对奇观和帝国主义的批判。对奇观的批判，即博尔坦斯基和希亚佩洛提到的对资本主义的"艺术批评"，质疑媒介化传播对远方苦难的本真性主张。对帝国主义的批判，即对资本主义的"社会批判"，则质疑资本主义的历史关系。正是这些历史关系导致了当前全球财富和福祉的分化（Boltanksi & Chiapello，2005：165-167）。

我认为，今天人道主义领域的工具化已经收编了这两种挑战。它把艺术批评变成其交际实践的主题，但却边缘化社会批判。在后人道主义的本真性策略中显而易见的是，它公开质疑早期人道主义传播的风格。比如，募捐倡议活动中的超现实主义美学将早期文本中的写实主义问题化。联合国宣传中的超级名人策略打破了赫本有点正式的"大使式"风格，转而支持朱莉情绪化、"饱满"的自我，让她的表演无可指摘。同样，慈善音乐会放弃了对脆弱性事实的依赖，转而依靠具有超凡魅力的明星——这些容易被认可的代表社会团结的形象。在线新闻引入普通人的声音，用来回应人们对传统报道"捏造"事实的质疑。同时，为了避免"为什么"这个问题，这些新型实践挤压社会批判的存在空间：募捐倡议活动扛着品牌大旗，避而不谈苦难的事由；新闻实践优先考虑见证而不是分析；名人则通过自白式话语或者赋魅的消费主义来搭建"大局"。

但这并不意味着正义的词汇在这些类型中缺席。正好相反，事实上正是这种词汇的广泛使用让后人道主义得以出现。比如，人道主义的品牌推广具有简略特征的前提是，我们已经熟知这些正义的词汇，并且知道人权是行动的缘由之一；朱莉的企业家式行动建立在对赫本拯救式道德观的批评上，因为后者优先考虑减轻苦难，却牺牲发展；"八方支援"音乐会大胆地把大众娱乐与公平贸易的政治议程结合起来；最后，融合新闻则把新闻的共同创作与去西方化的新闻实践结合起来。

尽管对正义的词汇的暗示可以被看作执行了本哈比（Benhabib，2007）

所说的一系列"对民主的复述"，即一系列连锁的伦理政治主张可以在媒介化的公共领域催化辩论和行动，但是事实上，它们并没有构成践行评判的资源。这种复述把评判能力边缘化，是因为其没有把正义问题作为西方的一个系统性的悖论提出来。无论是即将被处决的囚犯的权利还是摇滚音乐会上的灾难幸存者，都被包含在将人权作为个人权利的中立话语中，因此这些对正义的提及不仅使苦难与系统性的不平等问题脱钩，并且进一步把它从属于西方自我赋权的工具化话语。在这个意义上，在这些表演中，对民主的复述完全内置在后人道主义类型的故事讲述惯例中，并且经常被格式化为"本真性词汇"的附属，被当作关于世界知识的唯一合法来源。

因此，这些表演并没有提供任何关于评判弱势他者困境的资源，反而向我们呈现了评判的捷径，虽暗示正义但总是引向企业说服术。比如某国际组织通过在全球推广其品牌来最大化客户忠诚度；又如朱莉，作为影视工业的超级大牌，增加了明星系统的权威性；再如"八方支援"音乐会更新、升级了数字媒体工业的合法性；最后，英国广播公司把公民新闻作为全球广播人的"新民主"来进行营销。这种把评判边缘化的行为反过来挤压了人道主义的叙事空间，使将社会团结作为社会变革项目的可能性丧失。正如麦卡锡（McCarthy）所言，新实用主义的道德想象阻止了"人们去思考……社会基本结构的某些方面在本质上可能是不公正的，是它们导致了某些社会群体的系统性弱势地位"（McCarthy，1990：37），并转而支持历史性失忆和去政治化行动。

私人至上：同理心的边缘化

在线请愿、道德消费行动和公民新闻都是后人道主义时期反讽式团结的一些关键表演。但这些行动方案都拒绝发挥我们的评判能力，反而直接与自由主义的反讽者对话。这种反讽者是拒绝承诺社会团结的西方人，但他们仍怀有一种本能的道德感，引领着我们对人类苦难进行利他式的回应。

185

自恋的公众

尽管对弱势群体的这种承诺将反讽式团结置于公共领域之内，但自由主义的反讽者依然坚守着私人至上原则，因为他们把对弱势群体采取行动的理由最终变成了个人赋权问题。

这与互动媒体内在的自我表达新功能密切相关。很明显，在募捐倡议中，《无米之炊》和《身为人类》案例都承诺增强我们的社会良知；或者在融合新闻里，以疗伤式方式分享个人经验被赞誉为普通人创作新闻的权力。同样地，两种名人表演以不同的方式最大化地开发了观众对全球明星的认同感："八方支援"音乐会通过摇滚音乐的"酷炫"消费主义来增强我们的社会良知，朱莉则成为生活方式团结的终极榜样。

那么，如果说实用主义摘除了公共团结表达中的评判环节，那么私人主义则进一步把评判实践变成了一种日常练习，让我们在"自我创造、自主的人类生活"中做出自由的选择（Rorty，1989：xiv）。正是因为把社会团结变成了自由选择，后人道主义具有了功利主义的特征。正如我已经论证过的，我们本应为弱势他者行动且不求回报，但是功利主义把这种道德要求变成了对回报的期待，如得到消费者赋权或追星快感。不过，后人道主义的功利主义还有其他含义。因为社会团结如今已经被呈现为关于我们如何生活的一种选择，而不再是我们如何把弱势他者想象成同为人类的他人，因此社会团结的传播也不再是让公众习惯用各种方式去介入、参与我们之外的世界，而是变成一种联结我们自己的世界的努力，好让我们可以为他人行动起来。新的传播重点是名人自白、路人目击和强化的奇观或者自我反思表演。的确，这些都在强调情感内省是当代社会团结的核心。

在这里，新自由主义将艺术批评凌驾于社会批判之上。但它不仅把理性论证边缘化，转而支持企业朗朗上口的宣传语，还把苦难的现实边缘化，转而支持"我们"的故事，认为"我们"是可以讨论整个世界的唯一真实的声音。这种举动无疑是自恋的，因为自我转向模糊了"我们"与世界的边界，让"我们"的感情成为可以衡量他人经验的标准。其结果就是，当"各种社会关系接近每个人内在的心理问题"时，它们就变成或就是"真实的、可信的和权威的"（Sennett，1977：259）。而这些心理问题就映照在后人道主义的能动性中。这种自恋的能动性在这些网页按钮——如"捐赠""签名请愿""喜欢"和"购买"——上体现得淋漓尽致。它以自我赋权为名，巧妙地把自我的欲望植入日益扩大的消费循环中。以这样的方式，新自由资本主义塑造了后人道主义的自我，其方式恰恰就是"赋予经济自我情感，让情感更紧密地与工具主义式行动套牢"（Illouz，2007：23）。

我认为，后人道主义不是自由意志的行使，而是一种自我技术。它已经在工具性的关系领域中规范着我们的意志，而这种关系今天首先定义了人道主义想象。品牌推广、追星和推特新闻可能确实是自我表达的场合，但与此同时，它们也是商业话语，旨在将公众消费者培养成广告、音乐和新闻的消费者。后人道主义模糊了社会团结的手段与目的之间的重要界限，所倡导的公民素养虽可能暗示了正义的词汇，但最终仍然是一种愉悦消费的承诺。

以种族为中心的世界主义

作为个人偏好的社会团结不仅把西方公众视为自恋的公众，还将弱势群体构建为准虚构的人物——居住在罗蒂称之为"文学文化世界（the world of literary culture）"里的群体（Rorty，1989：80）。反讽主义者的社会团结属于私人领域，在那里，选择似乎独立于界定它的社会力量领域之外。与此相同，他者的脆弱性也被认为是一件私人事务：在名人故事中的贫困难民，在非政府组织邮件中的地震孤儿，或者是在慈善音乐会上的灾难幸存者。他们都遭受了不应有的苦难，以"陌生"的形象进入公共表演领域，邀请我们对此做出回应。

这些形象所缺乏的是历史性。虽然他们可能依然和过去的事实相关联，并且启用了关于尊严的修辞，但是他们并不是作为一种历史性的存在而被呈现出来的，也并不栖居在一个不平等的世界中，并且没承受人力、物质和符号资源的不人道分配带来的可怕后果。因此，说后人道主义的受难者是一个私人的受难者指的不是她/他的故事缺乏"正义的词汇"，而是指的是，这种词汇再次从属于关于"我们"的故事。对穷人的在场，募捐倡议做了美学处理（或避免）；融合新闻通过像"我们"这样的人把受难者的声音碎片化；名人在代言苦难情感的同时挪用了苦难的声音；慈善音乐会更多的是关于摇滚的酷炫而不是社会团结的缘由。社会团结的文化与政治维度之间出现了割裂，最终把评判边缘化，转而支持自我赋权。同理，弱势他者的公共与私人维度之间也出现了同等的割裂，这使得在公开了她/他的苦难的同时，遮蔽了她/他的故事和希望。

因此，后人道主义可能旨在消除对传统苦难形象的审美疲劳，但却同时剥夺了受难者自己的人性。正如帝国主义批评家所提醒我们的，我们不能理所当然地认为人性属性是我们这个物种的一种普遍属性。相反，它是通过特定的述行实践构建而成的。在人道主义想象中，有些实践有选择性地将人性赋予某些人，而不是另一些人。后人道主义在品牌推广过程中利用虚构美学来构建受难者，或者通过名人的声音来传达受难者的声音。这些做法都试图在这些交流对象中不公平地分配人性。施恩者总是身处西方经济文化权力的中心，被过度人性化，同时受难者则经常被排除在这些权力和可见性中心之外，被系统性地剥夺了人性。

在这个意义上，后人道主义上演了以种族为中心的世界主义，为那些属于西方政治的民族空间保留了正义的词汇，但在发展政治的跨国领域中使用了非政治化和去人性化的话语。它并不能让我们听到远方他者的声音或洞察他们的生活。相反，它把远方他者当成无声的道具，让他们在别人的故事里无法成为自己，而仅仅是影子人物。

总而言之，私人至上主义充分地体现在后人道主义对西方公众和弱势他者的理解中。于西方公众，社会团结被理解为关于自我赋权的问题；于弱势他者，她/他的苦难与正义无关，因此这些苦难也不可能成为推动社会变革的政治的一部分。

我认为，泪流满面的名人、摇滚音乐会、推特上高调的宣传以及图形动画都是后人道主义的典型表演。它们限制我们的反思能力，使我们无法将人类脆弱性作为不公平的政治问题来思考；并最大限度地降低我们的同理心，使我们无法将弱势他者看成具有人性的他人来同情。后人道主义提倡将社会团结看作一种自我赋权的能力，把我们对一个事业的偏好建立在我们对品牌或者名人明星光环的附属上。同时，它更多地把西方公众看成实现某些目的的手段——请愿签名、捐赠或者在线购买，而不是将西方公众当成目的本身，即培养因为相信一个更美好的世界而可能介入远方苦难的公民。正如麦金太尔（McIntyre）所说的那样，在反讽式团结中，"其他人永远都是手段，永无止境"（McIntyre，1981/2006：24）。

超越反讽：竞胜①式团结

同情和反讽是人道主义想象历史中的两个范式，都不能给为弱势他者行动的道德要求提供合法性。同情与社会团结的道德普世主义联系在一起，而如今遍地的怀疑主义对所有既定的"真理"都保持怀疑的立场，因而也不放过同情范式的普世主义。反讽则与道德特殊主义（moral particularism）联系在一起，依赖私人选择和功利主义的计算。虽然后者是作为对前者的批评而出现的，但是两种范式都无法提供一个在政治和道德上都富有成效的团结方案。

在"反讽范式对同情的批评"部分，我首先回顾反讽范式对同情范式的批评，然后提出一个替代性方案，将社会团结理解为"竞胜"。这个方案受到汉娜·阿伦特对公共行为的阐述的启发。她将公共行为理解为一种想象性的评判。为此，我回到戏剧这个概念，并将其视作想象他者最恰当的结构，可

188

---

① "竞胜"的英文原文为"agonism"，这里的翻译沿用王行坤和夏永红两位学者的翻译。参见：王行坤，夏永红. 情感转向下的爱与政治. 上海大学学报（社会科学版），2017，34（1）.

以将他者视为社会团结的主体。因为，我认为戏剧不仅可以把苦难的景观安排成一种艺术批评实践，更重要的是，它还可以让其成为一种道德和政治批评的实践。这部分内容将在"社会团结的戏剧性"部分被详细论证。最后，我会回到本书经验性研究的中心，来讨论人道主义想象的各种交际实践是如何改变从而体现这种批评的实践的。在"结论：为善"这一节里，我将反思竞胜式团结，讨论它提供"为善"方案的品质，以此来结束本书。

反讽范式对同情的批评

反讽式团结起源于特定历史阶段的资本主义"精神"，即新自由主义。它将经济活动的逻辑泛化到社会行动的其他领域，从而使得集体行动成为一种消费主义的选择。虽然集体行动技术化之后可以增加捐赠率，但它同时也鼓励追求自我快感胜过关乎他者和正义的道德感。

189　　正如博尔坦斯基和希亚佩洛所说的，在这样一种想象中，"任何事物都不会仅仅因为其存在就可以免于被商品化……因而，每一样事物都可以成为交易的对象"（Boltanski & Chiapello，2005：466）①。但是，人道主义的这种普遍的工具化并不是在真空中发生的。正如我们所知，它是对冷战后"宏大叙事"退场的回应，这其中包括挑战早期同情范式中苦难的"客观性"。

反讽范式批评同情范式没有意识到故事讲述具有不可避免的片面性，反而误认为自己在讲述一个普遍真理，因此在"宏大情绪"这样高贵的幌子下维系着全球权力关系。让我们重新梳理一下，"消极否定"和"积极正面"的募捐倡议反映的是在西方世界中长时间存在的新殖民主义和干涉式的人道主义政策。消极否定的类型调用了"赤裸生命"这个统摄性比喻，而积极正面的类型则调用了被同化的人性。它们都以歪曲远方他者为代价试图传达苦难的他者性。同样，广播电视的客观性可能会宣称按照本来的样子去呈现苦难，

---

① 可参见高铦的译文："任何东西都不值得只因其存在而不受到商品化，因此所有东西都是商业的对象。"引自：博尔坦斯基，希亚佩洛. 资本主义的新精神. 高铦，译. 南京：译林出版社，2012：539.

但是它的叙事却有选择性地人性化特定的受难者，而否定其他人，因而有助于再生产全球不同地方和不同人类生活的等级秩序。如果在同情范式里西方公民的生命是有价值的，而非西方公民的生命没有价值，那么它就如反讽范式一样也是种族中心的和自恋的（Chouliaraki，2006，2008a，b）。

除了受难者形象之外，反讽范式对同情范式的批评还进一步质疑了观看者的主体性。远方苦难的观看者同样经常纠缠在再现是否是"客观的"这个问题上，其确定性无法得到验证，所以他们经常被任意地当成一个集体，以"西方行动者"这个整体形象出现。在面黄肌瘦的儿童意象面前，他们是饱含愧疚的西方人；在赫本的自白中，他们是心地善良的捐助者；在早期灾难新闻报道中，他们是中立的观众。反讽理论认为，这些西方行动者的形象虽被建构为一个拥有坚定信念的联合集体，却依然对社会团结方案的多元性视而不见，这些不同的方案应该由特定时空中的特定行动者来实施。这个论断与第一章中后殖民主义对革命式团结的批评相呼应。

同情范式并不想推崇多元的团结方案，也并不打算将受难者和观看者当成历史性的存在，从而挣扎在所处时代的道德和政治困境中。它反而试图在普世的话语中掩盖这些困境，或者在拯救式方案中理所当然地认定无关政治的兄弟姐妹之爱，又或者在革命式方案中投向有选择性的国际主义。正如我在第一章所论述的，这些立场的核心在于对共同人性有着启蒙主义式信仰，它以自信但却充满东方主义意味的道德主义抹平了话语和社会团结实践的多样性。正如汤姆林森（Tomlinson）所说的，同情的世界主义式伦理属于 *190* "技术官僚式的、启蒙式的普世愿景，基本上不受文化差异的影响……并且由守秩序的、理性的、合作的道德行动者组成，他们超越了所有文化的特殊性"（Tomlinson，2011：355）。

从这个角度看，反讽范式提供了一个有益的批评。它揭示了同情范式中普世主义的自以为是：非但没有维持团结主张的合法性，反而直接引发了对确定性的普遍怀疑——罗蒂所说的自我怀疑。因而，从反讽的立场来看，同情疲劳的产生并不是因为人类苦难多到超出我们个人的感受或行动能力；相反，正如我在第三章提到的，同情疲劳其实由过度道德化话语引起，正是这些话语把我们召集起来并安排我们对苦难的感受和行动。这个观点十分重要，它倒置了责任关系。反讽范式将责任从冷漠的西方世界转移到失败的述行实践上来。正是通过这些实践，西方世界被邀请来和弱势他者形成互动。反讽范式让注意力转到苦难的表演类型上来，并将其视作团结政治得以实现的关键场所。

反讽范式对同情范式的批评提供了关于社会团结的述行观点，强调传播交流在形成道德倾向中扮演的角色。这与我将人道主义当成一种社会想象的概念相容，反讽范式是一种相对可塑的传播结构，产生了各种关于团结的道德想象。但是反讽范式依赖去政治化的人权道德观来合法化由市场驱动的团结秉性。与此相反，我关注的是将团结内涵本身重新政治化的必要。因此，接下来我要探讨的问题是，人道主义想象如何能够超越同情和反讽范式，从而逃离过去的总体性视野和现在的新自由主义枷锁。可以预见，我的出发点是戏剧的传播结构。

社会团结的戏剧性

反讽范式和同情范式不仅是社会团结的不同范式，也是人道主义想象中不同的传播结构。正如我所论述的，同情范式通过舞台与观众之间的戏剧化距离，以便让观众想象遭遇和别人一样的苦难是一种什么样的感觉，同时也让观众想象自己是对苦难有所作为的行动者。而反讽范式虽然仍然使用舞台或屏幕的比喻，但却有效地消除了观众与舞台之间的距离，而恰恰是这种戏剧式距离在同情政治中发挥着重要作用。反讽范式引入了一种新的距离，在自我之间做出不同的区分：在募捐倡议中，是良知与生活习惯的区分；在后电视新闻中，是我们与像我们一样的他人的声音之间的区分；在名人倡议中，是人们对名人的渴望与名人作为受难他者化身的区分。后人道主义想象正是通过用自我的镜子代替他者的舞台，最终搭建了一个没有戏剧性的戏台。

因此，同情范式的戏剧式政治转变为反讽范式的反戏剧式政治。这种转

191

变的主要后果是后者中的苦难景观放弃了它们作为道德教育的力量，也就是说它们不再倡导我们去思考和感受我们本身之外的世界。反讽范式在庆祝自我表达的同时把为什么会发生这些苦难的追问边缘化，因而削弱了戏剧的教育力量。感觉与思考之间的二元性在这里被切断，而这种二元性正是和苦难他者建立团结关系所需要的。相比之下，戏剧之所以可以起到道德教育的作用，建立起这样的团结关系，恰恰是因为它依赖感受和评判的持续作用。

这就是阿伦特对公共领域的戏剧化理解。在她眼里，公共领域是一个"显现空间"，在这里"所有事情……都出现在公众面前，可以被每个人看到和听到"。这个表达最能捕捉到苦难戏剧性对西方世界产生的道德化力量（Villa，1999）。虽然阿伦特对同理心保持着怀疑的态度，认为它是一种私人情感，会腐化真正的政治（politics proper），但是西尔弗斯通认为，能让所有人看到的显现空间中包含着观看元素，所以阿伦特版本的社会团结确实承认观看内在于所有公共表演中，并且是世界主义公民教育的一个必要条件（Silverstone，2007）。

同时，阿伦特意识到现代世界存在着严重的不平衡。她并不是要我们都能平等地参与到显现空间中，而是倡导积极地把它建设为一个对所有人开放的空间。她宣称这种任务自身就具有道德价值，并且是一种社会团结的行为。这是因为，只有通过这样一种包容的空间，世界才可以与我们每个个体区别开来，并且获得一种"客观"的品质——它可以变成"我们所有人共同的世界，并与我们自己在其中拥有的空间区别开来"（Arendt，1958/1998：52）。因此很自然地，阿伦特对当代社会的批判集中于谴责显现空间多元性的减少，以及更重要的是它同时丧失了世界的"客观性"："（当代）大众社会之所以难以忍受，并不是因为参与的人数……而是因为这样的事实，即世界失去了在将人们联系在一起的同时将他们相互分离的力量"（Arendt，1958/1998：52-53）。

而这都是对人道主义想象的恰当批评。无论是求助共同人性的同情范式，还是转向自我赋权的反讽范式，都将显现空间变成了我们自己的"宏大情绪" *192*

或私人快感的场所，并且将弱势他者排除在我们的视线之外。换句话说，这两种范式都丧失了"联系和分离"人的力量。相比之下，显现空间的比喻发挥着联系和分离的双重作用：它既使"我们"和"他们"紧密相连，同时又使我们彼此分离。因此，这个空间应该成为想象新的社会团结——竞胜式团结的起点。

竞胜主义与特定的自由民主政治形式——激进民主——联系在一起，而这种政治形式并没有明确地把戏剧维度纳入其对民主的描述中（Laclau & Mouffe，1985；Mouffe，1992）。但我对竞胜式团结的理解主要依赖教化过程，即在此过程中，戏剧调节着我们对弱势他者的情感接近性和反思距离，并不断地让我们去实践社会团结的两个关键要求——情感和争论。

戏剧之所以具有教化潜力，正是因为想象力。正如我在第二章解释的那样，它是一种表意过程，把人道主义主导但贫乏的概念复杂化为一种景观，由此我们可以避免一种毫无建设性的分类，即把所有苦难的景象分为商品或者拟像。这样一种戏剧观点更为复杂，可以把人道主义传播视为一种表演，即根据"场面调度（msie en scène）"的各种变化，邀请我们对弱势他者做出不同的反应，以此培养出我们社会团结的秉性。这种培养需要借助戏剧想象的两个关键功能：对同理心的动员和对评判的挑战（关于观看的这两个维度，参见：Marshall，1984）。

让我们回想一下，同理心让我们注意到苦难景观的力量，以此在观看者与受难者之间建立了一种认同的情感。这可能让我们感激施助者并对施害者感到愤怒（同情范式），或者对自我感到满足（反讽范式），但是不管怎么样，它们总是要依赖戏剧的述行策略来让观众认为苦难的景观是货真价实的。评判则指的是景观的一种力量，这种力量可以在观看者与受难者之间建立反思距离，并且在双重意义上提出"为什么"的问题：为什么这种（而不是别的——译者注）苦难这么值得关注，以及有什么可以做？为什么苦难作为非正义的症候可以一直持续，以及我们如何能够改变生产苦难的土壤？让我们重温一下，观看的这一维度依赖的是道德化的述行策略。它既可以把苦难的

场景呈现为一种无关紧要的事情，也可以表现为我们采取行动的正当理由。　*193*
用莫恩的话说，观看的这种双重功能是允许"我们既承认他人的立场，同时
又保留批评这种立场的空间"（Moyn，2006：404）。它让戏剧成为竞胜式团
结的一个合适的传播结构。现在让我简要地讨论一下它的不同维度。

　　同理心

　　戏剧可以迸发情感，这些情感通过我们与受难者的相遇而显现出来。这
些相遇被组织成人道主义的各种表演——紧急募捐倡议的图像、灾难新闻报
道的叙述、摇滚明星的表演或名人的见证。尽管竞胜主义不可避免地依赖于
这种戏剧化过程来唤起同情心，但它不同于同情，因为它不把共同的人性视
为同理心情感的唯一来源，它也不同于反讽，因为它不放弃同理心情感的可
能性。相反，竞胜主义将移情式想象建立在阿伦特所说的"想象的流动性
（imaginative mobility）"上，也就是说，弱势他者作为一个拥有自己人性的
独立行动者参与到表演中。

　　这种将受难者声音的纳入对人性化过程来说是极其关键的。因为正如我
们已经知道的那样，人性的品质不能被视为理所当然的，它是通过积极地将
受难者表征为苦难场景中的行动者来形成的。因此，受难者的声音如何参与
到苦难的戏剧中至关重要，这会影响我们对它的情感卷入；因为，正如维拉
（Villa）所说，团结不仅取决于"严密、有逻辑性地展开论证，而且取决于
流动的想象力和表征他人观点的能力"（Villa，1999：96）。

　　因此，虽然阿伦特对同情情感有所怀疑，但是"想象的流动性"可以并
且应该被理论化为同理心的一个重要维度，这样我们才可以"在把所有遥远
的事情都看成和理解成'我们自己的事情'的时候注意到'他人的视角'的
存在"（Arendt，1994：323）。与反讽范式不同的是，这种立场让弱势他者成
为历史行动者并占据了舞台中心，也就是作为被看见的人开始在她/他的语境
下开口言说并且行动起来，在系统性不公平的制约条件下努力产生影响。与
同情范式不同，这种对他者的纳入避免了具有普世主义色彩的行为，如对贫

困身体的廉价煽情，或者被同化的命运自决，反而打开了一种可以让他者出现的空间，并以一种不安、不舒服的表演方式邀请我们进行移情。

194　　但这并不容易。到目前为止，人道主义想象总是以一种自恋的方式与他者交流——不是通过同情的煽情主义，就是通过反讽的自我陶醉。于前者，他者只不过寄托了我们的道德确定性；于后者，他者则消失在我们对自己声音的享受中。在这种情况下，竞胜式团结的一个关键就在于它打破了这些不同形式的主观主义，转向戏剧舞台的客观性。在这里，他者通过她/他自己的声音对我们说话，正如森所说的，"'每个人'的信仰和表达并非不可避免地局限在让其他人可能无法理解的个人主体性中"（Sen，2009：118）。陌生化是一个代表性的比喻，它可以产生更复杂的，也许是更令人不安的表演——这不仅关乎他人，也关乎我们自己——正如我下面所说的，这种表演今天可以在人道主义想象的新媒介化景观中出现。

评判

戏剧的第二个维度动用的是评判能力，关注的是我们如何进行道德论证，即试图回答为什么对苦难采取行动是一件重要的事情。通过提出为什么，评判能力挑战了私人判断与公共自我表达的分裂，这种分裂内在于反讽范式中。自我赋权的承诺合法化了后人道主义行动，承诺成了行动本身，但正如我所表明的那样，这种承诺本身并不能随意地与私人评判能力分离。例如，虽然"身为人类"的道德要求将行动降维为西方消费者的私人选择，但它其实依然是一种公共行为，不仅会对社会团结产生影响——把社会团结变成了一种对品牌加以认可的消费主义实践或者追星行为，也会对弱势他者产生影响——压制他们的声音并消灭他们的人性。

从这个意义上说，新自由主义企图将私人行为和社会团结的公共维度分割开来，这本身应该被视为为特定的权力服务，其目的是最终合法化这种行为所具有的市场工具理性。克里奇利（Critchley）借用康诺利（Connolly）的话说道："通过把反讽和反讽者限制在私人领域中，人们可能会说罗蒂会首先拒绝承认对自由社会进行批评的可能性，并且不觉得这种批评可以利用公共反讽策略来揭示自由主义的权力关系"（Critchley，1994：6）。但是，竞胜主义并不从务实主义的角度来看待社会团结，且不把社会团结当作否认自身利益的行动主张，相反，它认为社会团结是一种总是由利益驱动的主张，因此，总是愿意在各种争论中听到、看到、赞扬或批评、接受或拒绝其中的一种主张。正如阿伦特所说的："这些主张被别人看到和听到，让每个人从不同的角度看到和听到事实，从而获取它们本身的意义。"（强调符号为本书作者所加）因为这里不是自我表达（对私人道德的主张），而是这些立场的声音（对公共利益的主张）对竞胜式团结至关重要。

　　对评判能力的要求并不是声称人道主义传播必须在复杂的发展历程中变成一门沉重的课程。与反讽范式相反，竞胜式团结对召唤其行动的社会价值直言不讳，并将人类脆弱性当成与全球不公、集体责任和社会变革相关的问题。与此相反，后人道主义那些被商业化的类型避而不谈为何对苦难采取行动，而在竞胜式团结这里，公正在人道主义传播中成为一个一再被提及的系统性参照物。

　　这种对公正明确的言说介入了人道主义与政治之间的界限之争，这个争论在今天比以往任何时候都"更加明显"。我认为这种明确的言说是唯一的、道德的、合法的代替性选择，从而取代人道主义想象的新自由主义"精神"和它的去政治化效应。比如，"让贫困成为历史"运动的失败就是因为臂章行动主义耗尽了评判能力的潜力。正如达恩顿所说的："活动本来要讨伐的是造成不公平经济的价值观，如今反而让那些植入广告、名人和时尚中的消费主义价值占据了舞台中心。"（Darnton，2011：40）而在竞胜式团结这里，评判能力并不是追逐各种品牌的消费主义热忱，而是以一种特定的形式来向公共讲述故事——"通过故事讲述让短暂的行动具有持久性，把它们变成可以供公众公开评议、争论的事件"（Arendt，1961 / 1993：73；强调符号为本书作者所加）。

　　评判能力进一步表明，竞胜主义与同情相反，它并不把团结的意义视为

195

普世真理，因为正如森所说的，可能有关于不公正的多种立场、关于集体责任的各种表现形式，以及关于社会变革的多重视角。"在这里，这些不同理论之间的差异无法自动消除，但令人欣慰的是，这些不同公正思想的支持者有着共同的追求；不仅如此，他们在各自路径论证的基础上都利用了共同的人类特征。"（Sen，2009：415）森总结说，正是这些特征，即"理解、同情、争论"，使我们能够逃避私人至上主义，变为公众，即追求共识、实践审议或同意不同意见。例如，在关于人权意义的辩论中，主流观点将发展阐述为"善治"，而与此竞争的观点则将发展阐述为"自由"（Sen，1999，2009）、"能力"（Nussbaum & Sen，1993；Nussbaum，2011）或"责任"（Giri，2003）。这些辩论只是多个领域之一，而在这些领域里，西方如何能够最有效地对待其关于弱势他者的多重立场可以在公共场合被辩论。尽管每一个立场都阐明了自己的普遍真理，但它们被公开并置在一起就创造了一个交流空间，使得每一个立场都同时表现为一个特定的主张并成为评判的对象。正如阿尔布劳（Albrow）和塞克奈根（Seckinelgin）所说的那样："在民主社会中，这些受正义思想驱动的行为者具有多元多义、多中心多样性……正是这种多样性可以成为充分和自由交流的沃土，让未来的合作成为可能"（Albrow & Seckinelgin，2011：4）。

与同理心相似，评判的过程也需要在戏剧创建的客观空间，即一个"中立的观看"空间中才能发生。森借用亚当·斯密的话说道："这些主张来自不同的人，人们参与到关于这些主张正确性的辩论中"（Sen，2009：118）。竞胜式团结并不像网络行动主义那样开发消费主义式快感，不会因为害怕失去公众支持而拒绝与各种立场交锋。相反，它坚持只有在不同的具体苦难情境中让公众直面行动中富有意义的困境，人道主义想象才有可能推动我们培养出与非西方世界团结起来的公民秉性。

总而言之，竞胜式团结表明同理心虽然对感同身受是必不可少的，但是对社会团结来说，单凭同理心却是一个不充分的条件，因为在没有评判力的情况下，情感在同情范式中会陷入煽情主义的陷阱，或者在反讽范式中发展为自我陶醉。这两者都以自恋的方式与弱势他者进行交流。相比之下，评判力把中立的反思要求引入戏剧性的舞台。正如阿伦特所说的，"社会团结虽然可能是由苦难引起的，但却不受其引导……与同情的情绪相比，它可能显得冷酷而抽象，因为它仍然致力于'理念'，而不是任何人类的'爱'"（Arendt，1963/1990：84）。阿伦特的定义有力地展示了关于社会团结道德想象的价值，它通过戏剧的客观性来邀请我们更仔细地思考我们所代表和制定的价值观。虽然对资本主义的"艺术性"批评转向"社会性"批判是至关重要的，但是还存在一个关键问题：我们今天如何超越现有的后人道主义表演，把社会团结不仅想象成一种可能，还变为一种具体化的行动？

行动

在整本书中，我认为人道主义的交际实践具有述行力量：它们不仅是被消费的"词汇"，而且在积极地宣称代表这个世界的同时建构着这个世界的意义。这种观点也是阿伦特观点的核心。她将公共行动视为戏剧行动。事实上，*197* 根据她对显现空间的定义，戏台不仅是一个人人都可以看到的空间，而且在这里，"看见"和"被看见"的位置并不稳定，不可以被一劳永逸地固定。它们是相对灵活的立场，可以相互交换。正如她所说，"公共领域由评论家和观众构成，而非演员和制作者。这种评论家和观众的角色适合每个行动者"（Arendt，1982：63）。

当然，可互换的立场并不必然意味着观看者和受难者可以毫无问题地在经验层面上交换位置。相反，立场的互换意味着观看者要被建构成一个可能的行动者，这本身就是戏剧教化力量的重要维度。因此，它应是人道主义类型述行资源库的重要组成部分。这是因为，把弱势他者想象成一个可以言说的独立他人，也可以帮助我们把自己想象成可以应对苦难景观的表演/行动者（Marshall，1984：598）。这种将他人视为我们是一种内化，仿佛我们就是在灾难现场的行动者，即斯密所说的"中立的观看者"。正是这种内化把戏剧的道德化力量建构为评判力（Smith，1759/2000：110）。

但是，戏剧的道德想象力不仅是一个如何与远方他者进行交流的问题，我们应该看到，这种想象力也可以让我们与我们的同伴一起交流：他们就像我们，我们可以帮助提高他们的音量，为他们的事情进行辩论，并且一起为特定的事业行动。在这个意义上，竞胜式表演不仅要进行移情式的评判，还要在此基础上进行公共辩论。虽然关乎社会团结的坚定信念在动摇，一并受影响的是行动主义（它曾是富有活力的公民文化的一部分），这些都可能让今天的我们难以憧憬大众政治，但是竞胜式团结必须并且可以坚持把观看者组织成为表演/行动者的教育潜力，也就是每个人都有能力把他们自己看成为了共同事由而和别人一起行动的"我们"，以此思考和行动（类似观点参见：Dayan，2001）。

这是因为，公共行动（典型的例子如抗议和捐赠实践）在将词语的象征力量与身体的物理力量结合起来时变得最有效——博尔坦斯基进一步将这一过程阐述为在身体姿势和动作中融入语言的过程：他人的存在，以及牺牲其他可能的行动（Boltanski，1999：185）。因此，以这样的方式——通过示威或纪念的形式将实际行动纳入，有效的言论才能超越语言，展示价值观和承诺。虽然它们在后人道主义的网络行动中可能被提及，却无法得到充分表达。

198　　从表演（各种人道主义交际实践）到集体行动经常被描述为从线上活动到线下活动的转变，是社会团结政治效力的核心。达尔格伦（Dahlgren）认为，这一转变是"公民能动性"的结果，是一个"进入公共领域的过程，人们开始理解相关进展的媒体表征，并与其他人讨论时事，从而可以采取其他行动"（Dahlgren，2009：76）。达尔格伦承认大部分媒介化的公共活动都发生在瞬息万变的在线互动世界中，因此，他并不怀念那种需要由完全知情的公民来践行的英雄式行动主义。他反而强调保持象征性空间的重要性，因为在这个空间里，英雄式行动主义在今天仍有可能。

要做到这一点，竞胜式团结需要挑战网上行动主义的自满表演。这些表演主导了国际非政府组织的品牌营销和名人倡议等反讽式类型。于前者，内在于"陌生化"策略中的评判力所含有的激进潜力被简化为自我赋权的消费主义；后者则美化了一种后民粹式的行动主义，并且蕴含着风险，即把公民能动性降维为娱乐活动。但是，网上行动主义需要做的是将"政治社会化"纳入其关于社会团结的主旨中。正如库尔德里（Couldry）、利文斯通（Livingstone）和马卡姆（Markham）所说的："如果互联网的相关实践是为了提供民主参与的一般先决条件，那么与互联网相关的习惯必须以一种稳定的方式与政治社会化的习惯紧密相连在一起（不管后者是保持稳定的还是自身在不停变化的）。"（Couldry，Livingstone，& Markham，2008：113）

这种网络政治社会化体现在两个最典型的案例中——2007 年支持缅甸仰光僧侣示威游行以及 2009 年反对伊朗选举暴力的全球抗议活动。它们都是跨越国界形成社会团结的例子，都广泛依赖于用户生成的内容——这些内容在社交网络和融合新闻平台上传播。在这里，社会团结的技术化表明了它的政治化（而不仅仅是自恋）潜力，因为它提供了见证空间，催化了审议，以及协调了跨境行动（Cammaerts & Carpentier，2007；Cammaerts，2008）。

同样地，2011 年从突尼斯、埃及到巴林、阿曼和叙利亚的中东"起义"则在更大范围内充分利用了新媒体，通过各种关于社会团结的愿景把不同的人联系起来。这是一场前所未有的大规模动员，并产生了真正的政治效应。无疑，这种行动主义很快便受到了严厉的学术审视。它具有竞胜式团结的三个特征：

（i）它们把受难者表述为可以自我言说的个体，同时并没有把这些声音置于单一的、普世的变革叙事中；（ii）它们在观看者与行动者的位置之间进行切换，让那些见证了其他起义者的观看者变成了自己事业的行动者；（iii）把网络媒介上的暴力画面体现出来的苦难戏剧性与线下物理空间的行动结合起来。以开罗解放广场为代表，成千上万的声音以一种有效的演讲方式加入了这历史性的一幕。

即使在如中东这样引人注目的例子中，竞胜式团结反映出来的情感与非英雄的性情也相去甚远，而这种性情正管理并主导着当下新自由主义的西方。我认为，在我们自我怀疑的文化中，所需要的是在人道主义的述行实践中重建连接，将同理心和评判力整合为我们介入人类脆弱性事业的两个关键资

199

源——这些连接虽然细微但却很重要。我在结论部分将回到对陌生化的讨论，它是一种有前景的述行比喻，可以作为起点去动员各种想象类型中的竞胜主义。

陌生化

在竞胜式团结的语境里，陌生化是一个关键的述行策略，因为它既可以与西方主导的自我反身情感相容，也可以利用这种反身性来更激进地挑战西方世界中充满拒绝和同谋的日常实践。正如吉尔罗伊所建议的，"增加自我知识的机会当然值得一试，但是……它必须排在第二位，我们首先应该有原则、有条理地培养一定程度的陌生化能力，从而同我们自己的文化和历史保持一定的距离"（Gilroy，2004：75）。但是正如森提醒我们注意的，即使陌生化内置在亚当·斯密的"中立"的观看者中，成为一种观看位置，让我们可以"从特定的距离观察我们自己的情感"（Sen，2009：45），后人道主义对这个词的使用也失去了生产性的潜能[2]。这是因为后人道主义把陌生化当成一种温和策略，用来产生"与自我的距离"。在这里，我们对自己的习惯和价值的反思是用在"自我感觉良好"或者"被赋权"的地方，而不是（同时）用于挑战这些价值以及它们如何影响我们之外的世界。要实现这一点，需要做的是：第一，接触他者性，将它当作人性的一种品质，但并不是像同情或者反讽那样，通过各种对他者性的挪用来激发同理心，而是通过挑战我们关于何为人、谁为人的概念来实现；第二，参与论证，这并不是讨论同情范式中的道德确定性或者反讽范式中的品牌商标，而是在一个系统性的审议过程中，讨论社会价值以及团结行动的合法性。

在募捐倡议方面，有一个例子可以比较好地表达出何为对人性的陌生化表征，虽然它并没有涉及论证这一层面。它就是某国际组织发起的"我们退订"倡议，抗议酷刑。这个倡议名为"等待警卫"，描述了一个戴着手铐和头巾的囚犯，以一种紧张的状态半蹲在两个纸箱上，努力保持平衡。正如该组织所说的，这个倡议并不是"假装出来的，而是展示了一个行为艺术家被迫体验用在真实犯人身上的酷刑——'压力姿势'"。这个倡议具有两个特征：一是使用了戏剧化写实主义；二是出现了人性的逆转。

戏剧化写实主义指的是对逼真图像的使用，但与同情范式不同，它并不避讳图像本身建构的性质，同时又避免使用图形动画，从而没有剥夺苦难的肉体维度。这个倡议非常明确地提到酷刑折磨行为，并且有意识地利用苦难的戏剧性来充分地激发观众的感同身受：对受刑者的同理心和对施刑者的愤慨。这个倡议的第一幕通过特写展示囚犯紧绷的肌肉以及他沉重的呼吸声，集中表现这种姿势对人类身体造成的高强度压力；第二幕则转向了施刑者——虽处在同一个物理空间内，却正用手机充满感情和关切地跟自己的孩子说话。

人性的逆转指的是，在这个表意过程中，受刑者被赋予了人性，而西方人则以一种矛盾的形象出现——既像"我们"又完全是非人性化的。受刑者的人性几乎完全通过极度紧张的肢体语言表现出来，在施行酷刑的那一刻（也正因为如此），设法以一种极端的形式来显示受限的能动性。当受刑者非常痛苦地挣扎着让身体在纸箱上保持平衡以防摔倒的时候，相对应地，他的主体性也在"赤裸生命"与有尊严的生命的斗争中摇摆，但并没有特别倾向于其中的任何一个。这种临界状态的主体性，反映了内置在所有人性表征中的那种不稳定性，通过戏剧化的表演邀请我们短暂地感受他的紧张。同时，那个施刑者也被形象化为一个像"我们"的人，穿着随意，在等待受刑者屈服的时间里无所事事，显得无聊。他作为父亲显示出平庸的善，要求他的女儿"给他一个飞吻"；而他的职业则显示出平庸的恶，当他挂电话后，他朝着受刑者的身体来了一重击。这两者形成强烈的对比，并再一次通过倡议的戏剧性把横亘在熟悉与陌生事物之间的道德界限问题化，即作为他者的自我。非常重要的是，它清晰地表明了我们还能以这样的方式来展示西方，以极其令人不安的方式打乱善与恶的界限。

尽管这种倡议明显地体现了陌生化戏剧实践的教育潜力，让我们既面对他人的人性，也面对自我的他者性，但它仍然是一种后人道主义，因为它隐 *201*

晦的表达并没有把这件事放置在更为广阔的语境中，而是将之局限在点击行动主义这样一个小小的邀请之上。虽然观众的同理心在认同与去认同的挣扎之间被激发出来，但它却缺乏以正义的词汇来界定酷刑，没有与当前全球治理形式联系起来，从而无法让观众认识到这样的治理不仅维持着经济上的不平等，同时还维系着存在于世界各地的政治暴力。

不可否认，在名人倡议中很难实践陌生化策略，因为它的实践恰恰依赖西方流行文化的不可置疑的霸权，这种流行文化在西方世界里是由市场驱动形成的。但是挑战这种文化确定性的方式依然可以发生，条件是国际组织主导的实践和知识要变成它们自己重新批判性评估的对象。这一点很重要，因为在某种程度上，如第一章所讨论的，在援助与发展领域里的新自由主义实践和知识的关键内容都与国际组织的合法性息息相关。比如，阿莱恩（Alleyne）聚焦于联合国政策是如何影响组织的合法性和形象的，认为联合国的"形象问题的产生并不是因为一个自满的世界公众需要由著名的体育娱乐明星来推着行动，而是因为人们对联合国如何发挥作用的怀疑情绪"（Alleyne，2005：183）。正如我们所看到的，在联合国发展策略中，公民社会的作用是优先考虑联合国与它的西方名人大使之间平等的"品牌伙伴关系"，但是在地的公民行动者则相反，他们深深地陷入了与联合国"不对称"的关系里。这种关系并不是建立在尊重文化差异和历史特殊性的基础上，而是依赖于联合国单方面推广并"普世化"它们自己关于经济发展和市民生活的概念。

在这个意义上，对联合国在全球政治领域中的作用重新进行批判性评估，不可避免地还需要用一种新的方法来对待名人——这可能需要把重点从演艺界的主导人物转移到那些著名的在地活动家身上。正是他们英雄般的工作影响了他们自己所归属的社区。正如阿莱恩所说的："当考虑名人的政治影响力的时候，其实更值得做的是将名人从安南的那种有限的美式名人概念中解放出来。他将名人理解为金钱和名望，而我们现在要考虑的是国际进步力量如何创造自己的名人。"（Alleyne，2005：108）诺贝尔奖就可以被策略性地作为一种权威式工具，让全球南方的团结行动可以在西方产生名人效应。例如，戴斯蒙·图图（Desmond Tutu）和里戈韦塔·门楚·图姆（Rigoberta Men-chu Tum）的那些令人信服的案例，就是我们可以称之为名人陌生化的案例——既与慈善资本主义保持着反思的距离，同时又让全球公众逐渐熟悉那些国际非知名人士。这些人士因谴责那些不人道的政权和争取正义而赢得了全球声誉。在这里，陌生化策略不再让西方名人拥有成为苦难化身的特权，不再重现人道主义系统性的悖论并最终美化极端特权和非人化极端贫困状态。相反，它拥抱并为弱势群体本身的声音造势，让他们的声音众所周知，对弱势他者进行深刻的人性化，并将他们的事由政治化。

同时，如何做也是值得我们考虑的重要问题——而不是完全拒绝在新自由主义语境下名人在慈善资本主义中起的作用。我们应该重新思考名人所拥有的大量金融和象征性资本如何最合适地用于人道主义领域。目前只有少数针对这方面的学术研究。其中一篇就针对名人作为联合国品牌的价值，挑战了一些常识性假设，比如，对那些经常被忽略的紧急事件来说，名人可以提高其新闻价值。但是这篇文章同时发现，名人倡议在一些特定群体或者说"目标群体"中取得了令人印象深刻的成功："虽然无法成为头版故事，但是通过名人倡议可以募捐到数百万美元，并且鼓励目标群体，动员各种行动机会，而通常美国绝大多数人并没有留意到。"（Thrall et al.，2008：382）这与我的论证是一致的，萨尔（Thrall）等人的观点在这里让我们注意到名人政治的后民粹主义特征，它并不用那种大规模的情感主义广播策略来冲锋陷阵，而更多地局限在"权力走廊"中游说和筹集资金——不用说，这种做法需要本着充分透明的问责制精神来进行。

最后一个关于陌生化的例子来自"融合新闻"。它是《卫报》关于"凯廷"项目的报道。它长期追踪报道了 2007—2010 年由非洲医学和研究基金会（AMREF）和农耕非洲（Farm-Africa）领导的乌干达东北部发展计划[3]。这个"凯廷"项目是一个复杂的在线作品，提供了多个利益相关者的链接，包括当地居民的故事、非政府组织和当地政府的贡献、村庄的历史、项目的日常进程，以及项目未来发展的可持续性。该项目结合了不同的时间，既有长期持续性又有内在多重的微观时间，试图改善关于发展的新闻报道，通过邀请西方式自我表达，聚集各种专家声音为这个项目提供专业建议，同时更重要的是提升村庄居民问题的可见性。

"凯廷"项目之所以成为一个运用陌生化策略的项目，是因为它不像后人道主义的那些故事，并没有让人感觉出任何自恋的慰藉——这种慰藉在那些品牌营销活动中构成了撩人的说服力以及偷窥式情绪的核心。相反，"凯廷"项目充满了令人不安的故事：它让我们看到新媒体既可能削弱也可能加强当地民众的力量，看到人们的期待与国际非政府组织的策略是如何相互冲突，并让项目陷入停顿的，看到地方政府和国际官僚如何压制希望，但同时事情又是如何克服重重困难的。正如琼斯（Jones）所说的："'凯廷'项目展示了在地方推行发展项目真的很难……你会发现发展项目并不完美。但是你也同时看到了积极的变化。"（Jones，2010：18）

同时，"凯廷"项目的网络报道中包含了大量弱势他者的声音。在多媒体的展示中，他们用自己的语言讲述自己的生活，这些人的脆弱性被置于社会冲突和日常斗争的历史世界中，而我们也可以在复杂且具有挑战性的发展项目的背景里更细致地理解乌干达。这种把当地声音融入日常报道的行为，并不是要把他们的脆弱性置于后人道主义的虚构世界里，而是要让我们能够准确地站在他者的立场去想象，这样我们就可能把他们的脆弱性作为一个值得我们想象性评判的对象。

这绝对不是方方面面都是"最佳实践"的例子的列表，这些例子突出的是陌生化策略，即一种与自我保持距离的策略以及内置在人道主义想象表演中的比喻，可能有助于我们形成感受和思考的习惯，而这些都是竞胜式团结的特征。像所有其他例子一样，这些例子也是片面的、片段的和不完整的；此外还有其他类型的想象，比如电影、纪录片和表演艺术，都可以极大地促进人道主义想象，然而它们也存在缺点，我希望这些例子与其他例子的不完美可以成为一个启发社会团结新的道德想象的起点。

结论：为善

　　我在本书中提出的人道主义想象需要将自己重塑为一种新的传播结构——既不关乎我们共同的人性，也不关乎我们自己对远方他者的感觉。虽然这些道德话语反映了人道主义发展轨迹的不同历史"时刻"——从古典自由主义走向资本主义新自由主义精神，但它们关于社会团结的倡议非但没有让西方超越自恋话语，反而使其陷落在日益增长的企业话语之中。

　　尽管我强调了市场在后人道主义兴起中起决定性作用，但我关于人道主义想象的四种主要类型的故事却没有采纳批判学派的悲观论调。正如我在第二章中所说，我分析的出发点不是先验地谴责经济力量，不管它是以非人道的帝国还是以商业奇观的形式出现。根据福柯的建议，我们在做研究的时候应该把历史性的实践看作一种具有权力述行效应的话语形构，所以我的出发点是，在晚期现代性过程中，在人道主义想象不断与市场、技术和政治力量重新协商时，张力和不连续性会持续出现。鉴于这些复杂的力量在历史上与人道主义共存，我认为，全球资本主义不应被视为世界主义式团结的敌人，而应被视为其必要但脆弱的可能性条件。在这个意义上，第一章探讨的人道主义系统性的悖论，只不过是应对非人道的资本主义所产生的一种人性化的主张（Cheah，2006）。

　　然而，我并不像批判学派那样对现代性中的非人道感到绝望，或者像铁杆的新自由主义者所建议的那样，接受这种悖论是不可避免的。相反，我的目的是在非人道的条件下，请人们注意人性生产的历史变化。这是因为我相信，正是对这种变化的研究，使我们能够更好地理解和批判性地评估市场、政治和技术是如何结合在一起来改变我们公共生活的道德品质的——它们是如何把社会团结从信念式的集体政治转变为一种反思式的生活方式政治的。正如我所展示的，早期人道主义的类型属于古典自由主义的想象，依靠苦难的客观性来实践同情的政治，而当代类型则挑战这种客观性，转而支持反讽的主观主义政治。

我之所以强烈地捍卫戏剧的回归，并将它作为人道主义的特许的传播结构，是因为我也相信，同情范式的普遍情感主义和反讽范式的特殊实用主义都不能正确地发挥想象的关键功能，即对西方进行道德教育的功能。这只能通过观看者的想象来实现——让我们遭遇他者的人性，并要求我们对事关他者的道德论证做出评判。摇滚音乐会和企业的品牌营销都不能取代这种教育功能，公民新闻也不能超越直接的经验，传达出对苦难现实的更深刻理解。因此，这些社会团结的案例从本质上说反映了一种以种族为中心的团结，在自我的框架里想象他者，并把论证当作与团结无关的东西。

205　　想要撕破反讽的材质，就意味着要打破新自由主义的假设：我们都知道正义，因此我们不需要明确何为正义。相反，我坚持认为，我们需要一次又一次地被邀请与他者和多元化价值进行互动，因为这些可能影响我们对他者的苦难所采取的行动。与其否认，我们不如承认一直都存在人道主义的政治化问题，让它的系统性的悖论比现在更加显眼。持续的反思练习可以不断暴露内在于人道主义的自由主义根源里的道德矛盾，这才是我们保持系统变革可能性的最佳选择。

这就是为什么我们需要戏剧的"中间状态"，比如令人不安的形象、匿名的行动者或是多媒体叙事。正是这种"中间状态"可以帮我们想象性地与遥远的世界连接起来。而这个遥远的世界不能也不应该被简化为我们舒适的栖居地。正是这种"中间状态"可以让我们提出如今几乎被遗忘的关键问题，这些问题关乎合法性（为什么这是重要的?），关乎对立（何为对和错?），关乎复杂性（光有捐赠是否足够?）、他者性和历史性（是什么让这些人成为现在的样子?）。这些问题让我们从功利的利他主义者变成世界主义公民。我认为，如果没有这种与他者的激烈且痛苦的互动，就没有道德困境可让我们挣扎，就没有立场可供我们选择，就没有为之奋斗的赌注，也就没有改变苦难境况的希望。

　　这并不是一项容易达成的任务，不仅因为人道主义想象需要以一种微妙的技巧来保持平衡，使得我们拥有评判力却不过度理性，拥有情感却不煽情，在对悖论保持清醒认识的同时不放弃对表征的希望；还因为我们也需要一种同样的微妙的平衡，在对他人为善的同时，还要对这些为善的理由保持怀疑的态度。这也许是如今我们作为反讽式观看者比以往任何时候都更需要戏剧的最为重要的原因。虽然它可能不会让我们变得善良，但是正如 W. H. 奥登（W. H. Auden）所说的，它有助于防止我们认为自己已经是善良的。

注　释

第一章　社会团结与灾难景观

［1］关于"发现你的感觉"的募捐倡议请参见 www. allaboutyou. com/lifestyle/live-for-the-moment-actionaid-58250（2011 年 12 月 29 日）。本书未获得授权，不能使用关于本次活动的视觉材料。

［2］我在这里交替使用"认知转变"和"范式转变"来强调新的理性和社会团结实践的出现，它们与以前的理性有着显著的差异。然而，这种转变并不涉及新旧的革命性替代，而是一种渐进和分散的过程，其中反讽范式与同情范式共存（关于认知和范式转移的术语的讨论参见：Best and Kellner，1997：x-xii）。

［3］See www. professionalfundraising. co. uk，October 2009.

［4］See www. professionalfundraising. co. uk，October 2009.

［5］关于这些数字，以及关于人道主义部门增长的影响的讨论参见：McCleary and Barro（2007），Barnett and Weiss（2008）。

［6］关于部门密度增长的讨论参见：Natsios（1995），Simmons（1998），Cooley and Ron（2002）。

［7］关于马克思主义的人道主义讨论参见：Poster（1975），Eagleton（1975，1985）。亚当·斯密和卡尔·马克思关于异化的政治经济学观点之间的相近性参见 West（1969）。

［8］See www. nobelprize. org/nobel ＿ prizes/peace/laureates/1999/msf-lecture. html（accessed 8 October 2011）.

［9］www. nobelprize. org/nobel ＿ prizes/peace/laureates/1999/msf-lecture. html（accessed 8 September 2011）.

［10］www. professionalfundraising. co. uk，October 2009（accessed 8 September 2011）.

［11］从亚里士多德到亚当·斯密和达朗贝尔（d'Alembert），或者从阿伦特到努斯鲍姆和朗西埃，内在戏剧这个概念的一个含义是，表演不仅是一种娱乐奇观，同时也是道

德教育的场所。这个观点起源于戏剧与政治交际机制的密切亲近性，即二者都需要依赖观看和行动的分离，这种分离创建了一个审美的空间，在这里，公众的性情可以得到表现。正如贝利所说的，像戏剧一样，"政治的确需要一个场景、一个舞台、一些演员、一些观众、一个剧本，实质上需要戏剧组合的全套装备"（Bayly，2009：22）。我会在第七章回到这个主题，提出社会团结的戏剧化概念，即竞胜主义。

[12] 关于阿伦特的反身（反思性）评判概念参见 Zerilli（2005：164），这与亚当·斯密的"中立的观看者"有共鸣之处。亚当·斯密的观看者理论不仅仅围绕同理心或者观看，更重要的是围绕评判和中立的观看立场。详细讨论参见 Marshall（1984）。我会在第七章中进一步阐述这种区别。

第二章 人道主义的想象

[1] 批判学派的"反视觉偏见"包括哈贝马斯（Habermas）以及马克思主义和后马克思主义/后结构主义思想。详见 Mitchell（1986：160‑208）。

[2] 我对"人道主义想象"一词的使用借鉴了卡斯托里亚迪斯的理论，并进一步受到了查尔斯·泰勒、诺曼·费尔克拉夫（Norman Fairclough）和克雷格·卡尔霍恩的影响。泰勒（Taylor，2002）用"现代社会想象"对现代性进行了社会学描述，并对人道主义想象这个词组做了阐述；费尔克拉夫（Fairclough，2003）则将"想象"视为一种具有规范性意义的制度，界定了我们在特定的时间点上应该如何思考、感受和行动；而卡尔霍恩（Calhoun，2010）则对当前去政治化的"紧急想象"主导了人道主义救援概念进行了批判。

第三章 募捐倡议

[1] 参见《与第三世界有关的图像和信息行为准则》（1989 年 4 月），其中建议非政府组织"注意不要过于简单化或过于聚焦于第三世界生活中耸人听闻的信息"。

[2] "陌生化"这个概念作为一种自我认知的文学和文化手段，通过使熟悉的事物变得陌生而起作用。它位居亚当·斯密的"观看"理论，尤其是"中立的观看者"概念的核心。斯密认为，为了更好地理解他者，我们需要的"既不是从我们自己的位置也不是从他的（原文）位置，既不是从我们自己的角度也不是从他的角度"去看待他的利益，而是要从一个第三者的位置去看——其和任何一方都没有特殊联系，可以在我们之间公正地做出评判（Smith，1759/2000：135）。有关"陌生化"的相关讨论参见：Gilroy（2004：75），Sen（2009：45）。而"陌生化"被西尔弗斯通用来特指在"我们"的媒介上对陌生人的表征，相关讨论见 Silverstone（2007：136）。奥加德（Orgad）则用这个概念来指认

国内事务，仿佛它是遥远和陌生的。本书则将戏剧化隔阂作为竞胜团结的一部分，进一步讨论见第七章注释［2］。

［3］《无米之炊》这个倡议系一系列外包制作的一部分。它还包括名人访谈和对非洲的现场访问，以及使用好莱坞电影的预告片，如人道主义大片《血钻》（Warner Bros，2006）。《身为人类》最初由 Rkcr/y&r 为英国乐施会创作，并于 2008 年 4 月发行。

第四章 名人公益

［1］See R. M. Press（1992），"A visit of compassion to Somalia". *The Christian Science Monitor*，5 October. Available at：www. csmonitor. com/1992/1005/05141. html（accessed 8 October 2001）.

［2］See UNHCR Press Release（2001），Angelina Jolie named UNHCR Goodwill Ambassador for refugees. *The UN Refugee Agency*，23 August. Available at：www. unhcr. org/3b85044b10. html（accessed 8 October 2011）.

［3］奥利弗·布斯通是欧洲 DATA 主管，DATA（由 Debt、AIDS、Trade、Africa 四个英文单词的首字母缩写而成）是一个由波诺创立的非政府组织，关心债务、艾滋病、贸易和非洲问题等议题，向精英和基层游说，以期影响人道主义政治。相关介绍见《独立报》2009 年 1 月 17 日瓦莱利（Vallely，2009）的文章《从一线明星到一线救援工作者：名人外交真的有效吗?》，网址为：www. independent. co. uk/news/people/profiles/from-alister- to-aid-worker-does-celebrity-diplomacy-really-work-1365946. html（2011 年 10 月 8 日）。

［4］我对赫本的讨论主要有三个来源：联合国儿童基金会的网站和其出访的视频、电视和新闻采访，以及女演员的官方传记（Walker，1995）。同样，我对朱莉的讨论也集中在联合国儿童基金会网站提供的相关信息，包括她出访的视频和她的日记、笔记，以及从全球新闻和电视网上精选的采访。

［5］道德化是指名人为公众提供道德示范的教化过程，而伦理化指的是名人通过一个自我塑造过程将自己作为一个特定的道德主体，从而也可以在道德化的过程中作为一个模范的公共自我。

［6］Press Conference on Somalia，1992. See www. audrey1. org/biography/22/audrey-hepburns-unicef-field-missions（accessed 8 October 2011）.

［7］Press Conference on Somalia，1992. See www. audrey1. org/biography/21/audrey-hepburn-unicef-overview（accessed 8 October 2011）.

［8］See J. Roberts（1992），"Interview/Envoy for the starving：Audrey Hepburn：

James Roberts meets the actress determined to help Somalia's children". *The Independent*, 4 October. Available at: www. independent. co. uk/opinion/interview--envoy-for-the-starving-audrey-hepburn-james-roberts-meets-the-actress-determined-to-help-somalias-children-1555466. html (accessed 8 October 2011).

［9］Statement issued upon Hepburn's UNICEF appointment, May 1988. See www. cf-hst. net/UNICEF-TEMP/Doc-Repository/doc/doc401478. PDF (accessed 08 October 2011).

［10］See CBS interview at *This Morning*, 3 June, 1991. Interview transcript available at: www. ahepburn. com/interview4. html (accessed 8 October 2011).

［11］See J. Roberts (1992), "Interview/Envoy for the starving: Audrey Hepburn: James Roberts meets the actress determined to help Somalia's children". *The Independent*, 4 October. Available at: www. independent. co. uk/opinion/interview-envoy-for-the-starving-audrey-hepburn-james-roberts-meets-the-actress-determined-to-help-somalias-children-15 55466. html (accessed 8 October 2011).

［12］See Educational Broadcasting-The MacNeil/Lehrer NewsHour, 5 November 1992. Interview transcript available at: www. ahepburn. com/interview5. html (accessed 8 October 2011).

［13］See Educational Broadcasting-The MacNeil/Lehrer NewsHour, 5 November 1992. Interview transcript available at: www. ahepburn. com/interview5. html (accessed 8 October 2011).

［14］See L. Garner (1991), "Lesley Garner meets the legendary actress as she pre-pares for this week's Unicef gala performance". *The Sunday Telegraph*, 26 May. Available at: www. ahepburn. com/article6. html (accessed 8 October 2011).

［15］Press conference after her first UNICEF mission on Ethiopia, 1988. See www. audrey1. org/biography/22/audrey-hepburns-unicef-field-missions (accessed 8 October 2011).

［16］UNICEF co-ordinator of Goodwill Ambassadors, Christa Roth. See www. ahepburn. com/work10. html (accessed 8 October 2011).

［17］See M. Miller, D. Pomerantz and L. Rose (eds) (2009), "The world's 100 most powerful celebrities list". *Forbes. com*, 06/03/09. Available at: www. forbes. com/2009/06/03/forbes-100-celebrity-09-jolie-oprah-madonna _ land. html (accessed 8 October 2011).

［18］See "Actress Angelina Jolie: 'I was wacko, emotionally, during this movie'", *Daily Mail*, 23 November 2008 Available at: www. dailymail. co. uk/home/you/article-1087028/Angelina-Jolie-I-think-looks-getting-better-age. html (accessed 8 October 2011).

［19］ MTV Series Documentary *The Diary*，featuring "The Diary of Angelina Jolie and Dr Jeffery Sachs in Africa" (2005).

［20］ See "Sarah Sands：we need Angelina Jolie-she's the antidote to despair"，*The Independent on Sunday*，18 November 2007. Available at：www. independent. co. uk/opinion/ commentators/sarah-sands/sarah-sands-we-need-angelina-joliendash-shes-the-antidote-to-despair-400797. html，and Mark Malloch Brown "The 2006 Time 100：Angelina Jolie"，*The Time*，8 May 2006. Available at：www. time. com/time/specials/packages/article/0， 28804，1975813 _ 1975847 _ 1976577，00. html (accessed 8 October 2011).

［21］ See ABC News "Jolie on motherhood and mental health"，17 October 2002. Available at：http://abcnews. go. com/2020/story? id＝124372&-page＝1 (accessed 8 October 2011).

［22］ Introduction to Jolie A. (2003)，*Notes from my Travels*.

［23］ See R. Cohen (2008)，"A woman in full" . *Vanity Fair*，July 2008. Available at： www. vanityfair. com/culture/features/2008/07/jolie200807 (accessed 8 October 2011).

［24］ The Clinton Global Initiative Annual Meeting，New York，September 26 – 28， 2007.

［25］ See ABC News "Jolie on motherhood and mental health"，17 October 2002. Available at：http://abcnews. go. com/2020/story? id＝124372&-page＝1 (accessed 8 October 2011).

［26］ See Mark Malloch Brown，"The 2006 Time 100：Angelina Jolie"，*The Time*，8 May 2006. Available at：www. time. com/time/specials/packages/article/0，28804，19758 13 _ 1975847 _ 1976577，00. html (accessed 08 October 2011).

［27］ See Illouz (2007) on the therapeutic sentimentalism of Oprah Winfrey；'t Hart and Tindall (2009) on Geldof's anger；Littler (2008) on Jolie's tearful appearances.

［28］ See Couldry and Markham (2007) for an empirical study showing no evidence of the claim that engagement with celebrity may act as a lead-in to engagement with social issues； Alleyne (2005) for the "intellectual vacuum" of UN's celebrity-driven policy-making.

［29］ See McDougall (2006)，"Now charity staff hit at cult of celebrity"，in *The Observer*， 26 November. Available at www. guardian. co. uk/society/2006/nov/26/internationalaidanddevel-opment. internationalnews (accessed 8 October 2011).

第五章　慈善音乐会

［1］ See Monbiot (2005)，"And still he stays silent"，in the *Guardian*，6 September. Available at www. guardian. co. uk/world/2005/sep/06/g8. climatechange（accessed 5 September 2011）.

［2］See Dayan and Katz（1992），Silverstone（1994），Couldry（2003），Cottle （2006a）for the performativity of media rituals.

［3］See Dayan（2009）for this dilemmatic formulation.

［4］See Pruce（2010），*Culture industry and the marketing of human rights*. Available at：http://ssrn. com/abstract＝1654575（accessed 4 September 2011）.

［5］See Coleman（2010），"From the Archive：Missionary zeal in a world of famine," in the *Guardian*，15 July 1985. Available at：www. guardian. co. uk/theguardian/2010/jul/ 16/archive-missionary-zeal-1985?INTCMP＝SRCH（accessed 5 September 2011）.

［6］BBC News Online（2005），"On this day-1985：Live Aid makes millions for Africa". Available at：http://news. bbc. co. uk/onthisday/hi/dates/stories/july/13/newsid _ 2502000/2502735. stm（accessed 5 September 2011）.

［7］See G. Jones（2005），*Live Aid 1985：A day of magic*. CNN，6 July. Available at：http://webcache. googleusercontent. com/search? q ＝ cache：isvkqR6oOwQJ：articles. cnn. com/2005-07-01/entertainment/liveaid. memories _ 1 _ tv-live-aidGeldof％3F _ s％ 3DPM：SHOWBIZ＋audience＋of＋live＋aid&cd＝5&hl＝en&ct＝clnk&gl＝uk&source ＝www. google. co. uk（accessed 5 September 2011）.

［8］BBC News（1984），Michael Buerk on Ethiopian famine，23 October（video）. Available at：www. youtube. com/watch?v＝XYOj _ 6OYuJc（accessed 5 September 2011）.

［9］See R. Bennett（2011），"Bob Geldof：Live Aid，Live 8 & Me". *Mojo Magazine*，4 January. Available at：www. mojo4music. com/blog/2011/01/bob _ geldof _ live _ aid _ live _ 8 _ me. html（accessed 3 September 2011）.

［10］See R. Bennett（2011），"Bob Geldof：Live Aid，Live 8 & Me". *Mojo Magazine*，4 January. Available at：www. mojo4music. com/blog/2011/01/bob _ geldof _ live _ aid _ live _ 8 _ me. html（accessed 3 September 2011）.

［11］See Geldof interview in *Melody Maker*，15 July 1978，quoted in Hague，Street and Savigny（2008：13）；see also Tester（2010：14－16）for a similar argument.

［12］See Bennett，R.（2011）Bob Geldof：Live Aid，Live 8 & Me. *Mojo Magazine*，4 January. Available at：www. mojo4music. com/blog/2011/01/bob _ geldof _ live _ aid _ live _ 8 _ me. html（accessed 3 September 2011）.

［13］See A. Darnton（2011），"Aid：why are we still stuck in 1985?" *Guardian*，28 March. Available at：www. guardian. co. uk/global-development/poverty-matters/2011/mar/28/

aid-public-perceptions（accessed 5 September 2011）.

［14］See G. Jones（2005），*Live Aid 1985：A day of magic*. CNN，6 July. Availabe at：http://webcache. googleusercontent. com/search? q ＝ cache：isvkqR6oOwQJ：arti- cles. cnn. com/2005-07-01/entertainment/liveaid. memories ＿ 1 ＿ tv-live-aidGeldof％3F ＿ s％ 3DPM：SHOWBIZ＋audience＋of＋live＋aid&.cd＝5&.hl＝en&.ct＝clnk&.gl＝uk&.source ＝www. google. co. uk（accessed 5 September 2011）.

［15］The BBC was responsible for the concert feed in UK and Europe，and ABC for the USA.

［16］BBC News Online，8 November 2004，"Stars recall Live Aid spectacular". Availa- ble at：http://news. bbc. co. uk/2/hi/entertainment/3979461. stm♯midge（accessed 5 Sep- tember 2011）.

［17］BBC，"Have your say：Live Aid memories July 2005". Available at：www. bbc. co. uk/music/thelive8event/haveyoursay/liveaidmemories. shtml（accessed 5 September 2011）.

［18］BBC News Online，8 November 2004：Stars recall Live Aid spectacular. Available at：http://news. bbc. co. uk/2/hi/entertainment/3979461. stm♯midge（accessed 5 Septem- ber 2011）.

［19］BBC News（1985），"On this day-1985：Live Aid raises millions". *BBC News* （video）. Available at：http://news. bbc. co. uk/player/nol/newsid ＿ 6520000/newsid ＿ 6522700/6522735. stm? bw ＝ bb&.mp ＝ wm&.news ＝ 1&.ms3 ＝ 6&.ms ＿ javascript ＝ true&.bbcws＝2（accessed 5 September 2011）.

［20］See C. Bialik（2005），"When it comes to TV stats，viewer discretion is advised". *The Wall Street Journal*，21 July. Available at：http://online. wsj. com/public/article/ SB112180840215889963-XaNnhJ ＿ OnHUIP4vyjpyugnjtIeA ＿ 20071216. html（accessed 5 September 2011）.

［21］See O. Gibson and S. Laville（2005），"Live 8：old white guys singing the wrong tune?" *Guardian*，4 June. Available at：http://webcache. googleusercontent. com/search?q ＝ cache：SgJjmZtpcA4J：www. guardian. co. uk/uk/2005/jun/04/arts. hearafrica05 ＋ Geldof＋fuck＋off＋Live＋8&.cd＝8&.hl＝en&.ct＝clnk&.gl＝uk&.sourc＋e＝www. google. co. uk（accessed 6 September 2011）.

［22］See B. Wheeler（2004），"Bono pushes the right buttons". *BBC News Online*，30 September. Available at：http://news. bbc. co. uk/1/hi/uk ＿ politics/3701414. stm（ac- cessed 5 September 2011）.

［23］ABC News Online（2005），"Live 8 concerts turn a profit"，29 October. Available at：www. abc. net. au/news/2005-10-29/live-8-concerts-turn-a-profit/2134506 （accessed 5 September 2011).

[24] See O. Gibson and S. Laville (2005)， "Live 8：old white guys singing the wrong tune?" *Guardian*，4 June. Available at：http：//webcache. googleusercontent. com/search? q = cache：SgJjmZtpcA4J：www. guardian. co. uk/uk/2005/jun/04/arts. hearafrica05＋Geldof＋fuck ＋off＋Live＋8&cd＝8&hl＝en&ct＝clnk&gl＝uk&source＝www. google. co. uk （accessed 6 September 2011).

[25] See R. Bennett (2011)， "Bob Geldof：Live Aid，Live 8 & Me" . *Mojo Magazine*，4 January. Available at：www. mojo4music. com/blog/2011/01/bob _ geldof _ live _ aid _ live _ 8 _ me. html (accessed 3 September 2011).

[26] See B. Geldof (2005), "Geldof's year" . *Guardian*，28 December. Available at：www. guardian. co. uk/politics/2005/dec/28/development. live8 （accessed 5 September 2011).

[27] See J. Traub （2005）， "The statesman" . *The New York Times*，18 September. Available at：http：//faculty. washington. edu/jwilker/353/bono. pdf （accessed 5 September 2011).

[28] See G. Monbiot （2005）， "Bards of the powerful" . *Guardian*，21 June. Available at：www. guardian. co. uk/politics/2005/jun/21/development. g8 （accessed 5 September 2011).

[29] E. Stretch （2005）， "Live 8：Greatest show on earth：It's our time to stand up for what". *Sunday Mirror*，3 July. http：//findarticles. com/p/articles/mi _ qn4161/is _ 20050703/ai _ n14683852/indArticles/News/SundayMirror/Jul 3，2005 （accessed 5 September 2011).

[30] Live Aid in Live 8：www. dailymotion. com/video/xhmcv _ live8-bob-geldof-speech _ news （for Geldof） and www. dailymotion. com/video/xhmir _ live8-the-girl-birhan-woldu _ news （for Birhan Woldu）.

[31] See E. Richardson （2002）， "Bono-Fire". *O，The Oprah Magazine*，February. Available at：www. oprah. com/spirit/Bono-A-Global-Rock-Star-and-Activist （accessed 5 September 2011).

[32] See G. Monbiot （2005）， "A truckload of nonsense". *Guardian*，14 June. Available at：www. guardian. co. uk/world/2005/jun/14/g8. politics （accessed 5 September 2011）; and see O. Gibson and S. Laville （2005）， "Live 8：old white guys singing the wrong tune?" *Guardian*，4 June. Available at：http：//webcache. googleusercontent. com/search? q ＝

cache：SgJjmZtpcA4J：www. guardian. co. uk/uk/2005/jun/04/arts. hearafrica05 ＋ Geldof ＋fuck＋off＋Live＋8&.cd＝8&.hl＝en&.ct＝clnk&.gl＝uk&.source＝www. google. co. uk (accessed 6 September 2011).

[33] See Monbiot，G. （2005） Live 8-An opportunity lost? *Three Monkeys Online*，June. Available at：www. threemonkeysonline. com/als/＿live＿8＿george＿monbiot＿critique. html （accessed 5 September 2011）.

[34] See J. Duffy （2005），"So what happened?" *BBC News*，2 November. Available at：http://news. bbc. co. uk/1/hi/magazine/4397936. stm （accessed 5 September 2011）.

第六章 灾难新闻报道

[1] See，for example，the CNN's Anderson Cooper controversy during his Haiti earthquake reporting：http://gawker. com/5451459/anderson-cooper-saves-boy-as-cnns-haiti-coverage-reaches-strange-apotheosis.

[2] See impartial witness section：www. bbc. co. uk/journalism/ethics-and-values/impartiality/witness. shtml.

[3] See "Citizen journalism and the BBC"，Nieman report，downloadable at：www. nieman. harvard. edu/reportsitem. aspx?id＝100542.

[4] See "Citizen journalism and the BBC"，Nieman report，downloadable at：www. nieman. harvard. edu/reportsitem. aspx?id＝100542.

[5] www. bu. edu/globalbeat/syndicate/Marthoz050599. html.

[6] 这些案例是过去 100 年来在这些国家的历史上最致命的地震。唐山大地震是第二大地震（242 769 人死亡）；海地地震是第四大地震（230 000 人死亡）；克什米尔大地震是第十七大地震（79 000 人死亡）；墨西哥城大地震和土耳其大地震是当代最致命的地震。

[7] 这些新闻通过叙述西方以外的一些最悲惨的自然灾害事件，起到了"范式"的作用；也就是说，它们之所以作为范本，是因为强调其类别中最普遍的特征（Flyvebjerg，2001：80-81）。它们的新闻报道内容可在 BBC 在线档案中找到，可通过以下地址访问：

1976 年唐山大地震：http://news. bbc. co. uk/onthisday/hi/dates/stories/july/28/newsid＿4132000/4132109. stm.

1999 年土耳其大地震：http://news. bbc. co. uk/onthisday/hi/dates/stories/august/17/newsid＿253400/2534245. stm.

2005 年克什米尔大地震：http://news. bbc. co. uk/1/hi/world/south＿asia/4321490. stm.

1985 年墨西哥城大地震：http：//news. bbc. co. uk/onthisday/hi/dates/stories/september/19/newsid ＿ 4252000/4252078. stm.

2005 年海地地震：http：//news. bbc. co. uk/1/hi/8455629. stm.

2010 年海地网络流媒体（实况博客）：http：//news. bbc. co. uk/1/hi/8456322. stm.

［8］这些故事都来自英国广播公司"就是今天"网站，这是其在线档案，涵盖了跨越55 年——1950 年至 2005 年——的主要新闻报道。当英国广播公司提到它们，或者在没有原始视频的情况下，都会将它们展示为"借鉴档案媒体、旧报纸和历史参考书，就像事件好像刚刚发生"（http：//news. bbc. co. uk/onthisday/hi/dates/stories/july/28/newsid ＿ 4132000/4132109. stm）。

［9］在唐山大地震的案例中，西方的援助是不可能的，因为当时社会主义的中国与资本主义的西方相互隔绝。

［10］See Al Jazeera's live blog on Haiti，however，for a historicizing perspective along these lines：http：//blogs. aljazeera. net/americas/2010/01/13/why-haiti-earthquake-was-so-devastating.

第七章　戏剧性、反讽和社会团结

［1］迄今为止没被问题化的消费者活动领域如今在"道德消费"积极论述中也被批判性地审视。这种论述将日常的消费行为与公民策略（如公平贸易）联系起来。详情参见 Barnett et al.（2010）。但是我的论点强调的是人道主义传播交流的公司化所带来的对社会团结的限制。尽管市场和道德构成了启蒙现代性公共领域的重要组成部分，但我认为，两者之间关系的历史变化表明，"消费道德化"越来越多地以辩证的方式与"伦理的公司化"联系起来（Chouliaraki ＆ Morsing，2010）。

［2］让我们回顾一下，亚当·斯密将"陌生化"作为"中立的观看者"的一种品质，置于观众道德的核心（参见第三章注释［2］）。在戏剧表演和文学理论的语境下，布莱希特（Brecht）、本杰明、什克洛夫斯基（Shklovsky）、迈尔霍尔德（Meyerhold）和皮斯卡托（Piscator）的作品，以及更重要的雅各布森（Jakobson）和巴赫金的作品进一步探讨了陌生化作为一种审美和伦理实践（Jestrovic，2006）。

［3］www. guardian. co. uk/katine/villagevoices. The website won the "One World Media" award for its outstanding new media output（2008）.

参考文献

Abrahamsen, R. (2003) 'African studies and the postcolonial challenge'. *African Affairs* 102(407): 189–210.

Adorno, T. W. (1938/1991) 'On the fetish character in music and the regression of listening', in J. M. Bernstein (ed.), *The Culture Industry: Selected Essays on Mass Culture*. London: Routledge, pp. 26–52.

Adorno, T. W. and Horkheimer, M. (1942/1991) 'The schema of mass culture', trans. N. Walker, in J. M. Bernstein (ed.), *The Culture Industry: Selected Essays on Mass Culture*. London: Routledge, pp. 61–97.

Agamben, G. (1998) *Homo Sacer: Sovereign Power and Bare Life*. Stanford, CA: Stanford University Press.

Ahmed, S. (2004) *The Cultural Politics of Emotion*. Edinburgh: Edinburgh University Press.

Ainley, K. (2008) 'Individual agency and responsibility for atrocity', in R. Jeffery (ed.), *Confronting Evil in International Relations: Ethical Responses to Problems of Moral Agency*. Basingstoke: Palgrave, pp. 37–60.

Alberoni, F. (1962/2006) 'The powerless elite: theory and sociological research on the phenomenon of the stars', in D. P. Marshall (ed.), *The Celebrity Culture Reader*. London: Routledge, pp. 108–23.

Albrow, M. and Seckinelgin, H. (2011) 'Introduction: globality and the absence of justice', in M. Albrow, H. Seckinelgin and H. Anheier (eds), *Global Civil Society 2011: Globality and the Absence of Justice*. London: Palgrave Macmillan.

Allan, S. (2007) 'Citizen journalism and the rise of "mass self-communication": reporting the London bombings'. *Global Media Journal: Australian Edition* 1(1): 1–20.

Allan, S. (2009) 'The problem of the public: The Lippmann-Dewey debate', in S. Allan (ed.), *The Routledge Companion to News and Journalism*. London: Routledge, pp. 60–70.

Allan, S. and Zelizer, B. (eds) (2002) *Journalism After September 11*. London: Routledge.

Alleyne, M. (2005) 'The United Nations' celebrity diplomacy'. *SAIS Review* 25(1): 175–85.

Arendt, H. (1951/1979) *The Origins of Totalitarianism*. New York: Harcourt Brace Jovanovich.

Arendt, H. (1958/1998) *The Human Condition*. Chicago: University of Chicago Press.

Arendt, H. (1961/1993) *Between Past and Future*. Harmondsworth: Penguin Books.

Arendt, H. (1963/1990) *On Revolution*. London: Penguin Books.

Arendt, H. (1982) *Lectures on Kant's Political Philosophy*, ed. R. Beiner. Chicago: University of Chicago Press.

Arendt, H. (1994) *Essays in Understanding 1930–1954: Formation, Exile and Totalitarianism,* ed. J. Kohn. New York: Harcourt Brace & Company.

Aristotle (1987) *De Anima*, trans. L. Lawson-Tancred. London: Penguin.

Aristotle (1997) *Poetics*, trans. and with commentary by S. Halliwell London: Duckworth.

Aristotle (2002) *Nicomachean Ethics*, trans. and with commentary by S. Broadie and C. Rowe. Oxford: Oxford University Press.

Arvidsson, A. (2006) *Brands: Meaning and Value in Media Culture*. London: Routledge.

Atton, D. (2002) *Alternative Media*. London: Sage.

Auslander, P. (1998) 'Seeing is believing: live performance and the discourse of authenticity in rock culture'. *Literature and Psychology* 44(4): 1–26.

Bajde, D. (2009) 'Rethinking the social and cultural dimensions of charitable giving'. *Consumption Markets & Culture* 12(1): 65–84.

Barker, C. (2002) *Alain Badiou: A Critical Introduction*. London: Pluto Press.

Barnett, C., Cloke, P., Clarke, N. and Malpass, A. (2010) *Globalizing Responsibility: The Political Rationalities of Ethical Consumption*. Chichester: John Wiley & Sons.

Barnett, M. (2005) 'Humanitarianism transformed'. *Perspectives on Politics* 3(4): 723–40.

Barnett, M. and Weiss, T. G. (eds) (2008) *Humanitarianism in Question: Politics, Power, Ethics*. Ithaca, NY: Cornell University Press.

Baudrillard, J. (1983) *Simulations*. New York: Semiotext(e).

Baudrillard, J. (1988) *Jean Baudrillard: Selected Writings*, ed. M. Poster. Cambridge: Polity.

Baudrillard, J. (1993) *The Transparency of Evil: Essays on Extreme Phenomena*, trans. J. Benedict. London, New York: Verso.

Baudrillard, J. (1994) 'No reprieve for Sarajevo'. *Liberation*, 8 January. Available at: www.egs.edu/faculty/jean-baudrillard/articles/no-reprieve-for-sarajevo/ (accessed 26 September 2011).

Bayly, S. (2009) 'Theatre and the public: Badiou, Rancière, Virno'. *Radical Philosophy* 157: 20–9.

Beck, U. (2006) *Cosmopolitan Vision*. Cambridge: Polity.

Beckett, C. (2008) *Supermedia*. Chichester: Wiley-Blackwell.

Beckett, C. and Mansell, R. (2008) 'Crossing boundaries: new media and networked journalism'. *Communication, Culture & Critique* 1(1): 92–104.

Bell, M. (1998) 'The journalism of attachment', in M. Kieran (ed.), *Media Ethics*. London: Routledge, pp. 15–22.

Benhabib, S. (2007) 'Democratic exclusions and democratic iterations: dilemmas of "just membership" and prospects of cosmopolitan federalism'. *European Journal of Political Theory* 6(4): 445–62.

Bennett, A. (2001) *Cultures of Popular Music*. Buckingham, Philadelphia: Open University Press.

Bennett, J. (2001) *The Enchantment of Modern Life: Attachments, Crossings, and Ethics*. Princeton: Princeton University Press.

Bennett, W. L. (2003) 'New media power: the internet and global activism', in N. Couldry and J. Curran (eds), *Contesting Media Power*. Lanham: Rowman & Littlefield, pp. 17–37.

Bennett, W. L., Lawrence, R. G. and Livingston, S. (2007) *When the Press Fails: Political Power and the News Media from Iraq to Katrina*. Chicago: University of Chicago Press.

Benthall, J. (1993) *Disasters, Relief and the Media*. London: I. B. Tauris.

Best, S. and Kellner, D. (1997) *Debord and the Postmodern Turn: New Stages of the Spectacle*. Illuminations: The Critical Theory Website. Available at: www.cddc. vt.edu/illuminations/kell17.htm (accessed 8 August 2011).

Biccum, A. (2007) 'Marketing development: Live 8 and the production of the global citizen'. *Development and Change* 38(6): 1111–26.

Biel, R. (2000) *The New Imperialism: Crisis and Contradictions in North–South Relations*. London: Zed Books.

Bishop, M. and Green, M. (2008) *Philanthrocapitalism: How the Rich Can Save the World*. London: Bloomsbury.

Bob, C. (2002) 'Merchants of morality'. *Foreign Policy* 129 (March/April): 36–45.

Boltanski, L. (1999) *Distant Suffering: Politics, Morality and the Media*. Cambridge: Cambridge University Press.

Boltanski, L. (2000) 'The legitimacy of humanitarian actions and their media representation: the case of France'. *Ethical Perspectives* 7(1): 3–16.

Boltanski, L. and Chiapello, E. (2005) *The New Spirit of Capitalism*, trans. G. Elliott. London: Verso.

Boorstin, D. J. (1961) *The Image: A Guide to Pseudo-events in America*. New York: Harper & Row.

Bourdieu, P. (1977) *Outline of a Theory of Practice*. New York: Cambridge University Press.

Butler, J. (1993) *Bodies That Matter: On the Discursive Limits of 'Sex'*. London: Routledge.

Butler, J. (1997) *Excitable Speech: A Politics of the Performative*. London and New York: Routledge.

Butler, J. (2006) *Precarious Lives: The Powers of Mourning and Violence*. London: Verso.

Calhoun, C. (2002) 'Imagining solidarity: cosmopolitanism, constitutional patriotism, and the public sphere'. *Public Culture* 14(1): 147–71.

Calhoun, C. (2008) 'Cosmopolitanism in the modern social imaginary'. *Daedalus* 137(3): 105–14.

Calhoun, C. (2009) 'The imperative to reduce suffering: charity, progress and emergencies in the field of humanitarian action', in M. N. Barnett and T. G.

Weiss (eds), *Humanitarianism in Question: Politics, Power, Ethics*. Ithaca: Cornell University Press, pp. 73–97.

Calhoun, C. (2010) 'The idea of emergency: Humanitarian action and global (dis)order', in D. Fassin and M. Pandolfi (eds), *States of Emergency* Cambridge, MA: Zone Books.

Cammaerts, B. (2008) *Mind the Gap: Internet-Mediated Practices Beyond the Nation State*. Manchester: Manchester University Press.

Cammaerts, B. and Carpentier, N. (2007) (eds) *Reclaiming the Media: Communication Rights and Democratic Media Roles*. Bristol: Intellect.

Campbell, D. (2004) 'Horrific blindness: images of death in contemporary media'. *Journal for Cultural Research* 8(1): 55–74.

Carey, J. (1989) *Communication as Culture: Essays on Media and Society*. New York and London: Routledge.

Castoriadis, C. (1975/1987) *The Imaginary Institution of Society*. Cambridge: Polity.

Castells, M. (2009) *Communication Power*. Oxford: Oxford University Press.

Chandler, D. (2002) *Rethinking Human Rights: Critical Approaches to International Politics*. Basingstoke: Palgrave.

Chandler, D. (2009) 'Critiquing liberal cosmopolitanism? The limits of the biopolitical approach'. *International Political Sociology* 3: 53–70.

Cheah, P. (2006). *Inhuman Conditions: On Cosmopolitanism and Human Rights*. Cambridge, MA: Harvard University Press.

Chouliaraki, L. (2006) *The Spectatorship of Suffering*. London: Sage.

Chouliaraki, L. (2008a) 'Mediation as moral education'. *Media, Culture & Society* 30(6): 831–52.

Chouliaraki, L. (2008b) 'The symbolic power of transnational media: managing the visibility of suffering'. *Global Media and Communication* 4(3): 329–51.

Chouliaraki, L. and Fairclough, N. (1999) *Discourse in Late Modernity*. Edinburgh: Edinburgh University Press.

Chouliaraki, L. and Morsing, M. (2010) (eds) *Media, Organisations and Identity*. London: Palgrave.

Christian, L. G. (1987) *Theatrum Mundi: The History of an Idea*. New York: Garland Publishing.

Cmiel, K. (1999) 'The emergence of human rights politics in the United States'. *The Journal of American History* 86(3): 1231–50.

Cohen, S. (2001) *States of Denial: Knowing about Atrocities and Suffering*. Cambridge: Polity.

Cohen, S. and Seu, B. (2002) 'Knowing enough not to feel too much: emotional thinking about human rights appeals', in M. P. Bradley and P. Petro (eds), *Truth Claims: Representation and Human Rights*. New Brunswick, NJ: Rutgers University Press, pp. 187–201.

Coleman, S. (2005) *Direct Representation: Towards a Conversational Democracy*. London: IPPR.

Collier, P. (2007) *The Bottom Billion*. Oxford: Oxford University Press.

Compton, J. R. and Comor, E. (2007) 'The integrated news spectacle, Live 8, and the annihilation of time'. *Canadian Journal of Communication* 32(1): 29–53.

Cooley, A. and Ron, J. (2002) 'The NGO scramble: organizational insecurity and the political economy of transnational action'. *International Security* 27(1): 5–39.

Cooper, A. F. (2007) 'Celebrity Diplomacy and the G8: Bono and Geldof as Legitimate International Actors'. Working Paper No. 29, The Centre for International Governance Innovation, University of Waterloo. Available at: www. cigionline.org/sites/default/files/Paper_29-web.pdf (accessed 8 August 2011).

Cooper, G. (2007) 'Anyone Here Survived a Wave, Speak English and Got a Mobile? Aid Agencies, the Media and Reporting Disasters since the Tsunami'. The 14th *Guardian* lecture, Nuffield College, Oxford University, 5 November 2007.

Corbridge, S. (1993) 'Marxisms, modernities and moralities: development praxis and the claims of distant strangers'. *Environment and Planning D: Society and Space* 11(4): 449–72.

Cottle, S. (2006a) 'Mediatized rituals: beyond manufacturing consent'. *Media, Culture & Society* 28(3): 411–32.

Cottle, S. (2006b) 'Between display and deliberation: analyzing TV news as communicative architecture'. *Media, Culture & Society* 28(2): 163–89.

Cottle, S. (2009) *Global Crisis Reporting*. Milton Keynes: Open University Press.

Cottle, S. and Nolan, D. (2007) 'Global humanitarianism and the changing aid-media field'. *Journalism Studies* 8(6): 862–78.

Cottle, S. and Rai, M. (2006) 'Between display and deliberation: analysing TV news as communicative architecture'. *Media, Culture & Society* 28(2): 163–89.

Couldry, N. (2003) *Media Rituals*. London: Routledge

Couldry, N. and Markham, T. (2007) 'Celebrity culture and public connection: bridge or chasm'. *International Journal of Cultural Studies* 10(4): 403–21.

Couldry, N., Livingstone, S., and Markham, T. (2008) '"Public connection" and the uncertain norms of media consumption', in K. Soper and F. Trentman (eds), *Citizenship and Consumption*. London: Palgrave Macmillan, pp. 104–20.

Cowen, T. (2000) *What Price Fame?* Cambridge, MA: Harvard University Press.

Critchley, S. (1994) 'Deconstruction and pragmatism – is Derrida a private ironist or a public liberal?' *European Journal of Philosophy* 2(1): 1–21.

Crouch, C. (2004) *Post-Democracy*. Cambridge, Malden: Polity.

Dahlgren, P. (2009) *Media and Political Engagement: Citizens, Communication and Democracy*. Cambridge and New York: Cambridge University Press.

Darnton, A. with Martin, K. (2011) 'Finding frames: new ways to engage the UK public in global poverty'. London: Bond. Available at: www.findingframes.org/ Finding%20Frames%20New%20ways%20to%20engage%20the%20UK%20 public%20in%20global%20poverty%20Bond%202011.pdf (accessed 1 October 2011).

Dayan, D. (2001) 'The peculiar public of television'. *Media, Culture & Society* 23(6): 743–65.

Dayan, D. (2008) 'Beyond media events: disenchantment, derailment, disruption', in M. E. Price and D. Dayan (eds), *Owning the Olympics: Narratives of the New China*. Michigan: University of Michigan Press, pp. 391–402.

Dayan, D. (2009) 'Quand montrer c'est faire'. *Divinatio* 29: 155–78.

Dayan, D. and Katz, E. (1992) *Media Events: The Live Broadcasting of History*. Cambridge: Harvard University Press.

Dean, M. (1991) *A History of Poverty*. London: Routledge.

Debord, G. (1967/2002) *The Society of the Spectacle*, trans. K. Knabb. Canberra: Hobgoblin Press.

Debray, R. (1995) 'Remarks on the spectacle'. *New Left Review* 214: 134–41.

deChaine, D. R. (2005) *Global Humanitarianism: NGOs and the Crafting of Community*. Lanham, MD: Lexington Books.

Deuze, M. (2001) 'Online journalism: modeling the first generation of news media on the World Wide Web'. *First Monday* 6(10). Available at: http://firstmonday.org/htbin/cgiwrap/bin/ojs/index.php/fm/article/view/893/80 (accessed 8 August 2011).

Deuze, M. (2004) 'What is multimedia journalism?' *Journalism Studies* 5(2): 139–52.

Deuze, M. (2005) 'Towards professional participatory story-telling in journalism and advertising'. *First Monday* 10(7). Available at: http://firstmonday.org/htbin/cgiwrap/bin/ojs/index.php/fm/article/view/1257/1177 (accessed 8 August 2011).

Deuze, M. (2006) 'Participation, remediation, bricolage: considering principal components of a digital culture'. *The Information Society* 22: 63–75.

de Waal, A. (1997) *Famine Crimes: Politics and the Disaster Relief Industry in Africa*. Bloomington: Indiana University Press.

de Waal, A. (2008) 'The humanitarian carnival: a celebrity vogue'. *World Affairs Journal*, Fall 2008. Available at: www.worldaffairsjournal.org/articles/2008-Fall/full-DeWaal.html (accessed 8 August 2011).

Dieter, P. and Kumar, K. (2008) 'The downside of celebrity diplomacy: the neglected complexity of development'. *Global Governance* 14(1): 259–64.

Dogra, N. (2007) '"Reading NGOs visually" – implications of visual images for NGO management'. *Journal of International Development* 19: 161–71.

Douzinas, C. (2007) *Human Rights and Empire*. London: Routledge.

Duffield, M. (2001) *Global Governance and the New Wars: The Merging of Development and Security*. New York: Palgrave Macmillan.

Dyer, R. (1979) *Stars*. London: BFI.

Dyer, R. (1986) *Heavenly Bodies: Film Stars and Society*. London: BFI.

Eagleton, T. (1975) *Myths of Power: A Marxist Study of the Brontes*. London: Macmillan Press.

Eagleton, T. (1985) 'Capitalism, modernism and postmodernism'. *New Left Review* 152: 60–73.

Eagleton, T. (1990) *The Ideology of the Aesthetic*. Oxford: Blackwell.

Eagleton, T. (2009) *Trouble with Strangers: A Study of Ethics*. Chichester and Malden, MA: Wiley-Blackwell.

Edkins, J. (2000) *Whose Hunger? Concepts of Famine, Practices of Aid*. Minneapolis: University of Minnesota Press.

Evans, H. (2004) 'Propaganda versus professionalism'. *British Journalism Review* 15(1): 36–42.

Eyerman, R. and Jamison, A. (1998) *Music and Social Movements: Mobilizing Traditions in the Twentieth Century*. Cambridge, New York, Oakleigh: Cambridge University Press.

Fairclough, N. (2003) *Analyzing Discourse: Textual Analysis for Social Research*. London: Routledge.

Fearn-Banks, K. (2007) *Crisis Communication: A Casebook Approach*, 3rd edn. London: Routledge.

Fenton, N. (2007) 'Contesting global capital, new media, solidarity, and the role of a social imaginary', in N. Carpentier and B. Cammaerts (eds), *Reclaiming the Media: Communication Rights and Democratic Media Roles*. London: Intellect Books, pp. 225–42.

Fenton, N. (2008) 'Mediating solidarity'. *Global Media and Communication* 4(1): 37–57.

Feral, J. (2002) 'Theatricality: the specificity of theatrical language'. *SubStance* 31(2/3): 94–108. Issue 98/99: Available at: www.brown.edu/Departments/ German_Studies/media/Symposium/Texts/Specificity%20of%20Theatrical%20 Language%20JF.pdf (accessed 10 May 2012).

Fine, B. (2009) 'Development as zombieconomics in the age of neo-liberalism'. *Third World Quarterly* 30(5): 885–904.

Flynn, T. (1984) *Sartre and Marxist Existentialism: The Test Case of Collective Responsibility*. Chicago: University of Chicago Press.

Flyvebjerg, B. (2001) *Making Social Science Matter*. Cambridge: Cambridge University Press.

Foucault, M. (1972) *The Archaeology of Knowledge*. London: Tavistock.

Foucault, M. (1977) *Discipline and Punish: The Birth of Prison*. London: Penguin Books.

Foucault, M. (1988) 'Technologies of the self,' in L. H. Martin, H. Gutman and P. H. Hutton (eds), *Technologies of the Self: A Seminar with Michel Foucault*. Amherst: University of Massachusetts Press, pp. 16–49.

Franks, S. (2006) 'The CARMA report: Western media coverage of humanitarian disasters'. *The Political Quarterly* 77(2): 281–84.

Friedman, L. J. (2003) 'Philanthropy in America: historicism and its discontents', in L. J. Friedman and M. D. McGarvie (eds), *Charity, Philanthropy and Civility in American History*. Cambridge: Cambridge University Press, pp. 1–21.

Frosh, P. and Pinchevski, A. (eds) (2009) *Media Witnessing: Testimony in the Age of Mass Communication*. London: Palgrave.

Fukuyama, F. (1989) 'The end of history?' *The National Interest* 16 (Summer): 3–18.

Galtung, J. and Ruge, M. H. (1965) 'The structure of foreign news'. *Journal of Peace Research* 2(1): 64–90.

Garofalo, R. (2005) 'Who is the world? Reflections on music and politics twenty years after Live Aid'. *Journal of Popular Music Studies* 17(3): 324–44.

Geldof, B. (1986) *Is That It?* London: Sidgwick and Jackson.

Geras, N. (1995) *Solidarity in the Conversation of Humankind: The Ungroundable Liberalism of Richard Rorty.* London: Verso.

Gillmor, D. (2004) *We the Media: Grassroots Journalism by the People, for the People.* Sebastopol, CA: O'Reilly Press.

Gilroy, P. (2004) *After Empire: Melancholia or Convivial Culture.* London: Routledge.

Gilroy, P. (2006) *Postcolonial Melancholia.* New York: Columbia University Press.

Giri, A. K. (2003) 'Reconstituting development as a shared responsibility', in A. K. Giri and P. Q. van Ufford (eds), *A Moral Critique of Development.* London: Routledge, pp. 253–78.

Gourevich, P. (2010) 'Alms dealers: can you provide humanitarian aid without facilitating conflicts?' *The New Yorker,* 11 October. Available at: www.new yorker.com/arts/critics/atlarge/2010/10/11/101011crat_atlarge_gourevitch?cur rentPage=1 (accessed 1 October 2011).

Gross, D. (2006) *The Secret History of Emotion: From Aristotle's Rhetoric to Modern Brain Science.* Chicago: The University of Chicago Press.

Grossberg, L. (1993) 'The media economy of rock culture: cinema, postmodernity and authenticity', in S. Frith, A. Goodwin and L. Grossberg (eds), *Sound and Vision: The Music Video Reader.* London: Routledge, pp. 185–209.

Grossberg, L. (2006) 'Is there a fan in the house? The affective sensibility in fandom', in D. Marshall (ed.), *The Celebrity Culture Reader.* London and New York: Routledge, pp. 581–91.

Gullace, G. (1993) 'On the moral conception of the Enlightenment'. *The Journal of Value Inquiry* 27(3–4): 391–402.

Habermas, J. (1962/1989) *The Structural Transformation of the Public Sphere: An Inquiry into a Category of Bourgeois Society.* Cambridge, MA: MIT Press.

Hague, S., Street, J. and Savigny, H. (2008) 'The voice of the people? Musicians as political actors'. *Cultural Politics* 4(1): 5–23.

Hafez, K. (2007) *The Myth of Media Globalization.* Cambridge: Polity.

Halavais, A. (2002) 'Part 3: The Rise of Do-it-yourself Journalism After September 11', in *Pew Internet & American Life Project, One Year Later: September 11 and the Internet* (5 September 2002): 31, available online: www.pewinternet.org (accessed May 2012).

Hale, T. and Held, D. (2011) *The Handbook of Transnational Governance: Institutions and Innovations.* Cambridge and Malden: Polity.

Hall, S. (1992/2001) 'The West and the rest', in S. Hall and B. Gieben (eds), *Formations of Modernity.* Milton Keynes: Open University Press and Blackwell, pp. 257–330.

Hall, S. (1997) 'The spectacle of the "other"', in S. Hall (ed.), *Representation: Cultural Representations and Signifying Practices.* London, Thousand Oaks and New Delhi: Sage and Open University, pp. 223–79.

Hall, S. and Jacques, M. (eds) (1989) *New Times: The Changing Face of Politics in the 1990s*. London: Lawrence and Wishart.

Halttunen, K. (1995) 'Humanitarianism and the pornography of pain in Anglo-American culture'. *The American Historical Review* 100(2): 303–34.

Harcup, T. (2002) 'Journalists and ethics: the quest for a collective voice'. *Journalism Studies* 3(1): 101–14.

Harding, P. (2009) 'The great global switch-off: International coverage in UK public service broadcasting'. POLIS, Oxfam, IBT. Available at: www.oxfam.org.uk/resources/papers/downloads/great_global_switch_off.pdf (accessed 7 October 2011).

Hardt, M. and Negri, A. (2001) *Empire*. Boston: Harvard University Press.

Hartley, J. (2010) 'Silly citizenship'. *Critical Discourse Studies* 7(4): 233–48.

Hattori, T. (2003a) 'Giving as a mechanism of consent: international aid organizations and the ethical hegemony of capitalism'. *International Relations* 17(2): 153–73.

Hattori, T. (2003b) 'The moral politics of foreign aid'. *Review of International Studies* 29(2): 229–47.

Henson, S. and Lindstrom, J. (2010) 'Aid to developing countries: Where does the UK public stand? Results and analysis from the UK public opinion monitor'. Brighton, Institute of Development Studies. Available at: www.ids.ac.uk/files/dmfile/IDSUKPOMReport.pdf (accessed 10 May 2012).

Himmelfarb, G. (1984) *The Idea of Poverty*. New York: Knopf.

Hjarvard, S. (2008) 'The mediatization of religion: enchantment, media and popular culture'. *Northern Lights* 6(1): 3–8.

Hodgkin, K. and Radstone, S. (eds) (2006) *Memory, History, Nation: Contested Pasts*. New Jersey: Transaction Publishers.

Hojer, B. (2004) 'The discourse of global compassion: the audience and media reporting of human suffering'. *Media, Culture & Society* 26(4): 513–31.

Holquist, M. and Kliger, I. (2005) 'Minding the gap. Towards a historical poetics of estrangement'. *Poetics Today* 26(4): 613–36.

Horkheimer, M. and Adorno, T. W. (1947/2002) 'The culture industry: Enlightenment as mass deception', in G. S. Noerr (ed.), *Dialectic of Enlightenment: Philosophical Fragments*, trans. E. Jephcott. Stanford: Stanford University Press, pp. 94–136.

Hume, D. (1777/1993) 'Of tragedy', in S. Copley and A. Edgar (eds), *Selected Essays*. Oxford: Oxford University Press, pp. 126–53.

Hutchings, K. (2010) *Global Ethics*. Cambridge: Polity.

Hutchinson, J. F. (1996) *Champions of Charity: War and the Rise of the Red Cross*. Boulder and Oxford: Westview Press.

Hyde, L. (1999) *The Gift: Imagination and the Erotic Life of Property*. London, Vintage.

Ignatieff, M. (2001) 'Human rights, sovereignty and intervention', in N. Owen (ed.), *Human Rights, Human Wrongs: The Oxford Amnesty Lectures*. Oxford: Oxford University Press, pp. 49–91.

Illouz, E. (2007) *Cold Intimacies: The Making of Emotional Capitalism*. Cambridge: Polity.

James, E. C. (2004) 'The political economy of "trauma" in Haiti in the democratic era of insecurity'. *Culture, Medicine and Psychiatry* 28: 127–49.

Jappe, A. (1999) *Guy Debord*. Berkeley: University of California Press.

Jenkins, H. (2004) 'The cultural logic of media convergence'. *International Journal of Cultural Studies* 7(1): 33–43.

Jenkins, H. (2006) *Fans, Bloggers, and Gamers: Exploring Participatory Culture*. New York: New York University Press.

Jestrovic, S. (2006) *The Theatre of Estrangement. Theory, Practice, Ideology*. Toronto: Toronto University Press

Jewitt, C. and Kress, G. (2003) *Multimodal Literacy*. New York: Peter Lang.

Jolie, A. (2003) *Notes from My Travels: Visits with Refugees in Africa, Cambodia, Pakistan, and Ecuador*. New York: Pocket Books.

Jones, B. (2010) 'Katine: an academic review'. *Guardian*, 30 October. Available at www.guardian.co.uk/katine/interactive/2010/oct/30/ben-jones-academic-review (accessed 2 October 2011).

Joye, S. (2010) 'News discourses on distant suffering: a critical discourse analysis of the 2003 SARS outbreak'. *Discourse & Society* 21(5): 586–601.

Kennedy, D. (2004) *The Dark Sides of Virtue: Reassessing International Humanitarianism*. Princeton, NJ: Princeton University Press.

King, B. (1985/2006) 'Articulating stardom', in P. D. Marshall (ed.), *The Celebrity Culture Reader*. London: Sage, pp. 228–51.

King, B. (2008) 'Stardom, celebrity and the para-confession'. *Social Semiotics* 18(2): 115–32.

Kothari, U. (ed.) (2005) *A Radical History of Development Studies: Individuals, Institutions and Ideologies*. London: Zed Books.

Kronman, A. (1983) *Max Weber*. Stanford: Stanford University Press.

Krueger, A. (1986) 'Aid in the development process'. *World Bank Research Observer* 1(1): 57–78.

Kurzman, C., Anderson, C., Key, C., Lee, Y., Moloney, M., Silver, A. and Ryn, M. van (2007) 'Celebrity status'. *Sociological Theory* 25(4): 347–67.

Laclau, E. and Mouffe, C. (1985) *Hegemony and Socialist Strategy: Towards a Radical Democratic Politics*. London: Verso.

Lemke, T. (2001) '"The birth of bio-politics": Michel Foucault's lecture at the Collège de France on neo-liberal governmentality'. *Economy and Society* 30(2): 190–207. Available at: http://mfaishalaminuddin.lecture.ub.ac.id/files/2009/11/BIRTH-OF-BIOPOLITICS_On-Foucaults-Lecture_Lemke.pdf (accessed 2 October 2011).

Le Sueur, J. and Bourdieu, P. (2001) *Uncivil War: Intellectuals and Identity Politics during the Decolonization of Algeria*. Philadelphia: University of Nebraska Press.

Lewis, J. (2004) Television, public opinion and the war in Iraq: the case of Britain. *International Journal of Public Opinion Research* 16(3): 295–310.

Lidchi, H. (1997) 'The poetics and politics of exhibiting other cultures', in S. Hall (ed.), *Representation: Cultural Representations and Signifying Practices*. London: Open University Press/Sage, pp. 151–222.

Lievrouw, L. A. and Livingstone, S. (eds) (2002) *The Handbook of New Media: Social Shaping and Social Consequences of ICTs*, 1st edn. London: Sage.

Linklater, A. (2007a) 'Distant suffering and cosmopolitan obligations'. *International Politics* 44: 19–36.

Linklater, A. (2007b) 'Towards a sociology of global morals with an "emancipatory intent"'. *Review of International Studies* 33: 135–50.

Lissner, J. (1979) *The Politics of Altruism*. Geneva: Lutheran World Foundation.

Littler, J. (2008) '"I feel your pain": cosmopolitan charity and the public fashioning of celebrity soul'. *Social Semiotics* 18(2): 237–51.

Livingstone, S. (2008) 'Taking risky opportunities in youthful content creation: teenagers' use of social networking sites for intimacy, privacy and self-expression'. *New Media and Society* 10(3): 393–411.

Magubane, Z. (2008) 'The (product) Red man's burden: charity, celebrity and the contradictions of coevalness'. *Journal of PanAfrican Studies* 2(6): 1–25.

Manovich, L. (2001) *The Language of New Media*. Cambridge, MA: MIT Press.

Mansell, R. (2001) 'Digital opportunities and the missing link for developing countries'. *Oxford Review of Economic Policy* 17(2): 282–95.

Mansell, R. (2002) 'From digital divides to digital entitlements in knowledge societies'. *Current Sociology* 50(3): 407–26.

Marks, M. P. and Fischer, Z. M. (2002) 'The King's new bodies: simulating consent in the age of celebrity'. *New Political Science* 24(3): 371–94.

Marshall, P. D. (1984) 'Adam Smith and the theatricality of moral sentiments'. *Critical Inquiry* 10(4): 592–613.

Marshall, P. D. (1997) *Celebrity and Power: Fame in Contemporary Culture*. Minneapolis: University of Minnesota Press.

Marshall, P. D. (ed.) (2006) 'The meanings of the popular music celebrity', in *The Celebrity Culture Reader*. London: Routledge, pp. 196–222.

Matheson, D. (2004) 'Weblogs and the epistemology of the news: some trends in online journalism'. *New Media & Society* 6(2): 443–68.

Mathews, J. T. (1997) 'Power shift'. *Foreign Affairs* 76(1): 50–66.

Mbembe, A. (1992) 'The banality of power and the aesthetics of vulgarity in the postcolony'. *Public Culture* 4(2): 1–30.

Mbembe, A. (2001) *On the Postcolony*. Berkeley: University of California Press.

McCarthy, T. (1990) 'Private irony and public decency: Richard Rorty's new pragmatism'. *Critical Inquiry* 16 (Winter): 355–70.

McCleary, R. M. and Barro, R. J. (2007) 'US-based private voluntary organizations: religious and secular PVOs engaged in international relief and development, 1939–2004'. *American Political Science Association Annual Conference*, 30 August–2 September 2007, Chicago.

McGuigan, J. (2009) *Cool Capitalism*. London: Pluto Press.

McIntyre, A. (1981/2006) *After Virtue*. London: Duckworth.

McLagan, M. (2003) 'Human rights, testimony and transnational publicity'. *S & F*

Online 2(1). Available at: http://barnard.edu/sfonline/ps/mclagan.htm#section1 (accessed 8 August 2011).

McQuire, S. (1998) *Visions of Modernity: Representation, Memory, Time and Space in the Age of the Camera*. London: Sage.

Mestrovic, S. (1997) *Postemotional Society*. London: Sage.

Mills, K. (2005) 'Neo-humanitarianism: the role of international humanitarian norms and organizations in contemporary conflict'. *Global Governance* 11: 161–83.

Mitchell, W. (1986) *Iconology: Image, Text, Ideology*. Chicago: University of Chicago Press.

Moeller, S. (1999) *Compassion Fatigue: How the Media Sell Disease, Famine, War and Death*. London and New York: Routledge.

Mouffe, C. (ed.) (1992) *Dimensions of Radical Democracy: Pluralism, Citizenship, Community*. New York: Verso.

Moyn, S. (2006) 'Empathy in history, empathizing with humanity'. *History and Theory* 45(3): 397–415.

Moyn, S. (2010) *The Last Utopia: Human Rights in History*. Cambridge, MA: Harvard University Press.

Muhlmann, G. (2008) *A Political History of Journalism*. Cambridge: Polity.

Nash, K. (2008) 'Global citizenship as show business: the cultural politics of Make Poverty History'. *Media, Culture & Society* 30(2): 167–81.

Natsios, A. S. (1995) 'NGOs and the UN system in complex humanitarian emergencies: conflict or cooperation?' *Third World Quarterly* 16(3): 405–20.

Nichols, B. (2001) *Introduction to Documentary*. Bloomington & Indianapolis: Indiana University Press.

Nussbaum, F. (2005) 'The theatre of empire: racial counterfeit, racial realism', in K. Wilson (ed.), *A New Imperial History: Culture, Identity and Modernity in Britain and the Empire, 1660–1840*. Cambridge: Cambridge University Press, pp. 71–90.

Nussbaum, M. (1986) *The Fragility of Goodness*. Cambridge: Cambridge University Press.

Nussbaum, M. (1997) *Cultivating Humanity: A Classical Defense of Reform in Liberal Education*. Cambridge, MA. London: Harvard University Press.

Nussbaum, M. (2003) 'Compassion and terror'. *Daedalus* 132(1): 10–26.

Nussbaum, M. (2011) *Creating Capabilities: The Human Development Approach*. Cambridge, MA: Harvard University Press.

Nussbaum, M. and Sen, A. (eds) (1993) *The Quality of Life*. Oxford and New York: Clarendon.

Oliver, K. (2001) *Witnessing: Beyond Recognition*. Minneapolis: University of Minnesota Press.

Orgad, S. (2009) 'The survivor in contemporary culture and public discourse: a genealogy'. *The Communication Review* 12(2): 132–61.

Orgad, S. (2011) 'Proper distance from ourselves: the potential of estrangement in the mediapolis'. *International Journal of Cultural Studies* 14(4): 401–21.

Papacharissi, Z. A. (2010) *A Private Sphere: Democracy in a Digital Age.* Cambridge, UK and Malden, MA: Polity.

Pateman, T. (1989) 'Pragmatics in semiotics: Bakhtin/Volosinov'. *Journal of Literary Semantics* 18(3): 203–16.

Pavlik, J. V. (2001) *New Media and Journalism.* Cambridge, MA: MIT Press.

Payne, A. (2006) 'Blair, Brown and the Gleneagles Agenda: Making poverty history or confronting the global politics of unequal development?' Published by the Department of International Relations, RSPAS, Australian National University. Available at: http://ips.cap.anu.edu.au/ir/pubs/work_papers/06-3.pdf (accessed 20 August 2011).

Peters, J. D. (1999) *Speaking into the Air: A History of the Idea of Communication.* Chicago: Chicago University Press.

Peters, J. D. (2005) *Courting the Abyss: Free Speech and the Liberal Tradition.* Chicago: University of Chicago Press.

Peters, J. D. (2009) 'Witnessing', in P. Frosh and A. Pinchevski (eds), *Media Witnessing: Testimony in the Age of Mass Communication.* London: Palgrave, pp. 23–41.

Phillipson, N. (2010) *Adam Smith: An Enlightened Life.* London: Allen Lane.

Pinney, C. (1992) 'Future travel: anthropology and cultural distance in an age of virtual reality'. *Visual Anthropology Review* 8(1): 38–55.

Polman, L. (2010) *War Games: The Story of Aid and War at Modern Times.* London: Penguin Books.

Poster, M. (1975) *Existential Marxism in Postwar France: From Sartre to Althusser.* Princeton: Princeton University Press.

Puchner, M. (2002) *Stage Fright: Modernism, Anti-theatricality and Drama.* Baltimore: The Johns Hopkins University Press.

Rancière, J. (1999) *Disagreement: Politics and Philosophy.* Minneapolis: University of Minnesota Press.

Rancière, J. (2009) *The Emancipated Spectator.* London: Verso.

Rantanen, T. (2009) *When News Was New.* Malden, Oxford, Chichester: Wiley-Blackwell.

Reese, S. D. (2009) 'The future of journalism in emerging deliberative space'. *Journalism* 10(3): 358–60.

Rifkin, J. (2009) *The Empathic Civilization: The Race to Global Consciousness in a World in Crisis.* New York: Jeremy P. Tarcher/Penguin.

Rojek, C. (2001) *Celebrity.* London: Reaktion Books.

Rorty, R. (1989) *Contingency, Irony and Solidarity.* Cambridge: Cambridge University Press.

Rorty, R. (2008) *Texts and Lumps. New Literary History* 39(1): 53–68.

Rose, N. (1999) *Powers of Freedom: Reframing Political Thought.* Cambridge: Cambridge University Press.

Said, E. W. (1993) *Culture and Imperialism.* New York: A. A. Knopf.

Said, E. W. (2002) 'Imaginative geography and its representations: orientalising the

Oriental', in Ph. Essed and D. T. Goldberg (eds), *Race Critical Theories: Text and Context*. Malden, MA and Oxford: Blackwell, pp. 15–37.

Sambrook, R. (2005) 'Citizen journalism and the BBC'. *Nieman Reports* (Winter 2005). Available at: www.nieman.harvard.edu/reportsitem.aspx?id=100542 (accessed 7 October 2011).

Sayer, A. (2009) 'Who is afraid of critical social science?' *Current Sociology* 57(6): 767–86.

Schudson, M. (1995) *The Power of News*. Cambridge, MA: Harvard University Press.

Schudson, M. (1998) *The Good Citizen: A History of American Civic Life*. New York: The Free Press.

Schuurman, F. (2009) 'Critical development theory: moving out of the twilight zone'. *Third World Quarterly* 30(5): 831–48.

Scott, B. (2005) 'A contemporary history of digital journalism'. *Television New Media* 6(1): 89–126.

Sen, A. (1989) 'Development as capabilities expansion'. *Journal of Development Planning* 19: 41–58.

Sen, A. (1999) *Development as Freedom*. New York: Oxford University Press.

Sen, A. (2009) *The Idea of Justice*. London: Penguin Books.

Sennett, R. (1974) *The Fall of Public Man*. London and New York: Penguin Books.

Sennett, R. (1977) *The Fall of Public Man: On the Social Psychology of Capitalism*. New York: Knopf.

Shapiro, M. J. (2002) *Reading Adam Smith: Desire, History and Value*. Oxford: Rowman & Littlefield Publishers.

Silverstone, R. (1994) *Television and Everyday Life*. London: Routledge.

Silverstone, R. (2002) 'Regulation and the ethics of distance: distance and the ethics of regulation', in R. Mansell, R. Samjiva and A. Mahav (eds), *Networking Knowledge for Information Societies: Institutions & Interventions*. Amsterdam: Delft University Press, pp. 279–85.

Silverstone, R. (2007) *Media and Morality: On the Rise of the Mediapolis*. Cambridge: Polity.

Simmons, P. J. (1998) 'Learning to live with NGOs'. *Foreign Policy* 112 (Autumn): 82–96.

Singer, P. (1972/2008) 'Famine, affluence and morality', in T. Brooks (ed.), *The Global Justice Reader*. Oxford: Blackwell, pp. 388–96.

Slim, H. (1997) 'Relief agencies and moral standing in war: principles of humanity, neutrality, impartiality and solidarity'. *Development in Practice* 7(4): 342–52.

Slim, H. (2003) 'Marketing humanitarian space: argument and method in humanitarian persuasion'. Paper presented to *The Annual Meeting of the Humanitarian Negotiators Network*. Talloires, 12–14 May 2003.

Small, D. (1997) 'Development education revisited: the New Zealand experience', in V. Masemann (ed.), *Tradition, Modernity, and Post-Modernity in Comparative Education*. New York: Springer Publications, pp. 581–94.

Smillie, I. (1995) *The Alms Bazaar: Altruism Under Fire. Non-Profit Organisations and International Development*. London: Intermediate Technology.

Smillie, I. and Minear, L. (2004) *The Charity of Nations: Humanitarian Action in a Calculating World*. Bloomfield, CT: Kumarian Press.

Smith, A. (1759/2000) *The Theory of Moral Sentiments*. New York: Prometheus Books.

Smith, A. (1776/1999) 'The wealth of nations', in A.Skinner (ed.), *The Wealth of Nations: Books I–III*. London: Penguin.

Sontag, S. (2003) *Regarding the Pain of Others*. London: Picador.

Stiglitz, J. (2002) *Globalization and its Discontents*. New York and London: W. W. Norton.

Szerszynski, B. (2007) 'The post-ecologist condition: irony as symptom and cure'. *Environmental Politics* 16(2): 337–55.

Sznaider, N. (2001) *The Compassionate Temperament: Care and Cruelty in Modern Society*. London: Rowman and Littlefield.

Taylor, C. (1995) 'The politics of recognition', in A. Heble et al. (eds), *New Contexts of Canadian Criticism*. Ontario: Westview Press, pp. 98–131.

Taylor, C. (2002) 'Modern social imaginaries'. *Public Culture* 14(1): 91–124.

Terry, F. (2002) *Condemned to Repeat? The Paradox of Humanitarian Action*. Ithaca and London: Cornell University Press.

Tester, K. (2001) *Compassion, Morality and the Media*. Buckingham and Philadelphia: Open University Press.

Tester, K. (2010) *Humanitarianism and Modern Culture*. Pennsylvania: University of Pennsylvania Press.

't Hart, P. and Tindall, K. (2009) 'Leadership by the famous: celebrity as political capital', in J. Kane, J. Patapan, and P. 't Hart (eds), *Dispersed Leadership in Democracies: Origins, Dynamics & Implications*. Oxford: Open University Press, pp. 255–78.

Thelwall, M. and Stuart, D. (2007) 'RUOK? Blogging communication technologies during crises'. *Journal of Computer-Mediated Communication* 12(2): 189–214. Available at: http://jcmc.indiana.edu/vol12/issue2/thelwall.html (accessed 11 August 2011).

Thompson, J. (1984) *Studies in the Theory of Ideology*. Cambridge: Polity.

Thompson, J. (1995) *The Media and Modernity: A Social Theory of the Media*. Cambridge: Polity.

Thompson, K. (2008) 'Historicity and transcendentality: Foucault, Cavailles and the phenomenology of the concept'. *History and Theory* 47: 1–18.

Thrall, T. A., Lollio-Fakhreddine, J., Donnelly, L., Herin, W., Paquette, Z., Wenglinski, R., and Wyatt, A. (2008) 'Star power: celebrity advocacy and the evolution of the public sphere'. *International Journal of Press/Politics* 13(4): 362–85.

Thumim, N. (2009) '"Everyone has a story to tell". Mediation and self-representation in two UK institutions'. *International Journal of Cultural Studies* 12(6): 617–38.

Tomlinson, J. (2011) 'Beyond connection: cultural cosmopolitan and ubiquitous media'. *International Journal of Cultural Studies* 14(4): 347–61.

Traub, J. (2005) 'The Statesman'. *The New York Times Magazine*, 18 September.

Tuchman, G. (1973) 'Making news by doing work: routinizing the unexpected'. *American Journal of Sociology* 79(1): 110–31.

Tuchman, G. (1976) 'Telling stories'. *Journal of Communication* 26(4): 93–97.

Turner, G. (2010) *Ordinary People and the Media: The Demotic Turn*. London: Sage.

Utley, G. (1997) 'The shrinking of foreign news: from broadcast to narrowcast'. *Foreign Affairs* 76(2): 2–10.

Vallely, P. (2009) 'From A-lister to Aid worker: Does celebrity diplomacy really work?'. *The Independent*, 17 January. Available at: www.independent.co.uk/news/people/profiles/from-alister-to-aid-worker-does-celebrity-diplomacy-really-work-1365946.html (accessed 10 May 2012).

Vallely, P. (2011) 'How serious is the threat of famine in East Africa?'. Available at: www.paulvallely.com/?p=4087 (accessed 8 October 2011).

Vestergaard, A. (2008) 'Humanitarian branding and the media: the case of Amnesty International'. *Journal of Language and Politics* 7(3): 471–93.

Vestergaard, A. (2010) 'Identity and appeal in the humanitarian brand', in L. Chouliaraki and M. Morsing (eds), *Media, Organizations and Identity*. London: Palgrave Macmillan, pp. 168–84.

Villa, D. (1999) *Politics, Philosophy, Terror: Essays on the Thought of Hannah Arendt*. Princeton, NJ: Princeton University Press.

Virilio, P. (1986) 'The overexposed city', trans. A. Hustvedt, in M. Feher and S. Kwinter (eds), *Zone 1/2: The Contemporary City*. New York: Urzone, pp. 15–31.

Virilio, P. (1995) *The Art of the Motor*, transl. J. Rose. Minneapolis: University of Minnesota Press.

VSO (Voluntary Service Overseas) (2002) 'The Live Aid legacy: The developing world through British eyes – A Research Report'. Available at: www.eldis.org/vfile/upload/1/document/0708/DOC1830.pdf (accessed 1 October 2011).

Walker, A. (1995) *Audrey: Her Real Story*. London: Penguin.

Wasserman, E. (1947) 'The sympathetic imagination in eighteenth-century theories of acting'. *The Journal of English and Germanic Philology* 46(3): 264–72.

Weber, M. (1978) *Economy and Society*. Berkeley: University of California Press.

Wells, K. (2010) 'Memorialising violent death: the ethical demands of grievable lives', in G. Rose and G. P. Tolia-Kelly (eds), *Architectures of the Visual: Embodied Materialities, Politics and Place*. Farnham: Ashgate Press.

Wenar, L. (2003/2008) 'What we owe to distant others', in T. Brooks (ed.), *The Global Justice Reader*. Oxford: Blackwell, pp. 283–304.

West, D. M and Orman, J. (2002) *Celebrity Politics: Real Politics in America*. Cambridge: Pearson.

West, E. G. (1969) 'The political economy of alienation: Karl Marx and Adam Smith'. *Oxford Economic Papers* 21(1): 1–23.

Wheeler, N. J. (2003) *Saving Strangers: Humanitarian Intervention in International Society*. Oxford: Oxford University Press.

Williams, B. (1973) *Problems of the Self: Philosophical Papers 1956–1972*. Cambridge: Cambridge University Press.

Williams, R. (1984) *Television: Technology and Cultural Form*. New York: Shocken Books.

Yanacopulos, H. (2005) 'The strategies that bind: NGO coalitions and their strategies'. *Global Networks* 5(1): 93–110.

Yanacopulos, H. and Smith, M. B. (2007) 'The ambivalent cosmopolitanism in international NGOs', in A. Bebbington, S. Hickey and D. Mitlin (eds), *Can NGOs Make a Difference? The Challenge of Development Alternatives*. London: Zed Books, pp. 298–315.

Youngs, I. (2005) 'Why Live Aid is happening again.' BBC News Online, 31 May. Available at: http://news.bbc.co.uk/1/hi/entertainment/4597363.stm (accessed 10 May 2012).

Yrjölä, R. (2009) 'The invisible violence of celebrity humanitarianism: soft images and hard words in the making and unmaking of Africa'. *World Political Science Review* 5(1): 1–23.

Zelizer, B. (1998) *Remembering to Forget: Holocaust Memory Through the Camera's Eye*. Chicago: University of Chicago Press.

Zelizer, B. (2005) 'Journalism through the camera's eye', in S. Allan (ed.), *Journalism: Critical Issues*. London: McGraw-Hill, pp. 167–77.

Zerilli, L. (2005) '"We feel our freedom": imagination and judgment in the thought of Hannah Arendt'. *Political Theory* 33(2): 158–88.

Žižek, S. (2005) 'Against human rights'. *New Left Review* 34: 115–31.

索　引

索引-O

图书在版编目（CIP）数据

旁观者：观看他者之痛如何转化为社会团结/（波）
莉莉·蔻利拉奇（Lilie Chouliaraki）著；叶晓君译
. -- 北京：中国人民大学出版社，2023.3
（新闻与传播学译丛．学术前沿系列）
书名原文：The Ironic Spectator：Solidarity in
the Age of Post-Humanitarianism
ISBN 978-7-300-31513-3

Ⅰ.①旁… Ⅱ.①莉… ②叶… Ⅲ.①人道主义-研
究 Ⅳ.①B82-061

中国国家版本馆 CIP 数据核字（2023）第 037460 号

新闻与传播学译丛·学术前沿系列

旁观者

观看他者之痛如何转化为社会团结

[波兰] 莉莉·蔻利拉奇（Lilie Chouliaraki） 著

叶晓君 译

Pangguanzhe

出版发行	中国人民大学出版社	
社 址	北京中关村大街 31 号	**邮政编码** 100080
电 话	010 - 62511242（总编室）	010 - 62511770（质管部）
	010 - 82501766（邮购部）	010 - 62514148（门市部）
	010 - 62515195（发行公司）	010 - 62515275（盗版举报）
网 址	http://www.crup.com.cn	
经 销	新华书店	
印 刷	北京昌联印刷有限公司	
规 格	170 mm×240 mm 16 开本	**版 次** 2023 年 3 月第 1 版
印 张	19.25 插页 2	**印 次** 2023 年 3 月第 1 次印刷
字 数	267 000	**定 价** 79.80 元